高过成熟页岩气形成与评价

Formation and Evaluation of High-Over Matured Shale Gas

韩双彪　万金彬　孙梦迪　党　伟　郎　岳　著

科学出版社

北京

内 容 简 介

高过成熟页岩经历了复杂的地质变动,其生气机理和特点多变,页岩的含气量和含气组成差异性大,为勘探开发带来了挑战。全书从页岩地球化学参数、储层矿物组成、孔隙结构特征、含气性变化入手,针对不同类型的页岩进行测井综合分析,研究富含氮气的页岩气的分布特点及成因类型,对比分析不同的页岩气资源评价方法。

本书可供从事页岩气勘探开发的专家、学者阅读,也可作为高等院校油气相关专业师生的教学参考书。

图书在版编目(CIP)数据

高过成熟页岩气形成与评价=Formation and Evaluation of High-Over Matured Shale Gas / 韩双彪等著. —北京:科学出版社,2021.11

ISBN 978-7-03-069946-6

Ⅰ. ①高… Ⅱ. ①韩… Ⅲ. ①油页岩-油气藏形成-研究 Ⅳ. ①P618.130.2

中国版本图书馆CIP数据核字(2021)第200510号

责任编辑:李 雪 / 责任校对:杜子昂
责任印制:吴兆东 / 封面设计:无极书装

科 学 出 版 社 出版
北京东黄城根北街 16 号
邮政编码:100717
http://www.sciencep.com

北京中石油彩色印刷有限责任公司 印刷
科学出版社发行 各地新华书店经销
*
2021 年 11 月第 一 版 开本:720×1000 1/16
2021 年 11 月第一次印刷 印张:14 1/4
字数:285 000
定价:108.00 元
(如有印装质量问题,我社负责调换)

前　　言

作为能源领域中的重大突破，页岩气是指以吸附、游离或溶解方式赋存于富有机质页岩层系中的天然气。美国的页岩气开发生产历史较长，页岩气的产能和产量已经排在了非常规油气中的第一位，至 2009 年，页岩气总产量达 880 亿 m^3，在天然气年总产量的占比为 14%，超过了中国当年的天然气总产量，同年美国的天然气总产量一举超越俄罗斯成为世界第一。在中国，2011 年页岩气成为第 172 个独立矿种，2020 年全国实现页岩气产量 200 亿 m^3，在天然气年总产量中占比 10.5%。纵观我国页岩气 10 年间的爆发式增长史，不难看出页岩气的异军突起、后来居上堪称"页岩气速度"，在各种能源中的发展速度是最快的。除北美之外，我国成功的页岩气商业化开发在国际上产生了意义非凡的重要影响。根据 2012 年和 2015 年国土资源部发布的数据，我国拥有 21 万亿～25 万亿 m^3 的页岩气可采资源量。从目前发展趋势看，页岩气开发将是我国清洁能源发展的重要方向，页岩气勘探评价仍是我国相当长一段时间内的重要工作内容。我国区域地质背景极其复杂，页岩气地质条件特殊性明显，由于地质条件差异较大，不同页岩有差别较大的含气性，美国的页岩气勘探的成功经验不能简单复制。

随着一系列页岩气勘探开发国家示范工程的启动和实施，我国在较短的时间内获得了一系列页岩气勘探开发新突破。在传统烃源岩中勘探规模性富集天然气，关键是寻找生甲烷潜力较大的页岩气储层或甜点。富有机质页岩在机理上具有复杂的生气特点，高过成熟页岩经历了复杂的地质变动，生气机理和特点多变，页岩含气量和含气组成差异性大。南方是我国开展页岩气勘探最早、取得页岩气成果最多的地区，在构造相对简单的四川盆地内部下志留统龙马溪组页岩取得了实质性进展，如涪陵、威远、长宁等区块均已获得工业化页岩气产能，通常页岩气的甲烷含量在 97% 以上，氮气、二氧化碳等非烃气体含量很低。然而，在四川盆地以外的复杂构造区的下寒武统牛蹄塘组页岩的含气量普遍较低，大多数测试井均未获得工业产能，页岩中含有大量的氮气，甲烷含量不足 15%。页岩气形成与富集的主控因素是什么、如何获得更多的页岩气勘探发现等是当前阶段亟须解决的关键问题。

本书的编写人员来自中国矿业大学(北京)、中国地质大学(武汉)、西安石油大学、中国地质大学(北京)、中国石油集团测井有限公司。第 1 章由韩双彪、章源隆、杨超编写，第 2 章由孙梦迪、杨五星、温建江编写，第 3 章由党伟编写，第 4 章由万金彬、白松涛、何羽飞、黄科、郭笑锴、韩双彪、黄劼编写，第 5 章由韩双彪编写，第 6 章由郎岳、韩双彪编写，全书由韩双彪统稿编写。此外，谢林丰、向朝涵、杜欣、卞佳缘、黄劼、王睿婧、唐致远、芮宇润完成了图件的清绘。

本书所使用资料部分来源于国家自然科学基金（42072168、41802156）、国家重点研发计划（2019YFC0605405）和中央高校基本科研业务费专项（2021YQDC04）等资助项目的研究成果。

本书撰写时间有限，不尽如人意之处，还望读者不吝批评斧正。

作　者

2021 年 2 月

目　　录

前言
第1章　页岩地球化学评价···1
1.1　页岩有机质丰度···1
1.2　页岩有机质类型···3
1.3　页岩有机质成熟度···10
1.4　页岩元素地球化学特征···12
　　1.4.1　元素组成··13
　　1.4.2　指示意义··20
　　参考文献···29
第2章　页岩储层特征分析···34
2.1　页岩矿物组分特征···34
　　2.1.1　黏土矿物··35
　　2.1.2　石英··37
　　2.1.3　长石··38
　　2.1.4　碳酸盐矿物··40
　　2.1.5　黄铁矿··41
2.2　页岩有机组分特征···43
2.3　页岩储层孔隙结构特征···47
　　2.3.1　图像分析技术表征孔隙结构································47
　　2.3.2　流体注入技术表征孔隙结构································51
　　2.3.3　射线探测技术表征页岩孔隙结构··························61
　　参考文献···74
第3章　页岩含气性评价···83
3.1　页岩含气性评价的基本概念和主要内容····························83
3.2　直接法测定页岩含气量··84
　　3.2.1　解吸气量··85
　　3.2.2　残余气量··87
　　3.2.3　损失气量··88
　　3.2.4　解吸气量与残余气量数据校正······························90
　　3.2.5　直接法测定页岩含气量实例································91

　　　3.2.6　不同损失气量计算方法比较 ··· 98
　　　3.2.7　关于提高直接法测定精度的建议 ··· 101
　　3.3　间接法计算页岩含气量 ·· 102
　　　3.3.1　等温吸附法 ·· 102
　　　3.3.2　测井解释法 ·· 105
　　　3.3.3　甲烷碳同位素计算法 ·· 107
　　3.4　存在的主要问题及发展趋势 ··· 110
　　参考文献 ·· 113
第4章　页岩气储层测井评价 ·· 116
　　4.1　页岩气储层特征及测井评价难点 ·· 116
　　　4.1.1　页岩气储层特征 ·· 116
　　　4.1.2　页岩气测井评价难点 ··· 118
　　　4.1.3　页岩气测井评价思路 ··· 119
　　4.2　页岩气储层测井评价关键技术 ·· 120
　　　4.2.1　页岩气层地层组分计算及岩性识别 ··· 120
　　　4.2.2　页岩气层烃源岩品质定量评价 ·· 123
　　　4.2.3　页岩气层定性识别与定量评价 ·· 127
　　　4.2.4　页岩可压裂性及压后效果评价 ·· 137
　　　4.2.5　页岩气甜点层综合优选技术 ··· 138
　　4.3　典型实例 ·· 141
　　　4.3.1　四川盆地及周缘海相页岩气龙马溪组测井综合评价 ················· 141
　　　4.3.2　南华北盆地海陆过渡相页岩气测井评价 ··································· 145
　　　4.3.3　鄂尔多斯盆地陆相页岩气储层测井评价 ··································· 149
　　4.4　页岩气储层测井系列优化 ··· 157
　　　4.4.1　页岩气测井系列应用现状 ··· 157
　　　4.4.2　页岩气测井系列优化 ··· 158
　　参考文献 ·· 159
第5章　富含氮气的页岩气评价 ··· 162
　　5.1　天然气中氮气的来源 ·· 162
　　　5.1.1　无机成因氮气 ·· 162
　　　5.1.2　有机成因氮气 ·· 164
　　5.2　富含氮气的页岩储层响应特征 ·· 165
　　　5.2.1　测井响应特征 ·· 165
　　　5.2.2　气层成分定性识别 ··· 166
　　5.3　富含氮气的页岩储层气体评价 ·· 168
　　　5.3.1　含气量评价 ··· 168

  5.3.2　含气成分评价 ·· 172
5.4　富含氮气的页岩气分布及成因 ····································· 175
  5.4.1　分布特点 ·· 175
  5.4.2　成因类型 ·· 179
参考文献 ·· 185

第6章　页岩气资源评价 ·· 189
6.1　评价原则 ··· 189
6.2　评价流程 ··· 190
6.3　起算条件 ··· 191
  6.3.1　含气量 ·· 191
  6.3.2　有机质丰度及有机质成熟度 ···································· 191
  6.3.3　埋深及厚度 ·· 191
6.4　评价方法 ··· 192
  6.4.1　类比法 ·· 192
  6.4.2　成因法 ·· 194
  6.4.3　统计法 ·· 194
  6.4.4　综合法 ·· 204
  6.4.5　资源评价方法对比及优选 ······································ 205
  6.4.6　资源评价结果可信度分析 ······································ 209
参考文献 ·· 217

第1章 页岩地球化学评价

1.1 页岩有机质丰度

含油气盆地中的油气资源来自沉积地层中有机质的热解生烃作用，页岩中的有机质数量和质量是油气形成的物质基础，决定着岩石的生烃能力，有机质丰度是其重要的表征参数（柳广第，2009；Hunt，1979；Tissot and Welte，1978）。对于有机质丰度的定量表征，前人提出了许多参数，包括总有机碳含量（TOC）、氯仿沥青 "A" 含量、总烃含量（HC）和岩石热解生烃潜量（S_1+S_2）等，不同学者和石油公司分别提出了不同的有机质丰度评价指标。

Tissot 和 Welte（1978）认为，评价有机质丰度的指标不能应用到成熟度较高的页岩，因为它们原始的有机质丰度可能是目前测得的有机质丰度的 2 倍甚至更多。对烃源岩排烃门限研究表明，当烃源岩生成的烃量饱和了自身各种形式的滞留需要后，就开始大量向外排出，并且排出的烃量随着烃源岩埋藏深度和热演化程度的增大而增加（庞雄奇等，2000）。因此，在地史过程中，页岩中有机质的绝对量随生排烃作用的进行不断减少，导致反映其有机质丰度的总有机碳含量逐渐降低。由此可知，对于发生过大量排烃作用的页岩，若用残余有机质的含量去判别和评价一个地区的含油气远景，必然会引起一定的误差，对于含油气盆地深部已达到高成熟—过成熟阶段的页岩而言，误差更加显著。页岩的生烃潜力变化、残余烃量变化和生排烃热模拟实验结果表明，存在含油气盆地深部低丰度有效气源岩，因此客观描述一个地区高过成熟页岩中原始有机质丰度的变化，对于评价页岩气勘探前景具有重要意义。

总有机碳含量测试表明，南方黔北地区下古生界海相高成熟页岩总有机碳含量最高值为 16.2%，最低值为 0.5%，平均值为 4.8%，其中，牛蹄塘组页岩的总有机碳含量比龙马溪组要高（表 1.1）。我国南方海相页岩由于热演化程度较高同时受到地表风化作用的长期影响，残余有机碳无法充分反映页岩的原始有机质丰度，因此，需要对残余有机碳含量进行恢复，恢复方法主要有自然演化剖面法、热解模拟法、物质平衡法、理论推导法等。

页岩的有机碳总量由三个基本部分组成：①残余烃类中的有机碳，在实验室中获取；②可转变为烃类的有机碳，称为转换碳、反应碳或不稳定碳；③碳质残

表 1.1　海相高成熟页岩有机质丰度及热演化成熟度

井号	深度/m	层位	R_o/%	TOC/%	氯仿沥青 "A" 含量/%	T_{max}/℃	S_1/(mg/g)	S_2/(mg/g)
TY1	659.8		3.2	3.8	0.0021	555	0.02	0.11
TY1	638.25		3.0	3.6	0.0109	556	0.04	0.09
TY1	669.15		3.2	5.6	0.0029	558	0.03	0.14
TY1	674.6		3.1	3.9	0.0205	549	0.02	0.21
XY1	627.0	龙马溪组	2.8	1.0	0.0154	558	0.02	0.12
XY1	637.0		2.9	3.9	0.0092	564	0.01	0.09
XY1	641.0		3.0	3.6	0.0031	572	0.02	0.24
XY1	620.0		3.1	1.0	0.0067	569	0.01	0.19
DY1	588.8		2.9	4.4	0.1078	556	0.02	0.14
DY1	597.1		3.0	4.2	0.0139	542	0.03	0.19
DY1	576.0		2.8	3.1	0.0931	567	0.02	0.26
DY1	521.1		2.7	0.59	0.0071	548	0.01	0.06
RY1	1307		4.2	3.2	0.0506	585	0.00	0.01
RY1	1320		4.3	3.8	0.0201	582	0.07	0.09
RY1	1338		4.1	7.3	0.0005	592	0.03	0.04
RY1	1346		4.2	8.2	0.0004	589	0.02	0.06
RY2	890.9	牛蹄塘组	4.0	5.93	0.0605	580	0.02	0.09
RY2	910.9		3.9	9.42	0.0224	577	0.01	0.02
RY2	920.5		3.8	5.17	0.0013	572	0.02	0.06
RY2	921.9		3.9	4.39	0.0502	584	0.01	0.03
TM1	1420.5		3.0	1.5	0.0408	566	0.01	0.15
TM1	1451.5		2.9	8.8	0.1068	571	0.02	0.09
TM1	1466.5		3.3	3.2	0.0361	569	0.01	0.12
TM1	1476.2		3.3	2.9	0.0084	574	0.02	0.04

留物，由于缺少氢从而无法生成烃类，称为惰性碳、无生命碳或残留有机碳。随着有机物的逐渐成熟，可转变为烃类的有机碳逐渐转化为烃类，随着排烃的进行，TOC 逐渐降低至残留有机碳。Jarvie 等（2007）通过以下公式计算 HI_o，类型百分比（%type）依据观察干酪根光学特性确定；转化率（TR_{HI}）反映的是 HI_o 到现今值（HI_{pd}）的变化，可以利用 Claypool 公式确定；TOC_o 可以利用 Peters 公式计算：

$$HI_o = \left(\frac{\%type\,I}{100} \times 750\right) + \left(\frac{\%type\,II}{100} \times 450\right) + \left(\frac{\%type\,III}{100} \times 125\right) + \left(\frac{\%type\,IV}{100} \times 50\right) \quad (1.1)$$

$$TR_{HI} = 1 - \frac{HI_{pd}[1200 - HI_o(1 - PI_o)]}{HI_o[1200 - HI_{pd}(1 - PI_{pd})]} \tag{1.2}$$

$$TOC_o = \frac{HI_{pd}(TOC_{pd}) \times 83.33}{HI_o(1 - TR_{HI})(83.33 - TOC_{pd}) - HI_{pd}(TOC_{pd})} \tag{1.3}$$

式中，PI_o 为原始产率指数；PI_{pd} 为现今产率指数。

利用上述有机碳恢复方法，计算得出下古生界页岩有机碳平均转化率在 0.9 左右，恢复后的原始有机碳大约为实测的残余有机碳的 2.5～3 倍。

1.2　页岩有机质类型

油气由沉积岩中的沉积有机质经生物化学和化学作用形成干酪根，在热应力作用下干酪根逐步发生催化降解和热裂解形成大量的烃类和非烃类。不同地质历史时代、不同沉积环境中生物类型和数量不同，必然导致地质体中沉积有机质组成的差异性。由于不同来源、不同组成的有机质的生烃潜力存在较大差异，因此要客观评价页岩的生烃潜力和生成的烃类性质，仅对页岩有机质丰度进行评价是不够的，还必须进行有机质类型的评价。

有机质类型既可以由不溶有机质的组成特征来反映，也可以由其产物来反映。目前从事石油地质学和地球化学的研究人员对页岩有机质类型或干酪根类型的划分依据主要是有机质或干酪根的成因和成分，根据生物来源和类型、干酪根显微组分、全岩显微组分、干酪根碳氢氧元素组成、Rock-Eval 岩石热解特征、干酪根/有机质的红外光谱特征、碳同位素、有机质热解产物或页岩抽提物的生物标志化合物特征等判断。

对页岩干酪根组分的测定主要有两种方法，一种是基于干酪根抽提的孢粉学方法（透射光+荧光），另一种是基于原位分析的全岩光片方法（反射光+荧光）。相较于干酪根抽提方法，全岩分析除了可以识别出干酪根组分外，还能辨别出生物有机碎屑及次生有机组分（表 1.2）。常见的次生有机组分有渗出沥青质体、油滴、固体沥青等。渗出沥青质体常存在于低成熟—成熟页岩的微裂隙、孔隙、矿物颗粒周围和生物体细胞腔中，荧光下发黄绿色，是比较公认的石油生成与初次运移的直观岩石学标志（熊波和赵师庆，1989）。在高过成熟页岩中，次生有机组分主要为固体沥青，另外还常见到微粒体，微粒体则被认为是热降解过程中富氢组分生成石油型烃类物质遗留的残渣（秦建中等，2010；李贤庆等，1995）。

表 1.2 全岩分析与干酪根分析的显微组分命名比较[据李贤庆等(1995)修改]

全岩分析		干酪根分析		成因
显微组分	组分	显微组分	来源	
镜质组	结构镜质体	镜质组	木质	高等植物木质纤维组织凝胶化作用的产物
	无结构镜质体			
	镜屑体			
惰质组	丝质体	惰质组	煤质	高等植物木质纤维组织丝炭化作用的产物
	半丝质体			
	粗粒体			
	菌类体			
	惰屑体			
壳质组	孢子体	壳质组	草本	高等植物类脂的膜质物和分泌物
	树脂体			
	角质体			
	木栓质体			
	壳屑体			
腐泥组	沥青质体	无定形体	藻质和无定形	低等水生生物及其降解产物
	矿物沥青基质			
	藻类体	藻类体		
生物有机碎屑	生物有机体	此种方法鉴别不出		生物的有机质硬体
次生有机组分	渗出沥青质体			富氢显微组分成烃的次生产物和各种显微组分热变质产物
	固体沥青			

无论是干酪根镜检分析还是全岩分析，有机显微组成鉴定的方法都是依据其在透射光、反射光和荧光下的不同光学效应来判别的。其中，透射光是利用有机显微组分的透光性、形态和结构特性来判别的，反射光主要是利用有机质的反光性、形态、结构和突起特征来判别的，荧光主要是利用不同有机显微组分在近紫外光激发下所发射荧光的特性来判别的。各显微组分在不同光镜下的判别特征见表 1.3。

值得注意的是，上述有机显微组分的透射光、荧光和反射光鉴别特征主要适用于未成熟—成熟阶段的有机质，这是因为不同有机显微组分的光学特性会随热

表 1.3　有机显微组分鉴定特征［据曹庆英(1985)、涂建琪等(1998)修改］

显微组分		生物来源	透射光	反射光	荧光
藻质体		藻类	透明，黄色、淡黄色、黄褐色	深灰色、微突起、由内反射	强，鲜黄色、黄褐色、黄绿色
无定形	腐泥无定形体	水生生物、藻、细菌、陆生植物壳质体	透明—半透明，从鲜黄色、褐黄色到棕灰色	表面粗糙、不显突起	较强，黄色、灰黄色、棕色
	腐殖无定形体	陆生植物的木质素、纤维素等	暗，近黑色	灰色、白色，微突起	弱或无荧光
壳质组		植物孢子花粉、角质、树脂、蜡、木栓体	透明，轮廓清楚，黄色、黄绿色、橙黄色、褐黄色	深灰色，具突起	中等，黄绿色、橙黄色、褐黄色
镜质组		植物结构和无结构木质纤维部分	透明—半透明，棕红色、橘红色、褐红色	灰色、中突起、中等反射率	弱荧光，褐色、铁锈色
惰质组		炭化的木质纤维部分，真核	不透明，黑色	白色、高突起、高反射率	无荧光

演化程度的提高逐渐趋同以致无法分辨。例如，藻质体和腐泥无定形体随成熟度增加，其透射光镜下的颜色逐渐加深，以致在过成熟阶段也会变为黑色不透明，这会导致在透射光镜下无法区分腐泥组分和腐殖组分；与之相对应，腐泥组分的荧光效应随成熟度增加会呈现典型的"红移"现象，即从低成熟阶段的黄绿色荧光变化到成熟阶段的砖红色，而在高过成熟条件下荧光效应会消失，这也就导致荧光下无法区分高过成熟页岩中的有机显微组分；另外，随成熟度增加，不同有机显微组分的反射光效应差异也逐渐丧失，即低成熟—成熟条件下呈现不突起—微突起的腐泥组分在高过成熟演化阶段也会呈现出与腐殖组分颜色相近的灰—白色和中—高突起特征，这就导致高过成熟阶段很难根据光学区分腐泥组分和腐殖组分。

页岩中有机显微组成的测定是深入研究有机质特征的前提，碳同位素在过成熟页岩有机质类型识别方面具有很好的适用性，这主要是因为碳同位素在热演化过程中能够稳定继承母体碳同位素的特性。高成熟海相页岩原始有机质类型的判别结果显示(表 1.4)，海相页岩的 $\delta^{13}C$ 值主要分布于–32‰～–28.6‰，表明原始有机质类型为 II$_1$～I 型，同时表明有机质主要来源为水生浮游藻类及低等水生生物。

下古生界黑色页岩热演化程度普遍很高，变化范围多在 2.5%～4.0%(邹才能等，2010；张金川等，2008)，黑色页岩中原始有机质组成、形态结构和分布形式都发生了很大的变化。表 1.5 概述了不同干酪根显微组分在经历热演化后的转变。

表 1.4　高成熟海相页岩 $\delta^{13}C$ 值分布

井名	深度/m	页岩层系	$\delta^{13}C$(PDB)/‰	干酪根类型
RY1	1338.3	牛蹄塘组	−30.5	I
RY1	1346.1	牛蹄塘组	−31.6	I
RY1	1266.1	牛蹄塘组	−31.8	I
RY1	1280.9	牛蹄塘组	−30.2	I
RY2	884.1	牛蹄塘组	−29.1	II₁
RY2	903.2	牛蹄塘组	−30.0	I
RY2	919.1	牛蹄塘组	−29.9	II₁
RY2	926.7	牛蹄塘组	−28.6	II₁
XY1	635.1	龙马溪组	−29.6	II₁
XY1	637.2	龙马溪组	−30.7	I
XY1	638.9	龙马溪组	−31.2	I
XY1	640.6	龙马溪组	−30.4	I
TY1	602.1	龙马溪组	−28.9	II₁
TY1	628.8	龙马溪组	−29.2	II₁
TY1	659.8	龙马溪组	−28.9	II₁
TY1	667.3	龙马溪组	−29	II₁

表 1.5　干酪根显微组分随成熟度的转变［据孔庆芬（2007）修改］

大类	低成熟阶段			高过成熟阶段
	组	显微组分	母质来源	
水生生物	腐泥组	层状藻类体 结构藻类体	浮游藻类	微粒体 A
		腐泥无定形体	藻类等的强烈菌解产物	微粒体 B
		类镜质体	富含纤维素宏观藻类	微粒状镜质体
陆源高等植物	壳质组	孢粉体 树脂体 角质体 壳屑体	高等植物的表皮组织、分泌物	原地各向异性体
		腐殖无定形体	高等植物强烈生物降解	
	镜质组	正常镜质组	高等植物木质纤维素凝胶化作用	镜质体
		腐泥镜质组	在强还原环境下具有结构的木质-纤维素经厌氧细菌强烈分解转变而成的凝胶化物质，常被沥青浸染	
	惰质组	惰屑体 粗粒体 丝质体 半丝质体	高等植物木质纤维素丝炭化作用	基本无变化

（1）腐泥无定形体及其变体微粒体占主导。微粒体是一种次生成因的显微组分，主要由富有机质的泥质烃源岩中的藻类无定形体经热演化生烃作用转变而来。在低成熟阶段，无定形体有机质主要分散在泥质中与无机矿物（特别是黏土矿物）结合紧密，如果不进行干酪根提取，在光学显微镜下很难观察。在高过成熟阶段，由于黑色页岩经历了强烈的成岩改造和生烃转化，无定形体有机质因有机碳的大量消耗在热演化后期会逐渐缩聚成大量 1~2μm、呈高反射的微粒体（图 1.1）。微粒体分 A 和 B 两种，微粒体 A 颗粒较大，各向异性明显，由生烃潜力较强的藻类体、藻类无定形体转变而来；微粒体 B 颗粒比较细小，各向异性弱，主要由菌解无定形体转变而来。由于我国下古生界海相页岩的成熟度较高，微粒体是最主要的有机质存在形式，是黑色页岩成烃演化作用的标志。

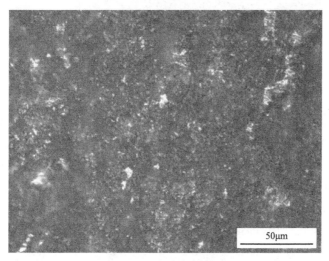

图 1.1　高过成熟海相黑色页岩中的微粒体和无定形体分布

（2）富含较多的残余固体沥青。原始富有机碳的黑色页岩，在生油阶段，不仅有大量液态烃类流体排出至相邻的孔渗性较好的砂岩或碳酸盐岩储集层中，而且生油岩的微孔隙中也存在未排出的残留烃，特别是原油中的重烃、沥青质和胶质，易残留在各种孔隙或矿物粒间，其在后期经历生物化学改造后一般会转变成为固体物质，若经历进一步的热降解则可转变为微细充填状的残余固体沥青。通常所说的固体沥青是指分布于砂岩、碳酸盐岩等各类储层中的运移沥青，一般呈长条状、团块状或透镜状充填在孔隙、裂隙或裂缝中。页岩中的固体沥青则是指未能运移出页岩而滞留在页岩内的次生有机质，类似于刘德汉等划分的原生同层沥青。受研究手段的限制，之前对其的研究涉及较少，对其在页岩中的相对含量也未可知。在富有机质沉积的下寒武统、下志留统等黑色页岩中不仅存在大量微粒体，而且在粉砂屑等矿物粒间，存在比较广泛的残余固体沥青（图 1.2）。下古生界海相富有机质页岩中包含大量残余固体沥青，它不仅是海相页岩的一大特色，同时也是地质历史中黑色页岩生烃、含烃的证据和重要标志。

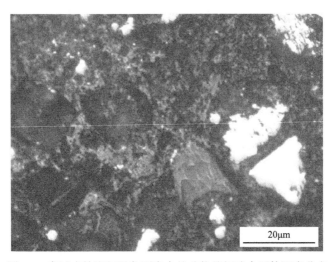

图 1.2　高过成熟海相黑色页岩中的矿物粒间残余固体沥青分布

(3)常存在海相镜质组。其呈透镜状、条带状，结构均一，形态上和光性上类似镜质体(图 1.3)。但实际上，从生物发育时代来看，下古生界被浮游藻类和低等水生生物所占据，并没有高等植物的出现，因而这种似镜质体的有机质不可能为镜质组分。肖贤明将其称为海相镜质组(肖贤明和刘德汉，1997)，王飞宇则将其命名为镜状体(王飞宇等，1995)。对海相镜质组的成因有多种认识，一般认为来源于藻类的腐殖化作用，即富纤维素的褐藻组分在还原环境下发生凝胶化的产物。

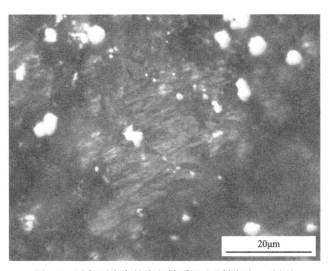

图 1.3　黑色页岩中的海相镜质组(反射白光，油浸)

（4）含有少量动物碎屑组分。在下古生界海相页岩中，经常可以看到一些古生物化石，特别是下志留统龙马溪组页岩含有丰富的笔石化石，在岩心中可以看到笔石形态大多呈细长组合与短粗组合产出。研究认为，志留纪时期生活在 60m 以深的主要为三角半杷笔石、半环杷笔石、螺旋笔石、弓笔石等笔石组合，60m 以浅主要为锯笔石、花瓣笔石等结构简单的笔石组合，另外单笔石组合可以在跨越 60m 水深海域生活（陈旭等，2018）。

表 1.6 统计了下寒武统牛蹄塘组页岩和下志留统龙马溪组页岩的有机显微组分相对含量。总体上，两套页岩腐泥组分基本都以腐泥无定形体及其变体（即微粒体）的形式存在，一般在 50%～70%；另外，固体沥青的含量次之，变化在 6%～36%，且龙马溪组的固体沥青含量比牛蹄塘组高，这可能与牛蹄塘组页岩更高的成熟度而导致次生沥青更多地被排出页岩储层有关；再者，两者也都含有一定量的动物碎屑，但龙马溪组页岩因富含丰富的笔石碎屑，其动物碎屑含量更高，变化在 6%～22%；最后，两套页岩中均发现了一定量呈透射状和条带状顺层产出的海相镜质组，特别是在牛蹄塘组页岩中，这可能与牛蹄塘期褐藻含量比龙马溪期多有关。

表 1.6　下寒武统牛蹄塘组页岩和下志留统龙马溪组页岩全岩光片有机显微组分相对含量

井名	深度/m	页岩层位	显微有机组分相对含量/%						
			无定形体(微粒体)	壳质组	镜质组	惰质组	海相镜质组	固体沥青	动物碎屑
RY1	1338	牛蹄塘组	75	0	0	0	3	12	10
RY1	1346		71	0	0	0	5	19	5
RY1	1266		78	0	0	0	3	16	6
RY1	1281		90	0	0	0	0	6	5
RY2	884.1		71	0	0	0	0	18	11
RY2	903.2		69	0	0	0	5	20	6
RY2	919.1		68	0	0	0	0	27	5
RY2	926.7		73	0	0	0	0	14	12
XY1	635	龙马溪组	66	0	0	0	0	21	13
XY1	637		59	0	0	0	0	19	22
XY1	639		67	0	0	0	0	26	7
XY1	641		57	0	0	0	5	22	16
TY1	602.1		61	0	0	0	0	33	6
TY1	659.8		57	0	0	0	0	29	14
TY1	667.3		45	0	0	0	0	36	19

1.3　页岩有机质成熟度

有机质成熟度指页岩中有机质向油气转化的热演化程度，随着有机质成熟度的增高，页岩中有机质更多地转化为烃类，通过不同评价方法，通常将页岩成熟度分为未成熟阶段、成熟阶段、高成熟阶段及过成熟阶段，不同的成熟阶段会对应产生不同性质及成因的油气。所以有机质成熟度是页岩评价工作中最为重要的参数和指标之一，评价结果的准确性直接影响着页岩油气资源的勘探开发工作，是能源地质工作中重要的一环。目前常用的成熟度评价指标按照评价原理可大致分为光学指标、化学指标、谱学指标和数值模拟四大类。

光学指标以有机组分的光学性质为基础，其中镜质组反射率(R_o)最为经典，但是在富氢组分含量高的页岩中或镜质体在热演化过程中受液态烃浸染时，R_o会异常偏低，而且随着热演化程度的增高(R_o>1%)，镜质体的光学各向异性增强，统计范围大大增加，需要对大量样品进行测定，测量误差较大(陈万峰等，2017)。后续的有机岩石学研究从海相古老烃源岩其他主要成分着手，提出了海相镜质组反射率(R_{mv})、沥青反射率(BR_o)、笔石反射率(GR_o)等替代方法。海相镜质组主要由海洋低等生物(藻类、菌类及某些海洋低等动物)经海洋腐殖化形成，主要存在于下古生界及上古生界页岩和碳酸盐岩地层中，R_{mv}是海相碳酸盐岩最理想的成熟度指标之一，但是测定对象仅限于海相碳酸盐岩，不适用于页岩样品(刘祖发等，1999)。BR_o的测定对象是页岩内部原地形成的或干酪根转化初期形成的沥青，但是由于不同成熟阶段的沥青来源不同，可发育不同的光学结构，所以沥青的成因及其热演化过程中化学组成、物理性质和结构的变化会影响评价结果的精度，此外，在页岩成熟度较高时(R_o>2.0%)，抽提用于实验的沥青质较困难。GR_o对奥陶系—志留系的含笔石页岩具有较强的针对性和参考性，但是笔石体的保存条件比较苛刻，需要较为稳定的缺氧还原环境，且水体扰动较小、水体能量较弱的沉积环境，因此往往没有保存完好的结构(仰云峰，2016)。除此之外，还有以古生物遗迹为基础的孢粉颜色指数(SCI)和牙形石色变指数(CAI)。由于 SCI 和 CAI 的测定基础均是特定古生物遗迹，因此测定覆盖面较窄。虽然这两种方法不同程度地加入了样品处理或加权平均等方法进行改良，但评价结果仍然受操作者主观影响较大，评价结果准确性较差。

化学指标是以样品的化学组成为基础，利用化学方法获取物质含量、浓度信息。由生烃过程原始反应物与产物之间的比例关系，得出热演化阶段。页岩中的干酪根在热降解生成页岩气的过程中，热解烃峰(S_2)和峰顶温度(T_{max})会随热演化程度的增高而增高，进而以此为基础，通过产率指数(S_1/S_1+S_2)及岩石热解峰温

$(T_{\max})$判断有机质成熟度，但是当可溶有机质进入热解烃峰时，或者构成干酪根的显微组分成烃活化能分布异常时，测定结果会偏低，同时矿物对烃类的吸附会导致测定结果偏高，若热演化过程中火成岩对页岩包围烘烤，也会导致该方法的测定结果异常偏高，此外岩石热解称样量也会有一定的影响(Cheng et al., 2019)。甲基菲指数(MPI)以芳香烃色质的相对含量为基础，通过线性拟合转化为 R_o，受烃源岩的岩性和有机质类型的影响较小，是目前较为常用的一种成熟度评价方法，但是当页岩有机质成熟度较高时($R_o>1.3\%$)，MPI 与 R_o 的线性相关性较差，该方法对页岩成熟度适用范围较窄(陈琰等，2010)。生物标志化合物(Biomarker)受热演化、地层剥蚀和地块运移的影响，其挟带的官能团记录下了相应的原始生物母质的标志性特殊分子结构信息，结合动力学计算模型，可以较为完整灵敏地恢复热演化史，但是生物标志化合物的成熟度评价范围极其有限，例如常用的正构烷烃的碳优势指数(CPI)、奇偶优势指数(OEP)只能用于评价有机质是否成熟，而甾烷的 $C_{29}20S/(20R+20S)$ 和 $C_{29}\beta/(\alpha\alpha+\beta\beta)$、藿烷的 $22S/(22R+22S)$ 以及金刚烷等评价指标虽然随有机质的热演化均呈现出规律的变化，但只能用于评价处于未成熟—成熟阶段有机质，无法判断高—过成熟阶段的有机质。除此之外，H/C 原子比和碳同位素指标也可用于评价页岩成熟度，但是 H/C 原子比尚未建立与 R_o 的关系式，仅适用于快速划分成熟度阶段；而碳同位素指标虽然可采用同位素动力学方法进行综合评价并将其转化为 R_o，拥有较高的精度，但是利用该方法需要提取页岩的干酪根，并且该方法不适于研究年代较老的地层，在适用范围上仍然存在局限性，且测试的地层年代较新时次生烷烃会影响整个成熟度评价的准确性(戴金星，2011)。

谱学指标是通过分析具有代表性的光谱谱峰，来研究有机质内部的物质结构特征，评价热演化过程中的参数变化，是基于波谱分析技术建立的新型成熟度指标。干酪根自由基浓度(N)和顺磁化率(X_p)适用于缺少镜质体的低—中成熟页岩，但是对年代较老的页岩无法进行准确检测，只适于年轻沉积盆地中尚未达到后成岩阶段的页岩，且目前未得出Ⅰ~Ⅱ型干酪根自由基浓度与 R_o 的关系，适用范围具有局限性(李慧莉等，2005)。干酪根芳环平均结构尺寸(X_b)、红外光谱、激光荧光探针和激光拉曼光谱参数等方法可适用于高过成熟页岩(陈尚斌等，2015；郭汝泰等，2003；廖泽文和耿安松，2001)。但是 X_b 和红外光谱需要提取干酪根，且测试成本高，测试周期长，对于缺乏陆源有机质且可溶有机质少的页岩来说明显不适用。激光荧光探针法测试得出的结果不受镜质组反射率的抑制影响，但是该方法只适用于含镜质组的页岩样品。有机质的激光拉曼光谱参数可以反映样品内部分子的微观振动信息，固体有机质的拉曼峰的形态和位移可以揭示芳香碳环结构中原子和分子的振动信息与样品热演化程度的关系，具有制样简单、微区分析等优点，但是当页岩样品成熟度较低时，特征峰对应的拉曼参数会受到荧光干扰，因此该方法仅适用于高过成熟页岩（单云等，2018；何谋春等，2004）。

常用的数值模拟法主要有时间-温度指数（TTI）和 Easy R_o 两种方法。TTI 以有机质成熟度与时间呈线性变化关系、与温度呈指数变化关系为基础，从而以关系方程计算TTI，来评价有机质成熟度。在后续实际操作中发现，该方法由于没有充分考虑加热速率的影响，特别是用于处理快速反应的干酪根时，容易低估成熟度。Easy R_o 与TTI类似，也是一种通过热模拟与理论计算实现成熟度评价的数值拟合方法，以镜质组最大反射率的对数与有机质所受最高温度具有良好的相关性为基础，遵循化学动力学一级反应式和 Arrhenius 方程，但是计算结果受古今地温梯度差异影响，该方法应用于冷盆时评价结果往往偏差较大（苏玉平等，2006；宋党育和秦勇，1998）。

虽然镜质组反射率是最常用的成熟度指标，但由于下古生界海相页岩在成岩时期普遍缺乏高等植物来源的镜质组，因而无法通过测定镜质组反射率来分析其有机质热演化程度。在实际应用中，一般利用海相页岩中的固体沥青（肖贤明和金奎励，1991）、海相镜质组（刘祖发等，1999）或动物有机碎屑（刘大锰和张惠良，2000）的反射率来计算，即沥青反射率（BR_o）、海相镜质组反射率（R_{mv}）、动物有机碎屑的反射率，然后利用经验公式换算成镜质组反射率（R_o）来表征海相页岩有机质成熟度。

鉴于此，利用沥青反射率测定下古生界海相页岩的成熟度。结果显示，两套海相页岩有机质成熟度均很高，其中龙马溪组页岩 R_o 变化范围在 2.7%～3.2%，牛蹄塘组页岩 R_o 分布在 2.9%～4.3%（表 1.1）。龙马溪组页岩处于过成熟早期—过成熟晚期阶段，而牛蹄塘组页岩则处于变质期，已达到生烃死亡线（$R_o > 4.0\%$）。另外，氯仿沥青测试也表明这两套海相页岩热演化程度很高，其值大部分低于0.1%。

1.4　页岩元素地球化学特征

富有机质页岩地层中常富集有多种微量元素，它们分别代表了不同的沉积环境。微量元素的含量和赋存状态主要受控于沉积环境、构造变动、缺氧事件及热液活动等因素。通过分析各种微量元素的赋存、富集状态，并结合其层位、岩性及空间分布，可为研究富有机质页岩的形成环境及页岩气成因提供参考。除了使用单一元素作为沉积环境的指示标志外，采用不同元素之间的比值也被广泛应用于判断富有机质页岩的沉积与成岩环境。除此之外，还可利用微量元素与有机碳含量的关系进一步推测沉积环境，如在弱氧化—还原条件下形成的沉积岩中，Cu、Ni 含量与有机碳含量显示良好的正相关性（Algeo et al.，2006）。

此外，微量元素对于判断海底热液或生物作用的影响具有重要的指示作用。在我国南方的重庆、贵州等地，普遍存在着下寒武统（牛蹄塘组）锰矿与富有机质页岩共伴生的情况，如贵州桃溪堡锰矿顶、底板均发育富有机质硅质页岩，有大量含锰矿、含黄铁矿页岩的存在。锰矿的形成环境为受海底热液影响的缺氧环境，对热水沉积物与非热水沉积物具有指示意义（Rona，1998）。与锰矿相比，页岩富铁贫锰，反映热液运输和成矿作用期间锰和铁存在着强烈的分异作用，锰矿发育于受海底热液影响的缺氧封闭环境，预示着海相富有机质页岩的发育和可能的页岩气富集。通过页岩中主微量元素分析，可以进一步确定深海沉积物中热水源沉积物与陆源沉积物的混合比例。

岩石微量元素种类繁多，对古水深、古盐度、古气候等都有指示作用，但单一元素的指示性较弱，只有多种元素指示结果相互印证，并结合区域沉积、构造背景，才能得到可信度较高的结论，对于利用常规有机地球化学资料判断优质页岩的方法，具有补充和借鉴意义。

作为不易溶解的微量元素、稀土元素，其性质稳定，含量、配分模式、Ce 异常和 Eu 异常等特征在评价富有机质页岩沉积环境方面具有重要作用。不同构造环境的页岩稀土元素含量差异较大，从大洋中脊到大陆边缘，由 Ce 负异常到无明显 Ce 异常，甚至在大陆边缘会出现 Ce 正异常；Eu 正异常说明沉积时可能有热液作用，而 Eu 明显负异常则说明 Eu 可能在成岩过程中发生了活化、迁移而使 Eu 亏损（Murray et al.，1990）。

稀土元素主要存在于悬浮物或碎屑沉积物中，随其在海水中停留时间的长短造成稀土元素的分异。目前，常用 Ce 异常指数（Ce_{anom}）反映水体的氧化还原环境，其计算公式为 $Ce_{anom} = lg[3Ce_N / (2La_N + Nd_N)]$（Elderfield and Greaves，1982）。当 $Ce_{anom}>-0.1$ 时，表示 Ce 富集，反映水体呈缺氧的还原环境；而当 $Ce_{anom} < -0.1$ 时，则表示 Ce 亏损，反映水体呈氧化环境（Raiswell et al.，1988）。另外，对稀土元素总量（$\sum REE$）、轻重稀土比值（LREE/HREE）、$(La/Yb)_N$、$(La/Sm)_N$、$(Gd/Yb)_N$ 等进行分析，利用盆地近岸沉积物相对富集 LREE，远离岸处沉积物相对富集 HREE 等特点，可以对页岩沉积环境进行进一步的研究。

1.4.1　元素组成

系统收集了岑页 1 井及松浅 1 井各个深度的岩样作为分析元素地球化学数据的样品。其中，根据岩性的变化，在松浅 1 井中共收集了 30 个岩石样本，在岑页 1 井中共收集了 14 个岩石样本。松浅 1 井的样品包括：23 个页岩（SQ-03、SQ-08、

SQ-11、SQ-28、SQ-31、SQ-32、SQ-34、SQ-36、SQ-37、SQ-39、SQ-41、SQ-43、SQ-46—SQ-48、SQ-51—SQ-58），6 个粉砂岩（SQ-01、SQ-18、SQ-21、SQ-22、SQ-24、SQ-26），1 个硅质岩（SQ-59）。岑页 1 井的样品包括：13 个页岩（CY-01、CY-02、CY-03、CY-05、CY-06、CY-07、CY-09、CY-11、CY-13、CY-15、CY-17、CY-19、CY-21），1 个粉砂岩（CY-04）。图 1.4 显示了样品的详细信息，包括地层、样品编号和岩心信息。

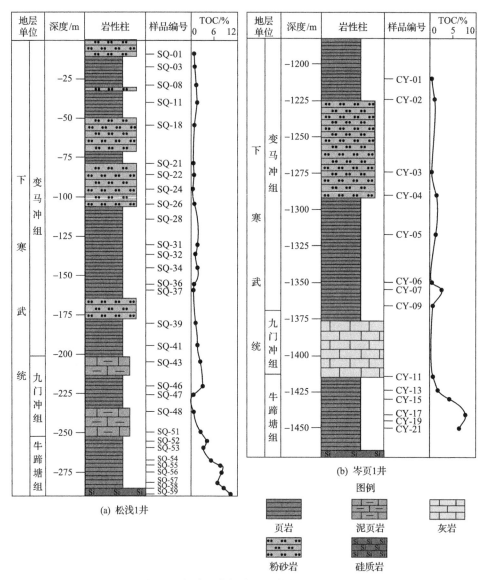

图 1.4　松浅 1 井与岑页 1 井岩心柱状图

1. 主量元素

松浅 1 井所采样品中的主量元素或氧化物为 Si(62.84%)、Al(13.28%)、Fe(5.16%)、MgO(2.15%)、CaO(2.80%)、Na(1.33%)、K(2.97%)。其他元素或氧化物的丰度明显小于 1%，包括 MnO(0.043%)、Ti(0.52%)、P(0.13%)。岑页 1 井中的主量元素与松浅 1 井中大致相同，包括 Si(37.36%)、Al(8.73%)、Fe(6.43%)、Mg(1.45%)、Ca(2.50%)、K(3.82%)、Ti(1.23%)，而其余元素的丰度则明显小于 1，包括 Na(0.88%)、Mn(0.026%)。两口井在主量元素上的差异主要体现在：松浅 1 井的 Si、Al 元素含量明显大于岑页 1 井，指示松浅 1 井地层在沉积时的陆源碎屑物质输入大于岑页 1 井地层；岑页 1 井的 Na、Ti 两元素在富集上也与松浅 1 井存在一定的不同。松浅 1 井与岑页 1 井样品的主量元素随深度的变化关系如图 1.5 和图 1.6 所示。

2. 微量元素

在松浅 1 井岩心样品的微量元素数据中，最为丰富的元素是 Ba(4818.8μg/g)、V(728.9μg/g)、Sr(361.2μg/g)、Zr(186.5μg/g)、Rb(131.3μg/g)、Cr(123.2μg/g)、Ni(94.0μg/g)、Cu(80.8μg/g)，其余微量元素低于 50μg/g。

在岑页 1 井岩心样品的微量元素数据中，最为丰富的元素是 Ba(5862.8μg/g)、V(438.7μg/g)、Sr(321.1μg/g)、Cr(134.4μg/g)、Ni(118.0μg/g)、Zr(163.09μg/g)、Rb(112.4μg/g)、Mo(71.6μg/g)、Cu(80.6μg/g)，其余微量元素浓度均少于 50μg/g。

岩石中的微量元素通常由自生组分和碎屑组分两部分构成，而只有自生组分才能作为地球古环境演化的证据(Ding et al., 2018)。而且，岩石成分非均质性较强，只依据微量元素浓度低于或高于平均页岩(Wedepohl, 1971)而判定其亏损或富集会产生一定的偏差。为了排除陆源碎屑组分对自生组分的影响，常用在成岩过程中保持稳定的 Al 元素(主要来源于陆源碎屑)对微量元素进行标准化(Tribovillard et al., 2006)。为使标准化结果更加容易解释，一般将其与平均页岩值进行比较，用富集系数(EF)(Calvert and Pedersen, 1993)表示，其计算公式如下：$EF_X = (X/Al)_{样品} / (X/Al)_{平均页岩}$。

当 $EF_X > 1$ 时，说明元素 X 或其氧化物相对于平均页岩富集；当 $EF_X < 1$ 时，则表明元素 X 或其氧化物相对于平均页岩亏损(Tribovillard et al., 2006)。松浅 1 井与岑页 1 井的各元素 EF 富集图如图 1.7 所示，松浅 1 井中 V、Cr、Ni、Cu、Mo、Cs、Ba 元素均出现不同程度的富集，而 Sc、Co、Ga、Rb、Sr、Th、U 元素则出现一定程度上的亏损；在岑页 1 井中 V、Cu、Sr、Mo、Ba 元素出现不同程度的富集，而 Sc、Co、Ga、Rb、Cs、Th、U 元素则出现一定程度上的亏损。

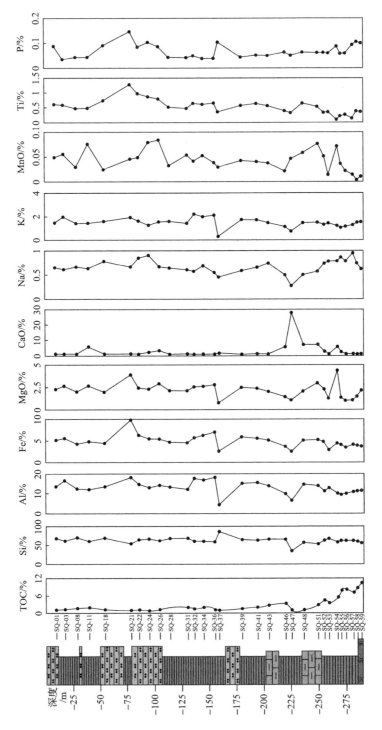

图1.5 松浅1井深度-主量元素曲线图

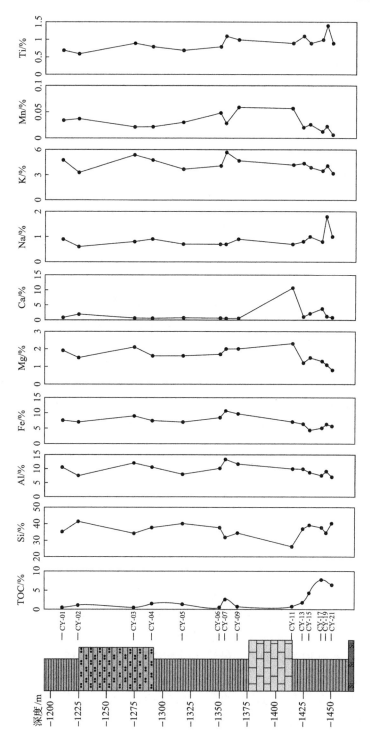

图1.6　岑页1井深度-主量元素曲线图

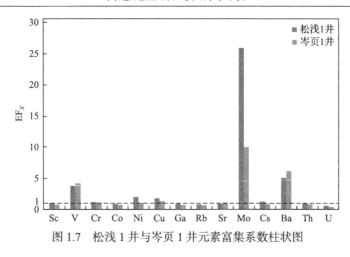

图 1.7　松浅 1 井与岑页 1 井元素富集系数柱状图

3. 稀土元素

　　松浅 1 井的岩心样品的总 REE 浓度介于 63.95～315.64μg/g，平均为 182.54μg/g，较接近于澳大利亚太古宇平均页岩（PAAC，183.03μg/g）（Taylor and McLennan，1985），略高于北美平均页岩（NASC，173.21μg/g）（Haskin et al.，1968），明显高于上陆壳总稀土元素值（UCC，146μg/g）（Taylor and McLennan，1985）。其中岑页 1 井的岩心样品的总 REE 浓度介于 149.15～229.60μg/g，平均为 184.49μg/g，同样较接近于澳大利亚太古宇平均页岩（PAAC，183.03μg/g），略高于北美平均页岩（NASC，173.21μg/g），明显高于上陆壳总稀土元素值（UCC，146μg/g）。

　　图 1.8 展示了松浅 1 井和岑页 1 井的 NASC 归一化 REE 分布模式。两口井中的 REE 分布模式具有一定的相似性，其特征是 LREE 曲线表现出一定的波动性，而 HREE 曲线相对平坦，波动性不强。两口井的样品中 Ce、Er、Dy 元素都出现相同的轻微负异常 [其中松浅 1 井 $(Ce/Ce*)_N$ 为 0.89～0.99；岑页 1 井的 $(Ce/Ce*)_N$ 为 0.88～0.99]，同时两口井的 Eu 元素出现明显的正异常 [其中松浅 1 井 $(Eu/Eu*)_N$ 为 0.76～1.26，平均值为 0.98；岑页 1 井的 $(Eu/Eu*)_N$ 为 0.78～1.46，平均值为 1.07]。根据两口井的 NASC 归一化 REE 分布模式表明，黔北地区的黑色页岩系列表现出明显的 LREE 富集和 HREE 相对耗竭的特征，即 LREE 的总含量（ΣLREE）明显高于 HREE 总含量（ΣHREE），两者的比值（LREE/HREE）也符合该特征，其中松浅 1 井的 LREE/HREE 值为 5.48～10.60，平均值为 8.11；岑页 1 井的 LREE/HREE 值为 5.41～11.11，平均值为 7.93。由松浅 1 井和岑页 1 井的 NASC 归一化 REE 分布模式可以看出，除 Eu 元素外，松浅 1 井和岑页 1 井的稀土元素分布相对均匀，表明以松浅 1 井和岑页 1 井为代表的黔北地区在沉积时与北美平均页岩有着相似的陆源碎屑输入，也可能受相似的沉积环境控制。

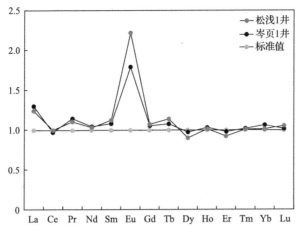

图 1.8　松浅 1 井与岑页 1 井 NASC 归一化 REE 分布模式图

　　松浅 1 井和岑页 1 井的岩心样品表现出一定程度上的 Ce 负异常,松浅 1 井的 $(Ce/Ce*)_N$ 平均值为 0.94;岑页 1 井的 $(Ce/Ce*)_N$ 平均值为 0.94,由于在纵向深度上松浅 1 井和岑页 1 井的 $(Ce/Ce*)_N$ 值变化不大,反映出该地区的牛蹄塘组以及相邻地层在沉积时为弱非均质性。由于在海洋中沉积时,其沉积物中的 Ce 异常容易受到 La 异常浓度的影响,绝大多数的 Ce 负异常是沉积岩中的 La 正异常造成的,因此对 Ce 异常的解释是困难的(Xie et al.,2018;Bau and Dulski,1996)。但是本研究中,大多数样品的 La 元素也呈一定的负异常,再结合 $(Ce/Ce*)_N$-$(Pr/Pr*)_N$ 的交点图(图 1.9),图中大多数的点落在Ⅲb 区域,反映 $(Ce/Ce*)_N$ 是由实际的 Ce 负异常引起的。

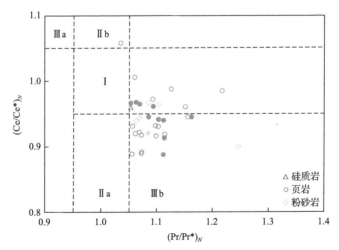

图 1.9　$(Ce/Ce*)_N$-$(Pr/Pr*)_N$ 的交点图

空心点表示松浅 1 井样品,实心点表示岑页 1 井样品。Ⅰ为既没有 La 异常也没有 Ce 异常;
Ⅱa 为 La 正异常,无 Ce 异常;Ⅱb 为 La 负异常,无 Ce 异常;Ⅲa 为 Ce 正异常;Ⅲb 为 Ce 负异常

（La/Yb）$_N$值已被广泛用于表征页岩沉积速率（Wang et al.，2017；Zhang et al.，2013）。松浅 1 井岩心样品的（La/Yb）$_N$值介于 0.82～1.67，平均值为 1.23。岑页 1 井岩心样品的（La/Yb）$_N$值介于 0.68～1.58，平均值为 1.26。两口井中的样品（La/Yb）$_N$值表明黔北地区的黑色页岩在沉积过程中的高沉积速率。高沉积速率将会导致同一地层中不同岩性较弱的 REE 分馏。

1.4.2　指示意义

1. 风化程度

沉积岩中的化学组分通常能代表一定的矿物学特征，在一般情况下，化学元素的含量会受到化学风化程度的影响（Nesbitt and Young，1984）。一些离子半径较大的阳离子（如 Al^{3+}、Mg^{2+}、Cs^+等）通常能够较完整地保留于沉积岩中，而离子半径较小的阳离子（如 K^+、Na^+、Ca^{2+}等）则容易在风化过程中以溶解态的形式造成流失（Kasanzu et al.，2008；Nesbitt and Young，1982）。

对于岩石风化程度的衡量，常用的是化学蚀变指数（CIA）和化学风化指数（CIW）。CIA 和 CIW 的定义式如下：

$$CIA = 100 \times [Al_2O_3 / (Al_2O_3 + CaO^* + Na_2O + K_2O] \tag{1.4}$$

$$CIW = 100 \times [Al_2O_3 / (Al_2O_3 + CaO^* + Na_2O] \tag{1.5}$$

式中的氧化物单位为 mol，CaO^*仅是指源自硅酸盐矿物的 CaO 量（Nesbitt and Young，1982）。正常情况下，有必要对所测量的 CaO 含量进行校准，以确认是否存在碳酸盐矿物。在这项研究中，主要使用测得的 P_2O_5 含量对 CaO 的磷酸盐进行校准，即

$$CaO^* = CaO - P_2O_5 \times 10 / 3 \tag{1.6}$$

如果所得值小于 Na_2O 的摩尔数，则将 CaO 的摩尔数视为 CaO^*的摩尔数。否则，假定 CaO^*的摩尔数等于 Na_2O 的摩尔数（Bock et al.，1998）。

在所获得的松浅 1 井和岑页 1 井的数据中，所有的样品主要由黏土矿物和石英组成，因此 CIA 和 CIW 可以用来表征黔北地区的风化程度。在松浅 1 井中除了 SQ-47 号样品的 CIA 值偏低外，其余样品的 CIA 值介于 58.48～80.67，平均值为 70.71。岑页 1 井的 CIA 值介于 35.43～71.48，平均值为 60.94。将两口井的 CIA 值与澳大利亚太古宇平均页岩相比（PAAC，CIA=69）（Kasanzu et al.，2008），可见松浅 1 井的风化程度高于澳大利亚太古宇平均页岩，而岑页 1 井的风化程度低于澳大利亚太古宇平均页岩。

利用 CIA 与 Al/Na 值绘制交点图（图 1.10），松浅 1 井和岑页 1 井的样品显示出沉积物为弱风化—中等风化，且大多数为中等风化，各样品不仅在 CIA 上出现

一定程度的分异，在 Al/Na 值上也有所体现，各样品的 Al/Na 值在 5.26~15.90 变化，这一现象的出现可能是钠离子在成岩过程中的耗竭所导致的。

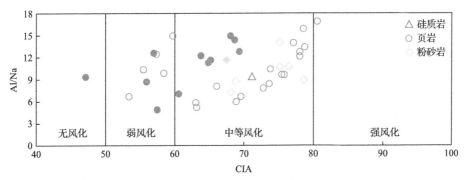

图 1.10　松浅 1 井与岑页 1 井 CIA-Al/Na 交点图

注：空心点表示松浅 1 井样品，实心点表示岑页 1 井样品

此外，在松浅 1 井中，除了 SQ-47 号样品出现 CIW 值的异常低值，其余样品的 CIW 值为 60.74~92.57，平均值为 79.51。在岑页 1 井中除了 CY-11 号样品出现 CIW 值的异常低值，其余样品的 CIW 值为 55.60~90.71，平均值为 78.09。因此 CIA 与 CIW 值均显示松浅 1 井和岑页 1 井的黑色页岩可能都来源中等风化源。

2. 沉积物源

依据松浅 1 井和岑页 1 井的实验数据，经计算获得元素比（如 La/Sc、La/Co、Th/Sc、Th/Co 和 Cr/Th）。将计算所得数据与上陆壳（UCC）、下陆壳（LCC）和洋壳（OC）的数据进行比较分析，认为黔北地区的黑色页岩起源于上陆壳（UCC），见表 1.7。

表 1.7　松浅 1 井与岑页 1 井物源数据比较

	样品指标	样品数据（平均值）	UCC	LCC	OC	镁铁质源沉积物范围	长英质源沉积物范围
松浅 1 井	La/Sc	1.68~4.52(2.84)	2.21	0.31	0.1	0.43~0.76	2.50~16.3
	La/Co	1.33~3.13(2.14)	1.76	0.33	—	0.14~0.38	1.80~13.8
	Th/Sc	0.68~1.83(1.00)	0.79	0.06	0.94	0.05~0.22	0.84~20.5
	Th/Co	0.47~1.17(0.75)	0.63	0.06	0.01	0.04~1.14	0.67~19.4
	Cr/Th	4.41~52.67(10.43)	7.76	109.5	—	25~500	4.00~15.0
岑页 1 井	La/Sc	2.06~4.41(2.94)	2.21	0.31	0.1	0.43~0.76	2.50~16.3
	La/Co	1.78~2.96(2.28)	1.76	0.33	—	0.14~0.38	1.80~13.8
	Th/Sc	0.66~1.06(0.88)	0.79	0.06	0.94	0.05~0.22	0.84~20.5
	Th/Co	0.44~0.87(0.71)	0.63	0.06	0.01	0.04~1.14	0.67~19.4
	Cr/Th	5.61~20.57(9.21)	7.76	109.5	—	25~500	4.00~15.0

一般情况下新太古代地层中的$(Gd/Yb)_N$值小于 2，而其余太古宙地层中的$(Gd/Yb)_N$值大于 2(Taylor and McLennan,1985)。松浅 1 井岩心样品的$(Gd/Yb)_N$值为 0.78～1.48，平均值为 1.06;岑页 1 井岩心样品的$(Gd/Yb)_N$值为 0.79～1.49，平均值为 1.00。因此，可以指出黔北地区的牛蹄塘组、九门冲组、变马冲组的沉积物来自新太古宇。

一些在沉积过程中不会发生迁移的元素,如 La、Th(代表长英质源岩)和 Sc(代表铁镁质源岩),在铁镁质和长英质的岩石中通常表现出不同的化学性质,在地球化学指标中常将这些元素之比(如 La/Sc、La/Co、Th/Sc、Th/Co 等)视为重要的指标参数,并利用这些指标参数来反映岩石的来源和组成等(Nowrouzi et al.,2014; Cullers and Podkovyrov,2000),而且这些地球化学指标不受沉积过程的影响(Taylor and McLennan,1985)。在之前的许多研究中已经广泛应用这些地球化学指标来区分长英质和铁镁质的岩石。根据表 1.7 中的数据,松浅 1 井和岑页 1 井的黑色页岩的地球化学指标数值与长英质源岩和铁镁质源岩相比,其物源特征更加贴近长英质源岩。

除了上面提及的地球化学指标外,还有一些地球化学指标(如 Th-Sc 交点图、Co/Th-La/Sc 交点图)可以可视化样品的来源和组成。根据 Th-Sc 交点图(图 1.11),松浅 1 井和岑页 1 井的样品更多的是中间过渡相来源,由于表 1.7 的指标仅仅是将来源进行二分,因此 Th-Sc 交点图指出的结论也有一定的参考意义,暗示黔北地区的黑色页岩在沉积过程中可能有多种来源。结合 Co/Th-La/Sc 交点图(图 1.12),显示样品的 Co/Th-La/Sc 特征介于安山岩和长英质火山岩之间。

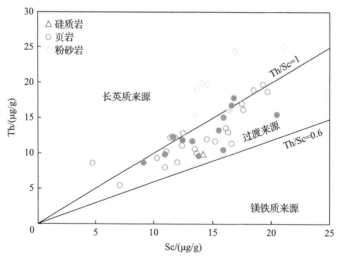

图 1.11　松浅 1 井与岑页 1 井 Th-Sc 交点图

空心点表示松浅 1 井样品,实心点表示岑页 1 井样品

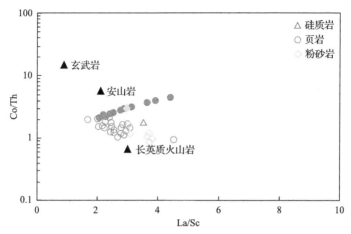

图 1.12　松浅 1 井与岑页 1 井 Co/Th-La/Sc 交点图

空心点表示松浅 1 井样品，实心点表示岑页 1 井样品

　　另外，稀土元素浓度也能用来推断细粒沉积岩的来源。前人研究表明，长英质岩通常会表现出较高的 LREE/HREE 值，而镁铁质岩的 LREE/HREE 值较低。松浅 1 井的 LREE/HREE 值为 5.48～10.60，平均值为 8.11，岑页 1 井的 LREE/HREE 值为 5.42～10.62，平均值为 7.93，均大于北美平均页岩（NASC，7.50）。并且在松浅 1 井和岑页 1 井的 NASC 归一化 REE 分布模式图中可以明显看出，两口井在 Eu 元素上都有正异常，通常认为 Eu 异常是从母岩继承而来的，Eu 元素在斜长石中非常富集，但是在其他矿物中是相对不相容的。考虑到所有的样品中普遍出现的 LREE/HREE 高值和 Eu 正异常，再结合 Th-Sc 交点图，进一步表明黔北地区的沉积物源表现为长英质—中间相物源。

　　此外，我们还用 La-Th-Sc 和 Th-Co-Zr/10 三元图（Bhatia and Crook，1986）来解释黔北地区牛蹄塘组及其相邻地层的构造背景。在 La-Th-Sc 三元图（图 1.13 和图 1.14）中，松浅 1 井和岑页 1 井中所调查的样品数据显示都位于大陆岛弧区域中，而在 Th-Co-Zr/10 三元图中，松浅 1 井和岑页 1 井则表现出 Co 高值，表明位于被动大陆边缘。结合前人的研究，考虑到当时的沉积环境较为稳定，黔北地区在中元古代晚期—志留纪阶段为大洋地壳转变为大陆地壳时期。在早中加里东期扬子古板块北缘和西北缘以稳定的大陆边缘为主，为上述的松浅 1 井和岑页 1 井的数据显示大多数样品在 Th-Co-Zr/10 三元图中落在了被动大陆边缘提供了有力的依据，而在 La-Th-Sc 三元图中各个样品表现出的大陆岛弧特征，参考样品中出现的 Eu 正异常，认为是沉积时火山物源对本套黑色页岩带来的影响。

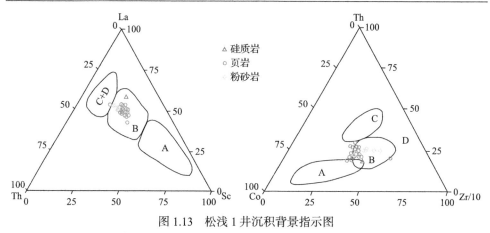

图 1.13　松浅 1 井沉积背景指示图

注：A：大洋岛弧；B：大陆岛弧；C：活动大陆边缘；D：被动大陆边缘，下图同

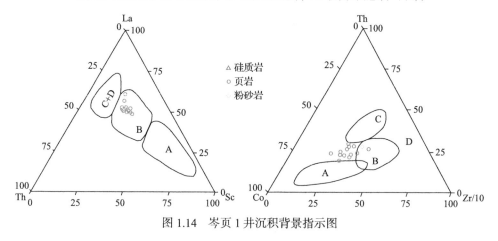

图 1.14　岑页 1 井沉积背景指示图

3. 古氧化还原条件

在沉积过程中，许多的微量元素（如 U、V、Ni 等）对氧化还原环境敏感，并且它们的比率［如 U/Th、V/Cr、Ni/Co 和 V/（V+Ni）］已经被广泛地用作古氧化还原环境解释的指标（Ross and Bustin，2009；Rimmer，2004；Hatch and Leventhal，1992），且这些指标的值随着水体中氧气含量增大而减小。前人的研究已经完善了 U/Th、V/Cr、Ni/Co 和 V/（V+Ni）的参考标准，各个指标中分别建立了缺氧、贫氧和氧化环境三大类（Tribovillard et al.，2006；Jones and Manning，1994；Hatch and Leventhal，1992）。在本次研究中，可以看出两口井的应用指标对古氧化还原条件的分析都表现出较好的一致性，即牛蹄塘组底部表现出缺氧的环境特征，而牛蹄塘组顶部、九门冲组和变马冲组表现为逐渐演变为贫氧化和氧化的沉积环境的特点（图 1.15 和图 1.16）。结合 TOC 曲线进行协同分析，表明在缺氧条件

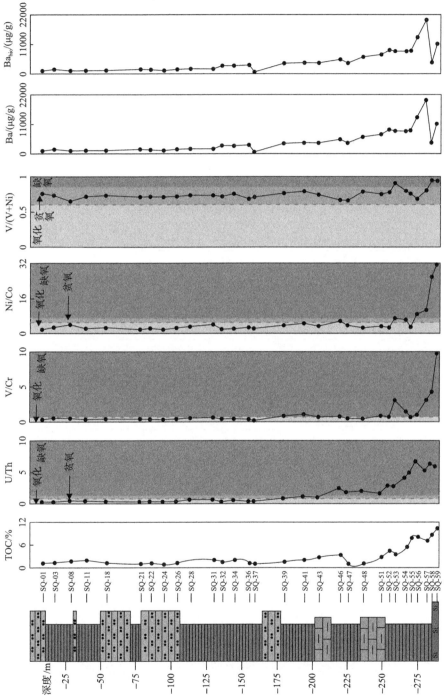

图1.15 松浅1井古氧化还原指标图

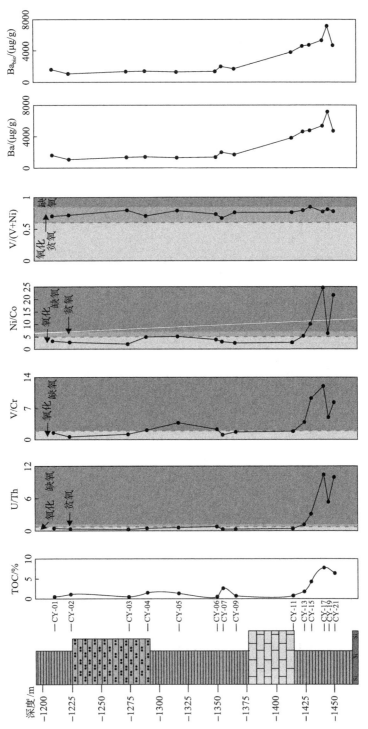

图1.16 岑页1井古氧化还原指标图

下有机质能被较好的保存，TOC 为高值，而贫氧或是氧化条件则不利于有机质的保存，TOC 显示出相对的低值。松浅 1 井 30 个样品的 U/Th、V/Cr、Ni/Co 和 V/(V+Ni)分别为 0.19~6.71、0.11~29.82、1.78~31.41 和 0.64~0.95，其平均值分别为 1.84、3.60、5.39 和 0.75。岑页 1 井 14 个样品的 U/Th、V/Cr、Ni/Co 和 V/(V+Ni)分别为 0.22~10.42、0.68~12.02、2.10~24.63 和 0.67~0.85，其平均值分别为 2.43、3.94、7.04 和 0.76。这些信息表明，下寒武统的黑色页岩沉积在缺氧—贫氧—氧化的变化环境中。同时 Ce 的轻微负异常(Wang et al., 2017；Cao et al., 2012)以及 EF_{Mo}-EF_U 交点图(图 1.17)也能佐证上述的判断。

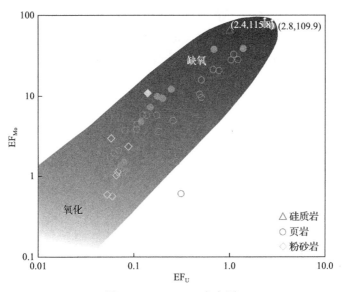

图 1.17　EF_{Mo}-EF_U 交点图

注：空心点表示松浅 1 井样品，实心点表示岑页 1 井样品

4. 古气候条件

前人的研究表明，细粒岩中的部分主量元素和微量元素的相对含量和分布可以推断沉积时的古气候条件(Xie et al., 2018；Wang et al., 2017；Roy and Roser, 2013；Cao et al., 2012)。先前的研究中已经达成共识，在潮湿的气候条件下发生沉积时，Fe、Mn、V、Cr、Co 和 Ni 元素在沉积岩中相对富集，同时，在干旱条件下较快的蒸发速度会引起水碱度的上升进而造成盐类矿物的沉淀，因此 Ca、Mg、Na、K 和 Sr 元素容易在沉积岩中富集(Wang et al., 2017；Yandoka et al., 2015；Cao et al., 2012)。

此外，除了上述元素含量能一定程度上反映细粒岩沉积时的古气候外，一些微量元素的比值也能用来表征古气候，如 Sr/Cu 和 Ga/Rb(Xie et al., 2018；Yandoka et al., 2015；Roy and Roser, 2013）。镓（Ga）元素主要在黏土矿物中富集，尤其是高岭石，反映温暖潮湿的气候条件（Roy and Roser, 2013；Beckmann et al., 2005）。铷（Rb）与伊利石密切相关，反映寒冷干旱的气候条件（Roy and Roser, 2013）。沉积时的气候越冷越干燥，则沉积岩中的 Ga/Rb 值越低。通常在温暖潮湿的古气候条件下，沉积的细粒岩通常表现出低 Sr/Cu 值和高 Ga/Rb 值（Xie et al., 2018；Cao et al., 2012）。Sr/Cu 值介于 1.3～5.0 可以指示温暖潮湿的环境，而超过 5.0 则代表炎热干燥的气候条件（Yandoka et al., 2015；Cao et al., 2012）。

在本项研究中，松浅 1 井的 Sr/Cu 值为 0.32～18.13（排除了数值特别高的 SQ-47 号样品），平均值为 3.62，Ga/Rb 值为 0.11～0.23，平均值为 0.15。岑页 1 井的 Sr/Cu 值为 1.21～26.59，平均值为 4.70，Ga/Rb 值为 0.13～0.20，平均值为 0.16。利用 Ga / Rb 值和 Sr/Cu 值为横纵坐标得到交点图（图 1.18），反映出黔北地区寒武纪晚期炎热潮湿的气候条件。

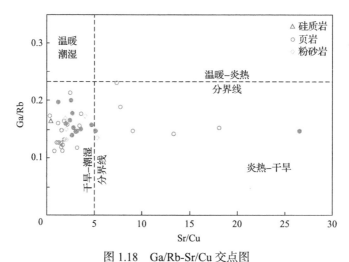

图 1.18　Ga/Rb-Sr/Cu 交点图

注：空心点表示松浅 1 井样品，实心点表示岑页 1 井样品

5. 古生产力

TOC 虽然在沉积埋藏过程中会变化，但是其含量仍被广泛地认为与光合作用产生的古生产力相关（Wei et al., 2012；Nara et al., 2005）。因此，在和其他指标（如Ba 元素）共同使用的情况下，TOC 常可以用作衡量古生产力的重要指标。由松浅 1 井和岑页 1 井的 TOC 和深度关系图可以看出，TOC 有明显的周期性，每一周期的显著特点是 TOC 出现阶段性峰值，该现象解释为，当区域海平面上升时，有机质易于富集，而区域海平面下降时，有机物则趋近于分解（或耗尽）。

　　海相沉积物中的古生产力波动通常用生物钡（Ba_{bio}）来指示（Francois et al., 1995；Dymond et al., 1992），因此在分析古生产力过程中，确定钡的来源对钡作为古生产力指标有重要意义。

　　先前的研究指出，海相沉积物中钡的来源除了之前提及的生物来源外，还有以下来源：①水热沉积物；②碎屑铝硅酸盐；③底栖生物的分泌。在本项研究实验中，没有直接的证据表明钡的来源是水热沉积物及底栖生物的分泌。在目前的研究中，区分生物来源钡和碎屑来源钡通常是基于式（1.7）（Dymond et al., 1992）：

$$Ba_{bio} = Ba_{样品} - (Al \times Ba / Al_{alu}) = Ba_{样品} - (Al \times 0.0075) \tag{1.7}$$

　　在式（1.7）中，假定沉积物样品中的所有 Al 的来源都是铝硅酸盐，并且 Ba/Al_{alu} 是独立计算的，在通常研究中，Ba/Al_{alu} 用常数 0.0075 来代替。松浅 1 井和岑页 1 井的 Ba 含量和 Ba_{bio} 含量的变化趋势有高度的相似性，表明样品中 Ba 含量主要源于生物钡。将 TOC 与 Ba_{bio} 含量进行比较，发现两者的形状也是相吻合的，但是 TOC 的曲线变化滞后于 Ba_{bio} 曲线变化，TOC 的高值点总是紧随 Ba_{bio} 高值点，而 Ba_{bio} 值的回落也带动 TOC 值的回落，表明古生产力对于有机质积累有着显著影响，很大程度上决定了 TOC 在纵向上的变化。

参 考 文 献

曹庆英, 1985. 透射光下干酪根显微组分鉴定及类型划分. 石油勘探与开发(5): 18-27.

陈尚斌, 左兆喜, 朱炎铭, 等, 2015. 页岩气储层有机质成熟度测试方法适用性研究. 天然气地球科学, 26(3): 564-574.

陈万峰, 张旗, 张成火, 等, 2017. 镜质体、海相镜质体和镜质体反射率及其研究实例. 大地构造与成矿学, 41(2): 412-419.

陈旭, 陈清, 甄勇毅, 等, 2018. 志留纪初宜昌上升及其周缘龙马溪组黑色笔石页岩的圈层展布模式. 中国科学: 地球科学, 48(9): 1198-1206.

陈琰, 包建平, 刘昭茜, 等, 2010. 甲基菲指数及甲基菲比值与有机质热演化关系——以柴达木盆地北缘地区为例. 石油勘探与开发, 37(4): 508-512.

戴金星, 2011. 天然气中烷烃气碳同位素研究的意义. 天然气工业, 31(12): 1-6, 123.

郭汝泰, 王建宝, 高喜龙, 等, 2003. 应用激光探针技术评价烃源岩成熟度——以东营凹陷生油岩研究为例. 自然科学进展(6): 68-72.

何谋春, 吕新彪, 刘艳荣, 2004. 激光拉曼光谱在油气勘探中的应用研究初探. 光谱学与光谱分析(11): 1363-1366.

孔庆芬, 2007. 鄂尔多斯盆地延长组烃源岩有机显微组分特征. 新疆石油地质, 28(2): 163-166.

李慧莉, 邱楠生, 金之钧, 等, 2005. 利用干酪根自由基浓度反演碳酸盐岩地层热历史. 石油与天然气地质(3): 337-343.

李贤庆, 钟宁宁, 熊波, 等, 1995. 全岩分析在烃源岩研究中的应用及与干酪根分析的比较. 石油勘探与开发, 22(3): 30-35.

廖泽文, 耿安松, 2001. 沥青质傅里叶变换红外光谱(FT-IR)分析及其在有机地球化学研究中的应用. 地球化学(5): 433-438.

林治家, 陈多福, 刘芊, 2008. 海相沉积氧化还原环境的地球化学识别指标. 矿物岩石地球化学通报, 27(1): 72-80.

刘大锰, 张惠良, 2000. 动物碎屑反射率作为源岩成熟度指标的有效性和局限性探讨. 地质科技情报, 19(3): 57-60.

刘祖发, 肖贤明, 傅家谟, 等, 1999. 海相镜质体反射率用作早古生代烃源岩成熟度指标研究. 地球化学(6): 580-588.

柳广第, 2009. 石油地质学. 第4版. 北京: 石油工业出版社.

庞雄奇, 姜振学, 李建青, 等, 2000. 油气成藏过程中的地质门限及其控制油气作用. 石油大学学报(自然科学版), 24(4): 53-57.

秦建中, 申宝剑, 付小东, 等, 2010. 中国南方海相优质烃源岩超显微有机岩石学与生排烃潜力. 石油与天然气地质, 31(6): 826-837.

邱中建, 张一伟, 李国玉, 等, 1998. 田吉兹、尤罗勃钦碳酸盐岩油气田石油地质考察及对塔里木盆地寻找大油气田的启示和建议. 海相油气地质(1): 49-56, 5.

单云, 邹艳荣, 闵育顺, 等, 2018. Ⅰ型干酪根热成熟过程中拉曼光谱特征及其成熟度意义. 地球化学, 47(5): 586-592.

宋党育, 秦勇, 1998. 镜质组反射率反演的 EASY Ro 数值模拟新方法. 煤田地质与勘探(3): 3-5.

苏玉平, 付晓飞, 卢双舫, 等, 2006. EASY Ro 法在滨北地区热演化史中的应用. 大庆石油学院学报(2): 5-8.

涂建琪, 王淑芝, 费轩冬, 1998. 透射光-荧光下干酪根有机显微组分的划分. 石油勘探与开发(2): 27-29.

王飞宇, 何萍, 傅家谟, 等, 1995. 光变可作为评价镜质体富氢类型的方法. 石油实验地质(4): 384-393.

肖贤明, 金奎励, 1991. 显微组分的成烃作用模式. 科学通报, 36(3): 208-211.

肖贤明, 刘德汉, 1997. 海相镜质体——海相烃源岩中一种重要生烃母质. 石油学报, 18(1): 44-48.

熊波, 赵师庆, 1989. 百色褐煤中渗出沥青体的特征和意义. 石油与天然气地质, 10(2): 154-157.

仰云峰, 2016. 川东南志留系龙马溪组页岩沥青反射率和笔石反射率的应用. 石油实验地质, 38(4): 466-472.

张金川, 徐波, 聂海宽, 等, 2008. 中国页岩气资源勘探潜力. 天然气工业, 28(6): 136-140.

邹才能, 董大忠, 王社教, 等, 2010. 中国页岩气形成机理、地质特征及资源潜力. 石油勘探与开发, 37(6): 641-653.

Algeo T N, Lyons T J, Riboulleau T, 2006. Trace metals as paleoredox and paleoproductivity proxies: An update. Chemical Geology, 232(1-2): 12-32.

Bau M, Dulski P, 1996. Distribution of yttrium and rare-earth elements in the Penge and Kuruman iron-formations, Transvaal Supergroup, South Africa. Precambrian Research, 79(1): 37-55.

Beckmann B, Flögel S, Hofmann P, et al., 2004. Orbital forcing of Cretaceous river discharge in tropical Africa and ocean response. Nature, 437(7056): 241-244.

Bhatia M R, Crook K A M, 1986. Trace element characteristics of graywackes and tectonic setting discrimination of sedimentary basins. Contributions to Mineralogy and Petrology, 92(2): 181-193.

Bock B, Mclennan S M, Hanson G N, 1998. Geochemistry and provenance of the Middle Ordovician Austin Glen Member (Normanskill Formation) and the Taconian Orogeny in New England. Sedimentology, 45(4): 635-655.

Boynton W V, 1984. Cosmochemistry of the rare earth elements meteorite studies. Developments in Geochemistry(2): 63-114.

Calvert S E, Pedersen T F, 1993. Geochemistry of Recent oxic and anoxic marine sediments: Implications for the geological record. Marine Geology, 113(1-2): 67-88.

Cao J, Wu M, Chen Y, et al., 2012. Trace and rare earth element geochemistry of Jurassic mudstones in the northern Qaidam Basin, northwest China. Chemie der Erde-Geochemistry, 72(3): 245-252.

Cheng P, Xiao X M，Wang X, et al., 2019. Evolution of water content in organic-rich shales with increasing maturity and its controlling factors: Implications from a pyrolysis experiment on a water-saturated shale core sample. Marine and Petroleum Geology, 109: 291-303.

Cullers R L, Podkovyrov V N, 2000. Geochemistry of the Mesoproterozoic Lakhanda shales in southeastern Yakutia, Russia: implications for mineralogical and provenance control, and recycling. Precambrian Research, 104(1): 77-93.

Ding J H, Zhang J C, Tang X, et al., 2018. Elemental geochemical evidence for depositional conditions and organic matter enrichment of black rock series strata in an inter-platform basin: the lower carboniferous datang formation, Southern Guizhou, Southwest China. Minerals, 8: 509.

Dymond J, Suess E, Lyle M, 1992. Barium in Deep-Sea Sediment: A Geochemical Proxy for Paleoproductivity. Paleoceanography and Paleoclimatology, 7(2): 163-181.

Elderfield H, Greaves M J, 1982. The rare earth elements in seawater. Nature, 296: 214-219.

Francois R, Honjo S, Manganini S J, et al., 1995. Biogenic barium fluxes to the deep sea: Implications for paleoproductivity reconstruction. Global Biogeochemical Cycles, 9(2): 289-303.

George G N, Gorbaty M L, 1989. Sulfur K-Edge X-ray absorption spectroscopy of petroleum, asphaltenes and model compounds. Journal of the American Chemical, Society, 111(9): 3182-3186.

Haskin L A, Wildeman T R, HaskinM A, 1968. An accurate procedure for the determination of the rare earths by neutron activation. Journal of Radioanalytical and Nuclear Chemistry, 1(4): 337-348.

Hatch J R, Leventhal J S, 1992. Relationship between inferred redox potential of the depositional environment and geochemistry of the Upper Pennsylvanian (Missourian) Stark Shale Member of the Dennis Limestone, Wabaunsee County, Kansas, USA. Chemical Geology: Isotope Geoscience Section, 99(1-3): 65-82.

Hunt J M, 1979. Petroleum Geochemistry and Geology. New York: Freman.

Jarvie D M, Hill R J, Ruble T E, et al., 2007. Unconventional shale-gas systems: The Mississippian Barnett Shale of north-central Texas as one model for thermogenic shale-gas assess-ment. AAPG Bulletin, 91(4): 475-499.

Jones B, Manning D A C, 1994. Comparison of geochemical indices used for the interpretation of palaeoredox conditions in ancient mudstones. Chemical Geology: Isotope Geoscience Section, 111(1-4): 111-129.

Kalaitzidis S, Christanis K, Georgakopoulos A, et al., 2002. Influence of Geological Conditions during Peat Accumulation on Trace Element Affinities and Their Behavior during Peat Combustion. Energy Fuels, 16(6): 1476-1482.

Kasanzu C, Maboko M A H, Manya S, 2008. Geochemistry of fine-grained clastic sedimentary rocks of the Neoproterozoic Ikorongo Group, NE Tanzania: Implications for provenance and source rock weathering. Precambrian Research, 164(3): 201-213.

Kimura H, Watanabe Y, 2001. Oceanic anoxia at the Precambrian-Cambrian boundary. Geology, 29(11): 995-998.

Li S R, Gao Z M, 2000. Source tracing of noble metal elements in Lower Cambrian black rock series of Guizhou-Hunan Provinces. China. Science in China (Ser D), 43: 625-632.

Murray R W, Brink M R B, Gerlach D C, 1990. Rare earth elements as indicators of different marine depositional environments in chert and shale. Geology, 18(3): 268-271.

Naimo D, Adamo P, Imperato M, et al., 2005. Mineralogy and geochemistry of a marine sequence, Gulf of Salerno, Italy. Quaternary International, 140-141: 53-63.

Nara F, Tani Y, Soma Y, et al., 2005. Response of phytoplankton productivity to climate change recorded by sedimentary photosynthetic pigments in Lake Hovsgol (Mongolia) for the last 23, 000 years. Quaternary International, 136(1): 71-81.

Nesbitt H W, Young G M, 1982. Early Proterozoic climates and plate motions inferred from major element chemistry of lutites. Nature, 299(5885): 715-717.

Nesbitt H W, Young G M, 1984. Prediction of some weathering trends of plutonic and volcanic rocks based on thermodynamic and kinetic considerations. Geochimica et Cosmochimica Acta, 48(7): 1523-1534.

Nowrouzi Z, Moussavi-Harami R, Mahboubi A, et al., 2014. Petrography and geochemistry of Silurian Niur sandstones, Derenjal Mountains, East Central Iran: implications for tectonic setting, provenance and weathering. Arabian Journal of Geosciences, 7(7): 2793-2813.

Owen T R, 1964. The Tectonic Framework of Carboniferous Sedimentation in South Wales. Developments in Sedimentology(1): 301-307.

Pattan J N, Pearce N J G, Mislankar P G, 2005. Constraints in using Cerium-anomaly of bulk sediments as an indicator of paleo bottom water redox environment: A case study from the Central Indian Ocean Basin. Chemical Geology, 221(3): 260-278.

Rösler H J, Lange H, 1972. Geochemical Tables. Amsterdam: Elsevier Publishing Company.

Raiswell R, Buckley F, Berner R A, et al., 1988. Degree of pyritization of iron as a paleoenvironmental indicator of bottom-water oxygenation. Journal of Sedimentary Research, 58(5): 812-819.

Rimmer S M, 2004. Geochemical paleoredox indicators in Devonian? Mississippian black shales, Central Appalachian Basin(USA). Chemical Geology: Isotope Geoscience Section, 206(3-4): 373-391.

Rona P A, 1998. Criteria for recognition of hydrothermal mineral deposits in oceanic crust. Economic Geology, 73(2): 135-160.

Ross D J K, Bustin R M, 2009. Investigating the use of sedimentary geochemical proxies for paleoenvironment interpretation of thermally mature organic-rich strata: Examples from the Devonian? Mississippian shales, Western Canadian Sedimentary Basin. Chemical Geology: Isotope Geoscience Section, 260(1-2): 1-19.

Roy D K, Roser B P, 2013. Climatic control on the composition of Carboniferous-Permian Gondwana sediments, Khalaspir basin, Bangladesh. Gondwana Research, 23(3): 1163-1171.

Taylor S R, McLennan S M, 1985. The continental crust: its composition and evolution. The Journal of Geology, 94(4): 632.

Tissot B P, Welte D H, 1978. Petroleum Formati on and Occurrence. New York: Springer-Verlage Berlin Heidelberg.

Tribovillard N, Algeo T J, Lyons T, et al., 2006. Trace metals as paleoredox and paleoproductivity proxies: An update. Chemical Geology, 232(1-2): 12-32.

Wang Z W, Fu X G, Feng X L, et al., 2017. Geochemical features of the black shales from the Wuyu Basin, southern Tibet: implications for palaeoenvironment and palaeoclimate. Geological Journal, 52(2): 282-297.

Wedepohl K H, 1971. Environmental influences on the chemical composition of shales and clays. Physics and Chemistry of the Earth, 8: 307-333.

Wei H Y, Chen D Z, Wang J G, et al., 2012. Organic accumulation in the lower Chihsia Formation (Middle Permian) of South China: Constraints from pyrite morphology and multiple geochemical proxies. Palaeogeography, Palaeoclimatology, Palaeoecology(353-355): 73-86.

Wignall P B, 1994. Black Shale. New York: Oxford University Press.

Xie G L, Shen Y L, Liu S G, et al., 2018. Trace and rare earth element (REE) characteristics of mudstones from Eocene Pinghu Formation and Oligocene Huagang Formation in Xihu Sag, East China Sea Basin: implications for provenance, depositional conditions and paleoclimate. Marine and Petroleum Geology, 92: 20-36.

Yandoka B M S, Abdullah W H, Abubakar M B, et al., 2015. Geochemical characterisation of Early Cretaceous lacustrine sediments of Bima Formation, Yola Sub-basin, Northern Benue Trough, NE Nigeria: organic matter input, preservation, paleoenvironment and palaeoclimatic conditions. Marine & Petroleum Geology, 61: 82-94.

Zhang M M, Liu Z J, Xu S C, et al., 2013. Element response to the ancient lake information and its evolution history of argillaceous source rocks in the Lucaogou Formation in Sangonghe area of southern margin of Junggar Basin. Journal of Earth Science, 24(6): 987-996.

第 2 章 页岩储层特征分析

在过去的 10 年，世界油气的产量大幅增加，特别是美国的产量呈指数增长。这主要归因于页岩油气产量的快速增加。随着水平井技术和水力压裂技术的大力发展，美国页岩气产量从 2000 年的 110.4 亿 m^3 提升到 2015 年的 2820.4 亿 m^3（EIA，2016）。同样美国页岩油产量也从不到 100 万 bbl/d[①]加速到 2018 年超过 500 万 bbl/d。在 2014 年，我国四川盆地涪陵区块的五峰组—龙马溪组页岩也最先实现了国内页岩气的商业化开发（郭彤楼，2016；金之钧等，2016）。截至 2019 年底，涪陵页岩气田累计建成产能 110 亿 m^3，累计探明储量 6008 亿 m^3，累计产气 277.85 亿 m^3（郭洪金，2020）。目前，我国已建成涪陵、长宁-威远和昭通 3 个海相页岩气示范区。页岩储层也逐渐成为继砂岩储层和碳酸盐岩储层之后又一重要的油气勘探开发层位。但在全球的页岩油气开发过程中同样都面临着科学与工程的挑战，如页岩油气采收率低、产量递减快、压裂液返排率低等问题都制约着页岩油气工业的可持续性发展（董大忠等，2016；邹才能等，2015，2016）。而以上问题无不与页岩储层特征息息相关。页岩储层通常具有富有机质、富黏土矿物、矿物粒度细、非均质性强、特低孔低渗、纳米级孔喉、高比表面积、成岩改造与油气赋存状态复杂等特征。因此页岩储层评价内容、方法与手段有别于常规储层，使得页岩储层精细表征成为页岩油气地质与工程研究的热点问题之一。本章将重点介绍国内外页岩储层的组分特征（矿物组分和有机质）和孔隙特征的研究现状，以及页岩储层表征的技术方法。

2.1 页岩矿物组分特征

页岩作为一种细粒沉积岩，超过 50%的矿物颗粒小于 62.5μm，其矿物组成主要包括黏土矿物（主要包括伊利石、伊蒙混层、高岭石、绿泥石等）、石英、长石（钾长石和斜长石）、碳酸盐矿物（方解石和白云石）和黄铁矿（Arthur and Cole，2014）。与常规砂岩或碳酸盐岩储层相比，页岩的矿物组成具有强非均质性、矿物含量与组分类型复杂多样的特点。大量勘探和测试结果发现，同一套页岩在不同地区的矿物类型以及各组分的含量差异较大。而页岩矿物的组成关系到油气甜点的判断

[①] bbl 为石油桶，1bbl=1.58987×10^2 dm^3。

以及后期开采过程中压裂造缝的难易程度。此外，页岩矿物组分还通过影响孔隙体系类型控制了天然气的赋存形式、聚集与流动行为等，因此了解页岩矿物组分特征是研究页岩气储层的基础内容。

2.1.1　黏土矿物

黏土矿物是页岩中最主要的矿物之一，其分布的广泛性、特有的晶体结构及独特的物理化学性质，决定了它与页岩油气成藏机理、储层质量的关系密切。大量研究表明，通常页岩气藏中分布最广的黏土矿物为伊利石、伊蒙混层、高岭石、绿泥石等（邹才能等，2014）。近年来，国内外学者应用场发射扫描电镜（FE-SEM）和 X 射线衍射（XRD）等实验手段对页岩气储层中的黏土矿物组成及含量进行了大量研究，认为北美密西西比系 Barnett 页岩中黏土矿物含量变化较大（5%～48%），平均含量为 24.2%；北美 Bakken 页岩中黏土矿物平均含量为 31.2%，Haynesville页岩中黏土矿物平均含量为 33.7%（Loucks and Ruppel，2007；Jarvie et al.，2007）。对于国内页岩，研究表明上扬子地区寒武系筇竹寺组黏土矿物含量为 21.1%～56.4%，下志留统龙马溪组富有机质黑色页岩黏土矿物含量为 37.4%～48.3%（董大忠等，2010）。可见不同地区或同一地区不同层位的泥页岩中黏土矿物组成与含量差异较大，而黏土矿物的差异将会造成明显的页岩储层性质的差异。图 2.1 显示了页岩中黏土矿物在场发射扫描电镜下的特征。

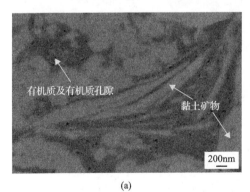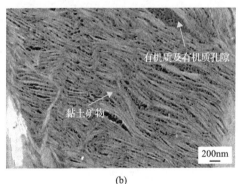

(a)　　　　　　　　　　　　　　　　(b)

图 2.1　页岩的黏土矿物组分镜下特征

黏土矿物对页岩储层孔隙发育具有较显著的影响。通过对黏土质页岩研究发现，黏土矿物粒间和粒内均会存在大量纳米级孔隙（Fishman et al.，2012；Loucks et al.，2012）。在成岩过程中，黏土矿物的机械化学稳定性较差，既容易发生物理变形，又可发生化学转化，是产生各种无机孔缝的主要载体。在扫描电镜下可观察到与黏土矿物有关的孔隙类型主要有：①黏土矿物形成的微裂隙（孔），如蒙皂石向伊利石转化，伴随体积减小而产生微孔隙，可构成部分页岩储层的储渗空间 [图 2.2(a)、(b)、(c)]。②由絮状作用沉积形成的孔隙。絮凝物是沉入海水富含离子的块状静电荷黏土碎片，是黏土类孔隙的典型代表。絮凝物可形成边-面或边-边方位的单个纸房状结构与面-面方位连成的网络结构。③黏土矿物具有较高的塑性，随着温度压力的增加黏土矿物片发生破碎、扭曲变形，从而在黏土聚合体之间形成孔隙[图 2.2(d)]。④黏土矿物与其他矿物相互接触时，由于硬度和韧度不同所形成的粒间孔。这些孔隙的大小一般都在微米—纳米级，为页岩中的游离气提供了储存空间，同时也成为页岩气运移的主要通道。此外，利用氮气和二氧化碳吸附实验可知黏土矿物层内部还存在着大量连通的微孔隙（<50nm），构成了一定的气体吸附空间（武景淑等，2012；蒋裕强等，2010）。Ross 和 Bustin(2009)

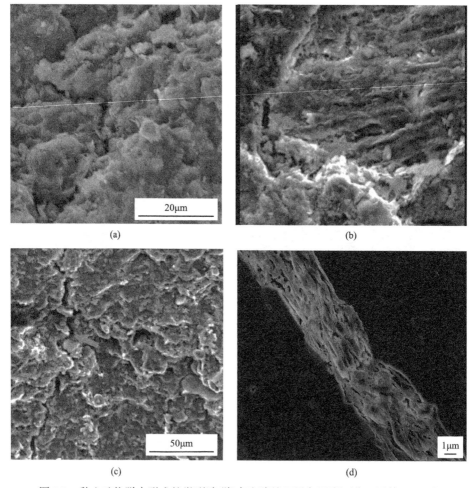

图 2.2　黏土矿物脱水形成的微裂隙(湖南牛蹄塘组黑色页岩)(范二平等，2014)

通过分析页岩组成和孔隙结构对天然气吸附的影响，认为吸附态的甲烷气主要赋存于有机质和黏土矿物产生的中—微孔隙中。

同时黏土矿物的富集程度也影响着页岩储层的水力压裂改造。黏土矿物相对于硅质、钙质矿物具有较高的比表面积和表面自由能，可塑性和吸水膨胀性较强，外来流体侵入地层后会发生敏感性物理或化学反应，在一定程度上抑制压裂，影响人工造缝，不利于页岩气的水力压裂开采。

2.1.2　石英

页岩中常含有大量的硅质成分，常表现为不同形态特征的石英，一部分是盆地内部或者盆地外部来源的碎屑石英，一部分是页岩中的自生石英。通过镜下观察发现鄂西渝东地区五峰组—龙马溪组页岩的石英主要呈纹层状[图 2.3(a)]、分散状[图 2.3(b)]、斑状或类球状等碎屑颗粒形态分布[图 2.3(c)、(d)、(e)]，颗粒间大多充填了暗色或黑色的沥青。页岩高分辨率扫描电镜观察发现了不同形态的石英集合体，石英颗粒大小差异较为明显，颗粒边缘全部或局部可见被溶蚀作用形成的不规则港湾状，也有部分石英颗粒被方解石或者白云石等交代[图 2.3(f)]。Milliken 等(2016)采用 X 射线扫描对 Si、Ca、Al、K、Na 进行元素分析，并结合电子显微镜成像合成了"元素&形貌"的双通道图像。基于该图像观察了美国 Eagle Ford 页岩基质分散自生微石英的镜下形态(图 2.4)。

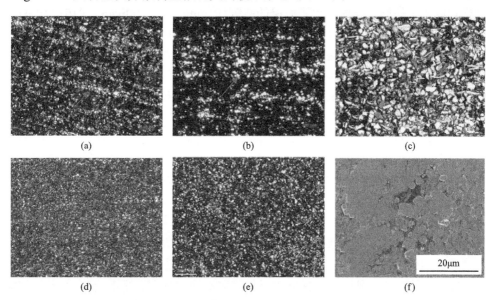

图 2.3　鄂西渝东地区五峰组—龙马溪组页岩镜下特征(杨锐，2018)

(a) (b)

图 2.4　美国 Eagle Ford 页岩基质分散自生微石英照片 (Milliken et al., 2016)

注：红色部分代表石英颗粒

细粒沉积物在沉积作用过程中能够保留大量的空隙 (～80%) (Velde, 1996)，以原始的粒间和粒内孔的形式存在 (Loucks et al., 2012; Desbois et al., 2009)。埋藏作用早期，大多数原始孔隙在压实作用过程中被破坏 (Pommer and Milliken, 2015; Loucks et al., 2012; Mondol et al., 2008; Velde, 1996)。石英等脆性矿物的堆积以骨架的形式支撑保存了原始的孔隙 (Pommer and Milliken, 2015; Milliken and Reed, 2010; Desbois et al., 2009)。通过溶解作用，析出的硅质在原始孔隙中再沉淀或重结晶形成不规则的石英微晶的堆积体或者隐晶质石英 (Williams and Crerar, 1985)，破坏了原始孔隙，但同样作为脆性的骨架保存了孔隙的内部结构，限制了挤压作用对孔隙的影响，所以在石英微晶的堆积体中有大量的孔隙空间。图 2.5 展示了四川盆地五峰组—龙马溪组页岩中与石英有关的孔隙发育类型。在生油窗阶段充填油和运移的沥青，石英微晶堆积体内压缩的孔隙空间控制了运移有机质的分布空间和范围。另外，溶蚀孔及石英晶间孔也会增加一定的赋存空间。脆性矿物诱导孔隙和裂缝的形成增加了页岩储层孔隙度及渗透率。

2.1.3　长石

页岩中长石主要包括钾长石和斜长石，在中国南方海相龙马溪组页岩中钾长石含量一般低于 5%，平均含量约为 2.5%；斜长石含量为 1%～10%，平均含量约为 7%。镜下观察发现长石含量低，偶见零散不均匀分布，主要为半自形或他形颗粒，颗粒大小介于 5～10μm，部分长石被碳酸盐矿物交代。图 2.6 显示了长石矿物的镜下特征。

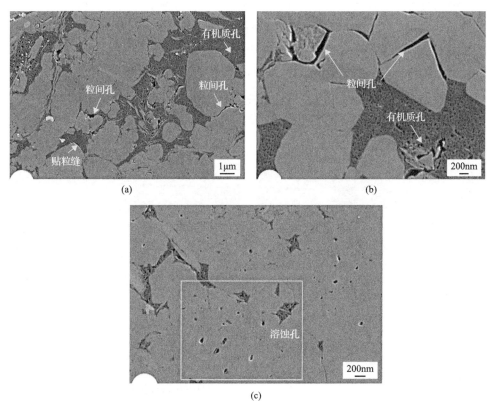

图 2.5 四川盆地五峰组—龙马溪组页岩中与石英有关的孔隙发育类型(李凯强，2018)

图 2.6 长石矿物镜下特征(Baruch et al.，2015)

钾长石溶蚀过程往往与黏土矿物的转化有一定的关系，因为伊利石的形成需要消耗一定量的钾元素，从而能促进钾长石颗粒溶蚀作用发生。通过对 Barney Creek 组页岩研究发现，在低成熟页岩基质中包含了大量化学未成熟粉砂大小的钾长石，随着成熟度的提高，烃类生产过程中释放的有机酸会对长石进行溶解，从而形成大量的次生孔隙(图 2.7)(Baruch et al., 2015)。然而，次生孔隙以中孔和大孔的形式出现在随机分布的晶粒中，这表明有机酸影响的范围有限(Taylor et al., 2010)。

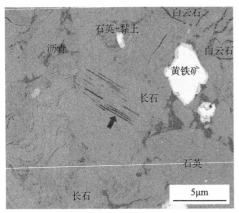 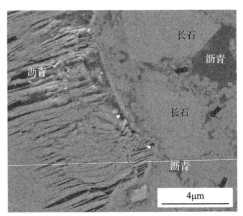

(a) 沿着钾长石解理面和白云岩溶解(黑色箭头)　　(b) 钾长石颗粒沿着其解理面溶解，
　　　　　　　　　　　　　　　　　　　　　　　在大孔隙范围内产生次生孔隙(黑色箭头)

图 2.7　钾长石溶蚀图像(Baruch et al., 2015)

2.1.4　碳酸盐矿物

页岩中的碳酸盐岩矿物主要由方解石和白云石组成。白云石和方解石会在页岩中出现沿层理和裂缝填充的现象[图 2.8(a)、(b)]，页岩中方解石自形程度高，晶形完整，斑点状分布，粒度可达 50～70μm，部分粗粒可达 100μm。交代成因的白云石自形程度高，为自形—半自形晶体，晶形多为菱面体结构[图 2.8(c)]。龙马溪组页岩中可见大量生物钙质化石颗粒，主要为钙质成分[图 2.8(d)](Sun et al., 2017)。

在深埋藏作用下，碳酸盐矿物容易发生溶解或溶蚀现象，一般沿解理缝进行溶蚀，会在方解石与白云石颗粒内部形成溶蚀孔，孔径一般为 5nm～1μm(郭芪恒等，2019)[图 2.9(a)]。同时碳酸盐边缘溶蚀可以与附近的孔隙网络连接，改善孔隙连通性[图 2.9(b)]。

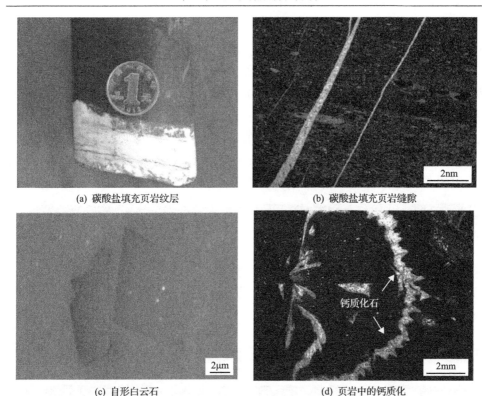

(a) 碳酸盐填充页岩纹层　　　　　　　(b) 碳酸盐填充页岩缝隙

(c) 自形白云石　　　　　　　　　　　(d) 页岩中的钙质化

图 2.8　页岩中的碳酸盐矿物(Sun et al.，2017；孙梦迪，2014)

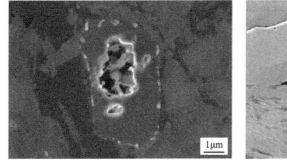
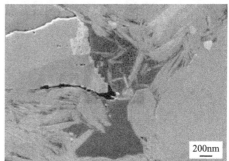

(a) 内部溶蚀(郭芪恒等，2019)　　　　　(b) 边缘溶蚀(Sun et al.，2019)

图 2.9　碳酸盐矿物的溶蚀现象

2.1.5　黄铁矿

页岩中的黄铁矿通常主要分为草莓状黄铁矿和自形黄铁矿[图 2.10(a)]。这两种黄铁矿的形态、形成过程、形成时的环境都不同(Shi et al.，2015；孙梦迪等，2014；Wilkin and Barnes，1997；Raiswell and Berner，1985)。页岩中的黄铁矿被广泛用于指示沉积环境、辅助评价页岩气储层、提升页岩气藏采收率。草莓状黄铁矿和自形黄铁矿可以通过形态进行区分。草莓状黄铁矿通常为粒径均一的椭球—圆球状聚集体［图 2.10(b)］,但也有诸如环状、太阳花状、非球状的异形草莓状黄铁矿。而自形黄铁矿通常以单颗粒晶体［图 2.10(c)］或多颗粒晶体聚集的方式存在,其中,部分多颗粒晶体聚集体容易与非球状草莓状黄铁矿混淆,其区分要点为:①自形黄铁矿的多颗粒晶体聚集体的单颗晶体尺寸差异较大,草莓状黄铁矿的单颗晶体尺寸相对均一［图 2.10(d)］;②自形黄铁矿的多颗粒晶体聚集体一般充填于孔缝之中,单颗粒之间有时甚至会被其他无机矿物分隔开。

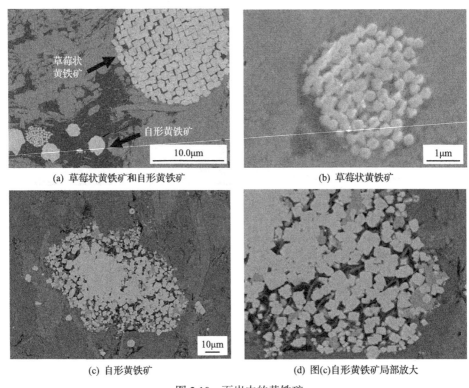

(a) 草莓状黄铁矿和自形黄铁矿　　　　(b) 草莓状黄铁矿

(c) 自形黄铁矿　　　　(d) 图(c)自形黄铁矿局部放大

图 2.10　页岩中的黄铁矿

　　页岩中的黄铁矿是页岩气储层评价的辅助依据。国内外的研究显示,含气量高的储层通常含有大量的黄铁矿,并且草莓状黄铁矿和有机质伴生(Sun et al., 2019; Yang et al., 2016; Loucks et al., 2009)。一些学者研究指出,含铁矿物可以催化液态烃发生裂解,使气态烃的产率增加 1.5~3 倍(吴艳艳等,2015;祖小京等,2007)。页岩中的黄铁矿还增加了利于甲烷吸附的微孔数量,促进了页岩气的富集(Sun et al., 2016;于炳松,2013; Loucks et al., 2009)。部分学者基于黄铁矿与页岩气的相关关系，提出可利用黄铁矿丰度与低阻高极化率的特征，使用测井技术划分富有机质页岩区块与页岩气富集区(李丹等，2018；赵迪斐等，2016)。

页岩气开采过程中，利用黄铁矿可被氧化的特性，可提高页岩气采收率。黄铁矿化学性质较为活泼，通过氧化反应可形成溶蚀孔，并产生热量和气体，进而增强孔隙的连通性，提高裂缝密度或体积，促进甲烷解吸(游利军等，2017；Kuila et al.，2014；Dimitrijevic et al.，1999)。前人通过实验显示，在压裂液中加入氧化剂，有效提升了页岩气的采收率(谭鹏等，2018；游利军等，2016)。

2.2　页岩有机组分特征

有机质是页岩油气生成的物质基础，生烃过程中形成的有机孔隙网络也是重要的油气储集空间。页岩气储层中的有机质类型、有机质丰度和有机质成熟度对页岩气的资源量具有重要影响。TOC 是衡量页岩有机质丰度的重要指标，有经济开发价值的页岩油气区的最低 TOC 一般在 2%以上。有机质类型的研究对于确定页岩气的有利远景区带是必不可少的，其与 TOC 和成熟度共同决定着烃源岩的生气潜力。表 2.1、表 2.2 分别总结国内外页岩有机质参数(邹才能等，2010)。

表 2.1　国内页岩有机质参数及类型

区域名称	地层	TOC/%	有机质类型	R_o/%
四川盆地	寒武系	1.0~5.5	I ~ II	1.6~5.2
	志留系	2.0~4.0		1.6~3.6
塔里木盆地	寒武系	0.2~5.5	I ~ II	1.9~2.0
	下奥陶统	0.2~2.1		1.7
上扬子东南缘	石炭系	1.7~3.1	I	1.8~2.5
鄂尔多斯盆地	三叠系	6.0~22.0	I ~ II	0.9~1.2
松辽盆地	白垩系	0.5~4.5	I ~ II	0.6~1.2

表 2.2　国外页岩有机质参数及类型

页岩名称	地层	TOC/%	有机质类型	R_o/%
Barnett	密西西比系	2.0~7.0	I ~ II	1.1~2.0
Fayetteville	密西西比系	4.0~9.8	II ~ III	1.2~4.0

页岩名称	地层	TOC/%	有机质类型	R_o/%
Haynesville	侏罗系	0.5～4.0	Ⅱ	2.2～3.2
Marcellus	上泥盆统	3.0～12.0	Ⅱ	0.6～3.0
Woodford	上泥盆统	1.0～14.0	Ⅱ	1.1～3.0
Antrim	上泥盆统	1.0～20.0	Ⅰ～Ⅱ	0.4～0.6
New Albany	泥盆系—石炭系	1.0～25.0	Ⅱ	0.4～0.8

通常，烃源岩有机质类型划分为三分法，将有机质类型划分为Ⅰ型（腐泥型）、Ⅱ型（过渡型）和Ⅲ型（腐殖型）有机质，其中Ⅰ型有机质有极高的氢指数和极低的氧指数，Ⅱ型有机质有较高的氢指数和较高的氧指数，Ⅲ型有机质有极低的氢指数和极高的氧指数。烃源岩有机质类型可采用三类四分法或三类五分法（傅家谟，1986；黄第藩和李晋超，1982）。烃源岩的有机质类型是有机质的质量指标，它对烃源岩的生烃潜力起着重要作用（Delle et al.，2018；İnan et al.，2018；柳少鹏等，2012）。研究普遍认为，富氢有机质主要生油，而含氢量较低的有机质以生气为主；海洋或湖泊环境下形成的有机质（Ⅰ型和Ⅱ型）易于生油，随热演化程度的增加，原油裂解成气；陆相环境下形成的有机质（Ⅲ型）主要生气；中间混合型（尤其是Ⅱ型和Ⅲ型）在海相页岩中最为普遍，产气潜力大。对于国内产气源岩，四川盆地在内的扬子地台大部分地区古生界烃源岩属Ⅰ型干酪根。四川盆地下古生界寒武系筇竹寺组和志留系龙马溪组两套海相黑色页岩属Ⅰ～Ⅱ型干酪根。中国北方古生界石炭系—二叠系、中生界侏罗系含煤层系碳质页岩，有机质主要是Ⅲ型，鄂尔多斯、塔里木、华北地区上古生界石炭系—二叠系碳质页岩，有机质类型则多为Ⅱ～Ⅲ型。而国内产油岩如松辽盆地古龙凹陷已发现下白垩统青山口组和嫩江组页岩干酪根为Ⅰ～Ⅱ型（邹才能等，2010）。

TOC是有机质丰度的重要参考标准（崔景伟等，2012），也是生烃量和生烃强度的重要决定因素，尤其在含气页岩的研究中应用最为广泛、实验测试技术最为成熟，国内外的页岩气储层研究中也基本应用这一基础指标。与常规油气藏相同，充足的有机质来源是油气生成的物质基础，含油气泥页岩本来作为烃源岩，有机质丰度一般较高，有机碳含量直接影响着页岩气的富集量。研究发现，TOC高有利于页岩气的吸附。Curtis等（2012）对加拿大西部地区页岩研究发现TOC与页岩中甲烷吸附量具有明显的正相关关系。在国内鄂尔多斯盆地页岩和四川盆地龙马溪组页岩实验上也发现了同样的结果，表明页岩TOC与页岩中吸附烃的含量明显有着非常紧密的联系（图2.11）。另外，TOC是控制页岩气储层中纳米级孔隙体积及比表面积的主要内在因素,在一定程度上存在着正相关性,TOC 高有利于纳米级孔隙的形成,在这些纳米级孔隙中,微孔、中孔与 TOC 的相关性较好(陈尚斌等,2012)。

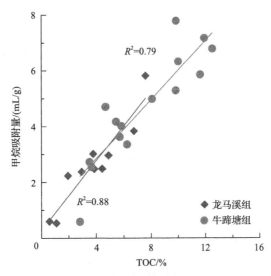

图 2.11　TOC 与甲烷吸附量关系图(Curtis et al.,2012)

有机质成熟度是确定有机质生油、生气或有机质向烃类转化程度的关键指标。$R_o \geqslant 1.0\%$ 为高生油峰,$R_o \geqslant 1.3\%$ 为生气阶段。自然界中不同类型的干酪根进入湿气和凝析油阶段的温度或成熟度界限有一定的差异。北美从未成熟到成熟页岩层系中均有商业性页岩气显示:密歇根盆地的 Antrim 页岩埋藏较浅,R_o 只有 0.5% 左右,为典型的生物成因的页岩气藏;而圣胡安的 Lewis 页岩气藏为典型的热成因页岩气藏,其 R_o 介于 1.2%~2.1%;Barnett 页岩分布较广,南部产气区页岩层段 R_o 平均为 2.2%,北部为 1.3%(张田等,2013)。可见 R_o 并不是页岩气成藏的主控条件,但其对页岩气的富集有着重要的影响。我国古生界海相页岩成熟度普遍较高,R_o 一般为 2.0%~4.0%,处于高—过成熟、生干气为主的阶段;而中新生界陆相页岩成熟度普遍偏低,R_o 一般为 0.8%~1.2%,处于成熟—高成熟以生油为主的阶段兼生气。随着热演化程度的增加,页岩有机孔逐渐发育。Curtis 等(2012)通过扫描电镜对比 38 块 R_o 为 0.51%~6.36% 的 Woodford 页岩,随着成熟度的增加有机质含量逐渐减少,有机孔隙开始发育,有机孔隙率增大,成熟度过高时有机孔隙率减小。Shi 等(2018)通过热演化表现出不同成熟度有机孔的发育情况,从图 2.12 可以观察到页岩从低成熟阶段到高成熟阶段,有机孔发育,有机孔隙率逐渐上升到 50% 以上,为气体的储存提供了主要空间,但随后随着样品被加热到过成熟阶段,有机孔隙率反而会降低。

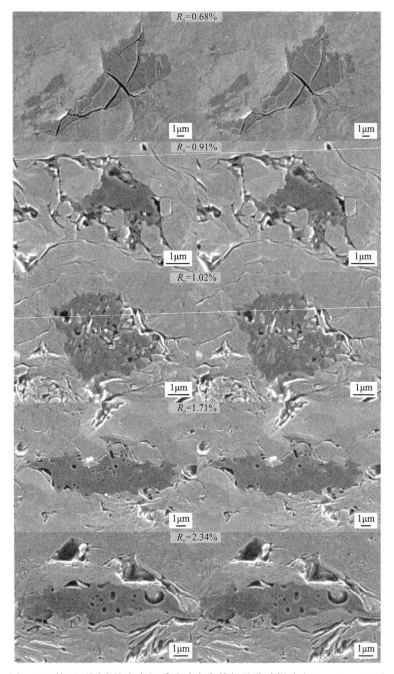

图 2.12　镜下不同成熟度有机质孔隙发育特征及孔隙提取(Shi et al., 2018)

2.3　页岩储层孔隙结构特征

　　伴随着常规油气储量的消耗以及水平井和多段水力压裂技术的发展，非常规页岩油气储层得到了全世界油气工业领域的关注(Guo，2015；Clarkson et al.，2013；Hao and Zou，2013)。页岩储层中的油气产量与复杂且多尺度的孔隙结构息息相关(Hu et al.，2015；Mastalerz et al.，2013；Curtis et al.，2012)。孔隙的几何特征(如孔隙大小、形状、孔径分布)和拓扑特征(如孔隙连通性、挠曲度、分形维数)直接关系到页岩储层的储集能力和输导能力(Song and Carr，2020；Sun et al.，2017；Milliken et al.，2013)。为了更好地评价储层质量和优化开发，全面研究页岩储层的孔隙结构特征，一系列可视化和定量化的技术被应用揭示页岩的孔隙特征，它们表征的尺度和适用范围如图 2.13 所示。

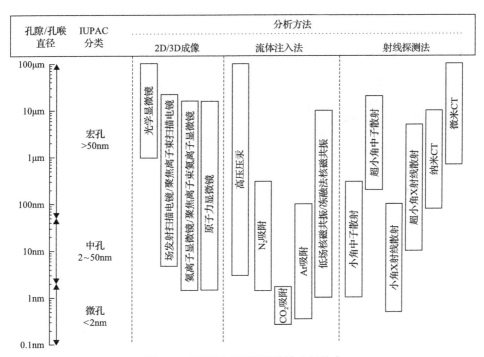

图 2.13　不同尺度的页岩孔隙表征技术

2.3.1　图像分析技术表征孔隙结构

　　页岩样品中孔隙的可视化通常依赖于各种成像技术如场发射扫描电镜(FE-SEM)、原子力显微镜(AFM)和氦离子显微镜(HIM)(Li et al.，2018；Sun et al.，2016；King et al.，2015)。结合聚焦离子束(FIB)技术，可以通过聚焦离子束扫描电镜

（FIB-SEM）或聚焦离子束氦离子显微镜（FIB-HIM）来重建孔隙体系的三维结构。孔隙体积、孔径分布和孔隙连通性可以通过孔隙体系的三维结构进行计算（Sun et al.，2020a；Tong and Cao，2018）。但是当成像技术获取高分辨率的图像时很难克服视域范围有限和不具有代表性等劣势。

目前，扫描电镜（SEM）在页岩孔隙可视化表征方面的应用最为广泛。结合扫描电镜镜下直观观察页岩中微-纳米孔隙的图像分析技术，可获得关于孔隙形态、分布位置和大小等信息，结合图像统计学方法还能定量地获得孔径和孔隙度等（Hu et al.，2017；Loucks et al.，2017，2009），综合这些定性、定量信息，极大地推动了孔隙的几何学特征、孔隙成因、孔隙形态分类等问题的研究。早在1970 年，O'Brien 就利用扫描电镜观察了页岩的组构及黏土片纹层特征，但当时"页岩气革命"尚未开始，直到 2007 年，Reed 等（2007）第一次使用扫描电镜对美国密西西比系 Barnett 页岩的纳米孔隙进行了成像，首次对低至 5nm 的微孔进行了成像；随后 Loucks 等（2017，2012，2009）利用高分辨率 FE-SEM 技术对 Fort Worth 盆地 Barnett 页岩的孔隙进行了一系列研究，照片显示页岩发育丰富的纳米级孔隙，页岩的扫描电镜研究方法逐渐成熟（图 2.14）。

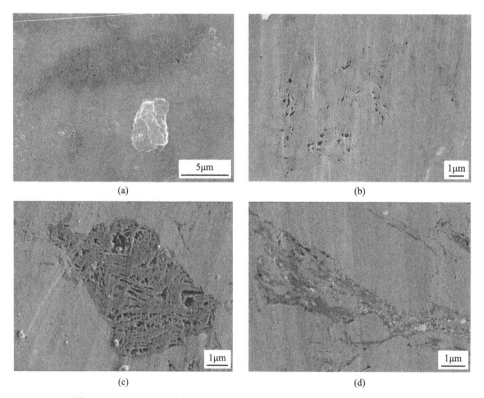

图 2.14　Barnett 页岩中与有机质有关的纳米孔（Loucks et al.，2009）

除此之外，聚焦离子束（FIB）系统、宽离子束（BIB）系统与扫描电镜（SEM）的结合不仅可以应用产生电子和离子图像，强电流离子束还可对表面原子进行剥离，以完成微米级、纳米级表面形貌加工。Klaver 等（2012）利用宽离子束扫描电镜（BIB-SEM）技术表征了德国 Posidonia 不同成熟度页岩样品的孔隙结构，获得了关于孔隙形态、孔径分布、孔隙体积、有机质孔隙体积、孔隙连通性等信息；Curtis 等（2012）利用 FIB-SEM 成像技术，对北美地区 9 套典型页岩气储层进行了三维结构重建，直观观察了孔隙的形态大小和连通性，且估算了孔隙分布、孔隙体积和面孔率。Sun 等（2020a）也利用 FIB-SEM 技术对龙马溪组页岩进行了三维成像研究，获得了三维立体成像以及连通性参数、孔隙连通性演化等信息（图 2.15）。

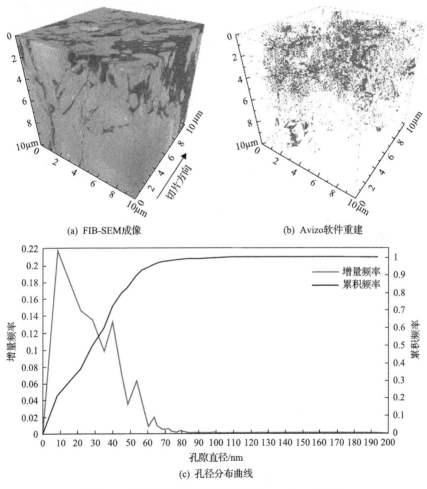

(a) FIB-SEM成像   (b) Avizo软件重建

(c) 孔径分布曲线

图 2.15 页岩三维孔隙网络评价（Sun et al., 2020a）

氦离子显微镜(HIM)及聚焦离子束氦离子显微镜(FIB-HIM)为目前较新的应用于非常规油气研究领域的能够有效识别页岩微纳米孔隙的先进技术方法。HIM分辨率极高,能够达到 0.5nm 左右,具有亚纳米级尺度的分辨能力,超过目前常用的非常规油气储层微观结构探测的 FE-SEM 的分辨率(王朋飞等,2018)。图 2.16展示了 HIM 下的页岩纳米级孔隙。氦离子束具有低能量和聚焦集中的特点,能在高放大倍数下稳定成像,使图像分辨率更高、更清晰,能获得比电子显微镜高 5倍的景深。有机质会在氦离子束的轰击下显示深灰色,而孔隙则会显示黑色,根据页岩中不同基质在氦离子束轰击下的颜色衬度,可轻易识别出有机质及其内部发育的孔隙(王朋飞等,2019)。

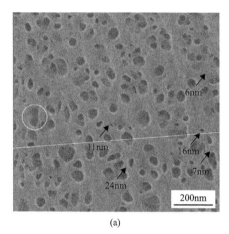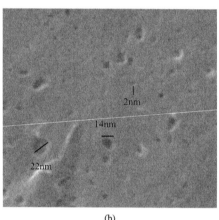

图 2.16　HIM 下的页岩纳米级孔隙

原子力显微镜(AFM)也是一种较新的研究表面表征的工具,可以生成原子分辨率的图像特征。自 20 世纪 80 年代发明以来,AFM 一直被应用于材料科学和医学研究,但在油藏工程中并没有得到应有的重视。然而,非常规页岩气藏的出现为页岩气的开发开辟了新的研究领域,Javadpour(2009)开始将 AFM 应用在页岩表面形貌表征中。图 2.17 显示了一个精细薄片样品的 AFM 表面形貌图像与光学图像的比较。可以看出,AFM 可以捕捉更清晰和锐利的图像边界,而光学图像在更高的放大倍数下会更加模糊。图 2.18 显示了页岩孔隙的 AFM 镜下成像。AFM在物相识别方面不如 FE-SEM 更有优势,但是其对页岩样品不同孔隙部位力学性质的测定具有一定的应用前景。

图像分析技术均存在一定程度的局限性,例如在获得高分辨率、高精度图像的同时,如何克服表征尺度太小以及观察样品的代表性差等问题。当前定性观察与描述页岩纳米孔隙越来越无法满足油气勘探开发的要求,随着科学的发展与技术的进步,图像技术也势必向快速定量化、三维可视化及多尺度融合表征发展,以获得更多的孔隙结构信息。因此,如何克服目前图像成像技术分辨率和可信度

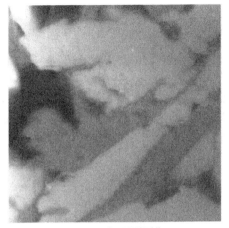
(a) AFM表面形貌图像

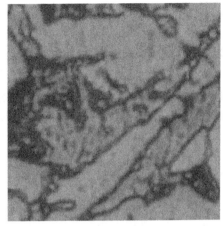
(b) 光学图像

图 2.17　薄片样品的 AFM 表面形貌图像和同一区域对应的光学图像（Javadpour，2009）

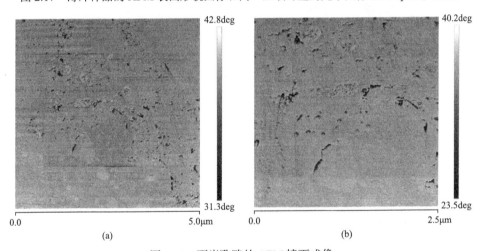
图 2.18　页岩孔隙的 AFM 镜下成像

偏低、观察区域小、代表性不强等局限，并结合油气工业界普遍关心的储层含油气性、可改造性等现实问题，建立快速、合理、高效的页岩气储层图像学评价流程与体系，是油气工业界亟待解决的难题。

2.3.2　流体注入技术表征孔隙结构

流体注入法包括低压气体吸附（氮气、二氧化碳和氩气）、高压压汞（MICP）、流体自发渗吸和核磁共振（NMR）（Song et al.，2019；Zheng et al.，2019；Davudov and Moghanloo，2018；Gao and Hu，2018；Zhou，2018；Zhang et al.，2017）。目前，高压压汞可提供 0.2psi 到 60000psi（413MPa）的压力用于表征从微米尺度（上限约 800μm）到纳米尺度（下限约 3nm）连通的孔喉分布。对于高压压汞实验，注入的汞分子仅可以进入开孔和盲孔，而无法提供闭孔的信息(Sigal, 2013)(图 2.19)。低压气体吸附实验可以通过测定不同相对压力下吸附质的吸附能力从而表征页岩纳米孔隙结构(Pinson et al., 2018；Nguyen et al., 2013)。另外，一些学者通过流体自发渗吸实验来定性评价页岩样品的孔隙连通性(Gao et al., 2019；Yang et al., 2017a；Gao and Hu, 2016)。近几年，低场核磁共振(NMR)和冻融核磁(NMRc)技术被应用于表征页岩储层的岩石物理性质和流体流动特征(Zhou, 2018；Valori et al., 2017；Li et al., 2017)。通过低场核磁共振测定页岩的孔隙结构信息取决于在页岩中注入的含氢流体的可进入性和饱和度。另外，页岩的水化膨胀或者页岩基质中的氢(有机质和黏土矿物中含氢)会导致测试结果的误差。

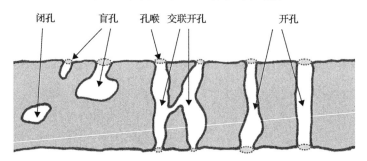

图 2.19　孔隙示意图(Giesche, 2006)

1. 高压压汞

高压压汞被广泛应用于页岩孔喉结构的表征。图 2.20(a)为上二叠统海陆过渡龙潭组页岩高压压汞测试的进退汞曲线。图 2.20(b)是根据进退汞曲线得到的不同

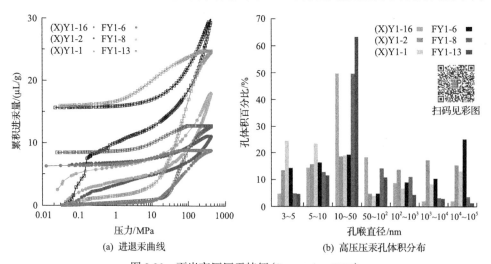

(a) 进退汞曲线　　　　　　　　　　　(b) 高压压汞孔体积分布

图 2.20　页岩高压压汞特征(Sun et al., 2019)

孔喉直径段的孔体积分布。Sigal(2013)通过对 92 块 Barnett 页岩进行高压压汞测试发现，高压压汞测试得到的孔隙度均小于氦气测试得到的孔隙度，主要原因是高压压汞测试只能测得孔喉直径在 3nm 以上的孔隙，而氦气测试能够测得理论上大于氦气分子直径(0.26nm)以上的全部孔隙。

高压压汞测试会对岩石产生压缩作用，因此为了得到更精确的测试结果，需要对数据进行校正。Klaver 等(2012)通过在泥页岩中高压注入与汞物理特性相似的伍德合金结合宽离子束扫描电镜(BIB-SEM)研究发现，在高压注入流体的过程中伍德合金会优先侵入裂缝和大孔隙中(图 2.21)，并且因压力变化黏土基质会产生变形和压实，这会导致泥页岩孔喉发生变化甚至切断[图 2.21(c)]，因此在高压压汞实验中测得的孔喉直径分布并不能代表原位的孔喉直径分布。Wang 等(2016)认为汞与页岩的接触角会随孔径、几何形状和温度而变化，通过结合理论模型预测的液滴表面张力与曲率的关系，提出了一种对页岩等纳米孔材料的高压压汞测试的修正方法。Peng 等(2017)提出使用页岩颗粒进行高压压汞测试会产生两种系统误差：一致性和压缩效应，通过高压压汞测试基于对表面涂抹了环氧树脂的页岩颗粒和未涂抹环氧树脂的页岩颗粒的进汞量和压力曲线对比进行了一致性修正，并通过计算高压压汞前后的压缩量进行了压缩修正。Yu 等(2019)通过应用分形理论确定了高压压泵测试的四个阶段，并结合氮气吸附数据对压汞数据进行了校正。

Sun 等(2020a)通过二次高压压汞法来评估页岩孔隙连通性。以龙马溪组页岩为例(图 2.22)，通过两次压汞测试的比较可以分析残余汞的分布区间，残余汞主要分布在小于 10nm 孔喉连通的孔隙体系内，说明该孔隙体系与其他孔隙体系连通性差。二次压汞可以有效地表征汞在页岩中可自由流动的孔道以及滞留的孔隙体系，从而判断页岩的孔隙连通性。

2. 气体吸附法

气体吸附法是测量样品孔径分布的常用方法。测量样品在不同压力条件下(压力 P 与饱和压力 P_0)的吸附气量，绘制出其等温吸附和脱附曲线，通过不同理论模型可得出其孔隙体积和孔径分布曲线。在页岩孔径分布表征中，N_2 吸附通常用来表征 2nm 以上的中孔和宏孔，CO_2 吸附则用来表征小于 2nm 的微孔。图 2.23 为下寒武统牛蹄塘组页岩 N_2 吸附等温曲线和 CO_2 吸附等温曲线及孔径分布，其中图 2.23(a)、(b)为 N_2 吸附等温曲线和基于 NLDFT 模型获得的孔径分布，图 2.23(c)、(d)为 CO_2 吸附等温曲线和基于 NLDFT 模型获得的孔径分布。

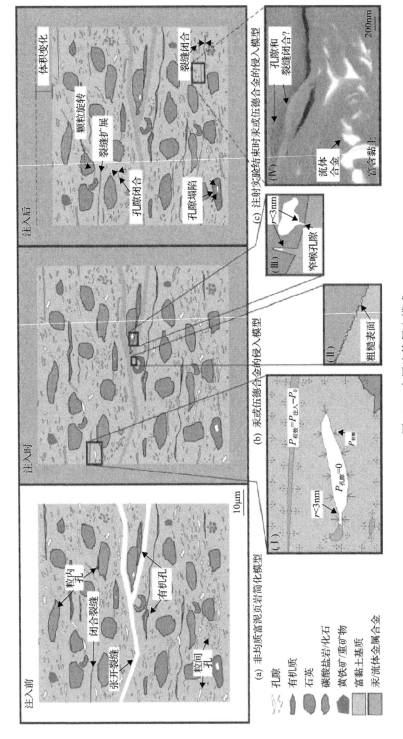

图2.21　金属流体侵入模式

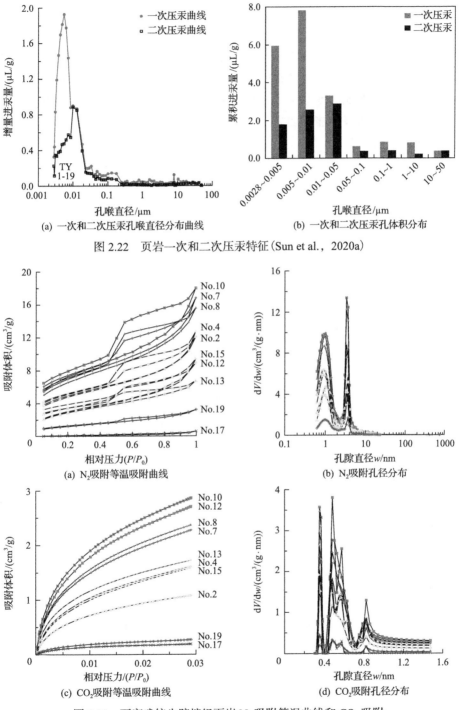

(a) 一次和二次压汞孔喉直径分布曲线

(b) 一次和二次压汞孔体积分布

图 2.22　页岩一次和二次压汞特征（Sun et al.，2020a）

(a) N₂吸附等温吸附曲线

(b) N₂吸附孔径分布

(c) CO₂吸附等温吸附曲线

(d) CO₂吸附孔径分布

图 2.23　下寒武统牛蹄塘组页岩 N₂ 吸附等温曲线和 CO₂ 吸附
等温曲线及孔径分布（Sun et al.，2016）

目前国际纯粹与应用化学联合会根据 N_2 吸脱附曲线特征将其分为 4 类(H1、H2、H3、H4)(图 2.24),每类吸脱附曲线代表了不同的孔隙形态。朱炎铭等(2016)对上扬子地区川南、滇东北与黔北地区下志留统龙马溪组页岩样品进行了低温 N_2 吸附,实验结果表明龙马溪组的迟滞环主要为 H2 型和 H3 型两种。高之业等(2020)通过对川南地区龙马溪组不同岩相页岩进行 N_2 吸附实验发现随着页岩 TOC 的增加,气体吸附滞后回环的类型逐渐由 H4 型向 H2 型转换,表明样品的墨水瓶孔隙更为发育。

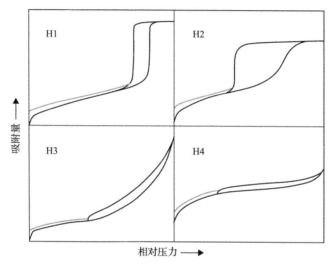

图 2.24 4 类 N_2 吸脱附曲线

目前可以用于气体吸附的模型有很多,主要常见的数学模型有 Barrett Joyner Halenda(BJH)模型、DFT 模型、D-R 模型及 D-A 模型。在这些模型中,DFT 模型成为评价页岩孔隙的首要选择。Zhang 等(2017)通过从吸附质(CO_2/N_2/Ar)和结构模型两个方面研究了适合表征页岩孔隙结构的最佳组合,表 2.3 总结了不同组合的结果。

表 2.3 不同吸附质和结构模型组合结果

模型	几何结构	基质	吸附剂	可测孔径范围/nm
CO_2-DFT	狭缝	碳	二氧化碳(273.1K)	0.37~1.07
N_2/Ar-DFT	狭缝	碳(石墨)	氮气(77.4K);氩气(87.3K)	0.40~400
N_2/Ar-NLDFT	狭缝	碳	氮气(77.4K);氩气(87.3K)	0.35~100
N_2/Ar-As=4,2DNLDFT	有限狭缝	碳	氮气(77.4K);氩气(87.3K)	0.35~25
N_2/Ar-As=6,2DNLDFT	有限狭缝	碳	氮气(77.4K);氩气(87.3K)	0.35~25

模型	几何结构	基质	吸附剂	可测孔径范围/nm
N$_2$/Ar-As =12，2DNLDFT	有限狭缝	碳	氮气(77.4K)；氩气(87.3K)	0.35～25
N$_2$/Ar-SWNT by DFT	圆柱	碳	氮气(77.4K)；氩气(87.3K)	0.35～100
N$_2$/Ar -MWNT by DFT	圆柱	碳	氮气(77.4K)；氩气(87.3K)	0.35～100
N$_2$/Ar-Oxide Surface	圆柱	氧化物	氮气(77.4K)；氩气(87.3K)	0.38～100
N$_2$-Tarazona NLDFT(Esf=30.0K)	圆柱	氧化物	氮气(77.4K)	0.38～37.80

注：As 为纵横比；SWNT 为单壁纳米管；MWNT 为多壁纳米管；Esf 为表面势能

3. 核磁共振

核磁共振在油藏表征方面的应用最早可以追溯到 1956 年的石油工业(Brown and Fatt，1956)。随着核磁共振仪器的发展，核磁共振成像(NMRI)和核磁共振测井(NMRL)已被广泛应用于常规油气藏的孔隙度和孔径分布表征(Freedman，2006；Chen et al.，1992)。近年来许多研究人员利用核磁共振技术对页岩储层特征进行了研究。

核磁共振测量的质子振幅与孔隙中的氢含量成正比(Kleinberg，1999)。因此，可以通过使用已知体积流体的磁化强度作为标准来比较样品在 100%水饱和状态下的总磁化强度得到总孔隙度(Martinez and Davis，2000)。可动水可以通过离心试验排出，离心试验前后对样品进行核磁共振，可以得到可动水孔隙度[式(2.1)]和束缚水孔隙度[式(2.2)](Zhang et al.，2018；Li et al.，2012)。蒋裕强等(2019)通过对页岩水饱和、离心和在不同烘干温度条件下进行 NMR 测试，根据不同阶段的核磁信号强度损失将孔隙类型分为有效孔隙、无效孔隙、总连通孔隙和潜在孔隙(图 2.25)。

$$\varphi_R = \varphi_N \times \frac{BVI}{(BVI + FFI)} \tag{2.1}$$

$$\varphi_M = \varphi_N \times \frac{FFI}{(BVI + FFI)} \tag{2.2}$$

式中：φ_N、φ_R、φ_M 分别为总孔隙度、束缚流体孔隙度、自由流体孔隙度(%)；BVI 为束缚流体指数(或体积)；FFI 为自由流体指数(或体积)；BVI＋FFI 为在 100% 水饱和状态下 T_2 分布可确定的束缚液和自由液之和。

　　由于孔隙大小分布可以通过分析弛豫分布与弛豫时间的关系来确定(Coates et al., 1999)，故可以采用基于表面弛豫方程的 NMR 方法来分析页岩的孔隙大小分布(Li et al., 2017；Jin et al., 2017)。该分析基于页岩孔隙几何形状为圆柱形的假设。测量时使页岩岩心饱和，岩心的孔隙尺寸分布需要利用式(2.3)将 T_2 分布转化得到。对于半径为 r 的球形孔隙，$A/V \approx 3/r$，因此从式(2.3)中可以看到 T_2 弛豫时间与 r 成正比，T_2 弛豫时间越小对应的孔隙半径也就越小。

$$\frac{1}{T_2} = \rho \frac{A}{V} + \frac{1}{T_{2,B}} \tag{2.3}$$

式中：ρ 为弛豫率；$\dfrac{A}{V}$ 为孔隙的面积与体积之比；$T_{2,B}$ 为流体弛豫时间。

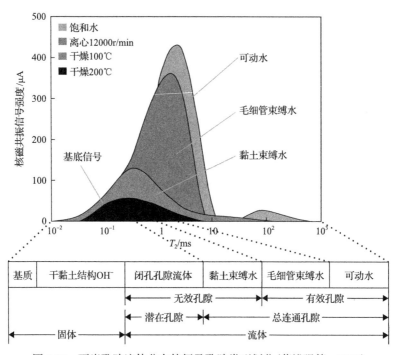

图 2.25　页岩孔隙流体分布特征及孔隙类型划分(蒋裕强等，2019)

　　冻融核磁(NMRc)技术是一种在孔径分布表征上精确度更高的方法。它利用了吉布斯-汤姆逊效应，即样品中不同孔径中液体的相变温度不同，小孔径的液体比大孔径的液体从冰变为水的温度低。相比于 NMR 测试，NMRc 在孔径分布表征的准确性和分辨率明显高于 NMR(图 2.26)，NMRc 的孔径分布在 1.6~500nm，远小于 NMR 的测量尺度(Yin et al., 2017；Fleury et al., 2015)。

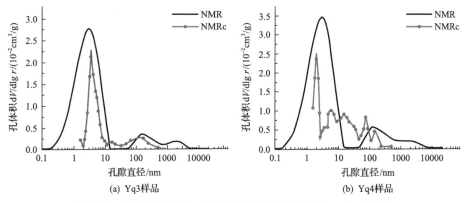

图 2.26　NMR 和 NMRc 测量孔径分布的比较(Yin et al.，2017)

4. 流体自发渗吸

流体自发渗吸是指岩石孔隙中的一种润湿性流体在毛细管力作用下自发地取代另一种非润湿性流体的过程。Ewing 和 Horton(2002)利用孔隙网络模型进行模拟，发现孔隙连通性与自吸斜率有一定的关系。Hu 等(2015)指出自吸斜率为 0.5以上的岩石孔隙连通性普遍较好，孔隙连通性差的岩石自吸斜率一般小于 0.5。Yang 等(2017a)通过对五峰组和龙马溪组页岩样品进行自吸实验发现，该地区页岩对正癸烷的孔隙连通性好于去离子水的孔隙连通性。Sun 等(2020a)通过对平行于纹层和垂直于纹层进行自发渗吸研究发现(图 2.27)，平行于纹层方向的自吸斜率为一条直线且具有较大的斜率，说明平行于纹层方向孔隙网络连通性较好；垂直于纹层方向的自吸斜率则分为两个阶段，第一阶段自吸斜率较低说明垂直于纹

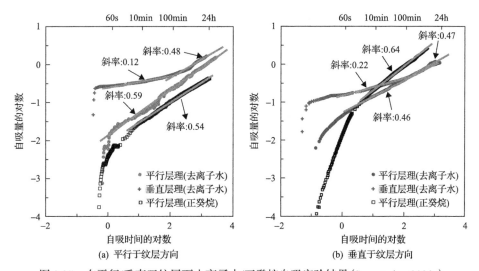

图 2.27　在平行/垂直于纹层下去离子水/正癸烷自吸实验结果(Sun et al.，2020a)

层的孔隙网络连通性较差，第二阶段随着去离子水突破纹层自吸斜率与平行于纹层的自吸斜率相近，并且在平行于纹层方向，正癸烷的自吸斜率(0.34～0.88)与去离子水自吸斜率(0.28～0.59)相近或更高，说明样品油润湿孔网连通性较好。

　　页岩孔隙连通性的研究可以通过含有示踪剂的不同流体(去离子水、API 卤水、正癸烷等)的扩散实验和自吸实验来分析。胡钦红等(2018)通过应用自吸和饱和扩散实验并结合激光剥蚀电感耦合等离子体质谱仪(LA-ICP-MS)观察示踪剂在页岩中的分布行为和运移速率(图 2.28)。该实验表明中国东部陆相盆地东营凹陷沙河街组泥页岩显示了很强的亲油性和较弱的亲水性，并研究发现页岩的润湿性

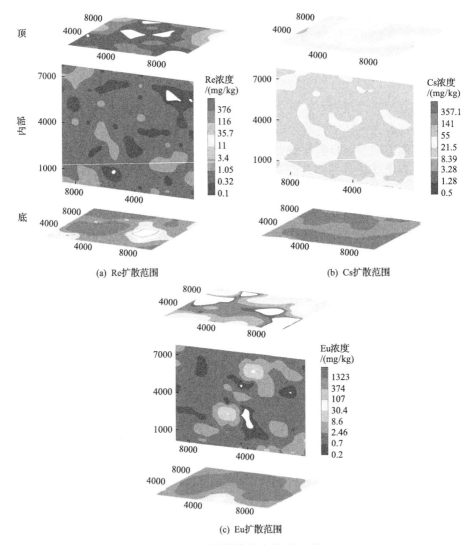

(a) Re扩散范围　　　　　　　(b) Cs扩散范围

(c) Eu扩散范围

图 2.28　不同示踪剂扩散实验(胡钦红等，2018)

差异与页岩组分中的有机质、黏土及其他无机矿物有关，孔隙体系对极性流体有较差的连通性和运移程度，而非极性流体和示踪剂则运移较快。

2.3.3　射线探测技术表征页岩孔隙结构

无损的 CT 技术和小角散射技术被用于评价页岩储层的孔隙连通性。CT 是利用 X 射线通过页岩后强度的衰减来表征页岩中孔隙的三维空间分布和连通性。为了获得 CT 扫描更高的分辨率，页岩样品需要被制成直径小于 $65\mu m$ 的小圆柱体用于纳米 CT 实验。小角散射（SAS）和超小角散射（USAS）技术用中子或 X 射线穿透页岩样品，并通过测定在一定散射角范围内的散射线强度来表征页岩孔隙结构。散射技术的优势是可以提供闭孔（流体不可进入的孔隙）信息并且可以提供厘米尺度样品的平均孔隙结构。结合无损的小角散射和超小角散射技术可以提供的孔隙结构尺度从亚纳米到亚毫米（$0.5nm\sim20\mu m$）。因为中子比 X 射线具有更高的穿透能力，小角中子散射（SANS）相比小角 X 射线散射（SAXS）更广泛地应用于页岩孔隙结构的表征。

1. 微纳米 CT 技术

1967 年 Hounsfield 发明了第一台 X 射线 CT 扫描设备（Dmytriw，2012）（图 2.29），传统上 X 射线 CT 成像分析技术主要用于医学领域。在 20 世纪 80 年代，CT 技术由 Withjack（1988）引入了地球科学这一领域。Buyukozturk 和 Hearing（1998）采用 CT 扫描得到混凝土试件中骨料、砂浆、孔洞清晰的 CT 图像。Raynaud 等（1989）利用医学和工业 CT 观察岩石内部结构，获得了石膏、花岗岩、砂岩、白云石等岩石样品的 CT 切片图像，从中可以清楚地观察到岩石内部的裂缝。

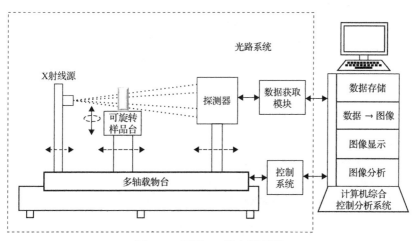

图 2.29　页岩 CT 设备原理图

CT 的全称是计算机断层扫描技术，是基于各种射线（常见如 X 射线和 γ 射线)穿透多孔介质后发生能量或者强度的衰减,从而在非常规油气储层地质的研究中用来表征页岩储层内部不同微纳米孔隙的大小、分布及连通性特征等。CT 技术能够将页岩中的微纳米孔隙网络进行三维提取,利用颜色相位衬度技术来表征储层内部矿物基质、有机质、孔隙系统的分布特征。CT 技术构建的数字岩心具有无损坏(非侵入)样品、成本较低、节省时间、扫描结果连续性好等优点,利用 CT 技术对页岩样品进行三维 X 射线扫描,可以有效地表征大于 79nm 的微观孔隙和裂缝,可以避免在流体注入法测试过程中产生新的微裂缝。目前如何提高 CT 图像的分辨率和成像速度成为研究的热点。

通过 CT 技术对页岩岩心进行三维重构将得到页岩基质与孔隙的空间分布,可对页岩岩心进行孔喉结构及孔隙空间拓扑结构的描述与表征(Coker et al.,1996;Spanne et al.,1994)。根据材料密度的差异,CT 成像可以基于灰度识别页岩样品的成分。岩石组分密度越高则灰度越高,即越亮,如黄铁矿;而密度越低相应的灰度越低,即越黑,如有机质;而脆性矿物和黏土矿物的灰度则介于二者之间,呈灰白色和灰黑色。

苟启洋等(2019)通过对 CT 图像进行阈值分割处理,对强度范围进行赋值,依次定义出孔隙、有机质、基质矿物和高密度矿物。用灰色表示基质矿物,蓝色表示有机质,红色表示页岩孔隙,黄色表示高密度矿物。二维切片的情况如图 2.30 所示。

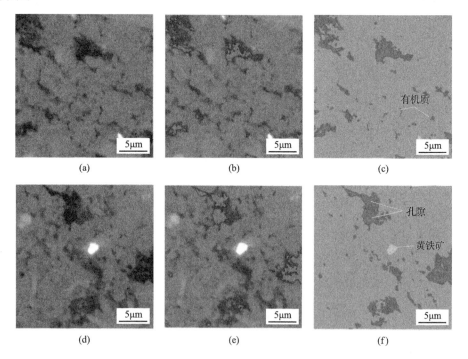

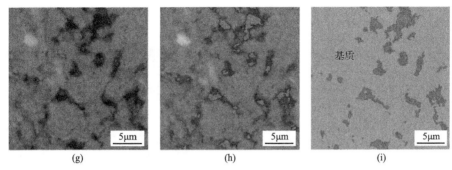

图 2.30 页岩内矿物、有机质和孔隙的二维分布

(a)、(d)和(g)为纳米 CT 原始切片图像；(b)、(e)和(h)为孔隙渲染图像；
(c)、(f)和(i)为物质组分渲染图像

进一步地，Gou(2019)通过对纳米 CT 的切片图像进行三维重构分析，表征了页岩中各矿物在三维空间中的赋存位置(图 2.31)。中等密度基质矿物(石英、碳酸盐矿物和黏土矿物)的灰度一般差异较小，其体积约占 89.2%；高密度矿物的分布具有一定的随机性，呈草莓状或椭球状，直径从几百纳米到几十微米不等，其体积约占 1.87%；有机质整体为团块状，相互连接，个别呈孤立状或点状，其体积约占 6.22%；孔隙(含部分裂隙)主要呈聚集状和孤立状，其发育部位与有机质密切相关，体积约占 2.71%。以提取到的孔隙网络的三维结构为基础，通过球棍模型模拟页岩的连通域，如图 2.31 所示，识别出 JY-1 井龙马溪组页岩的孔隙具有较好的连通性，整体以Ⅲ级连通域为主，但孔隙的连通存在一定的非均质性。连通性好有利于压裂开采，页岩气可沿连通的孔隙运移至网状水力压裂缝，提高页岩气产能。

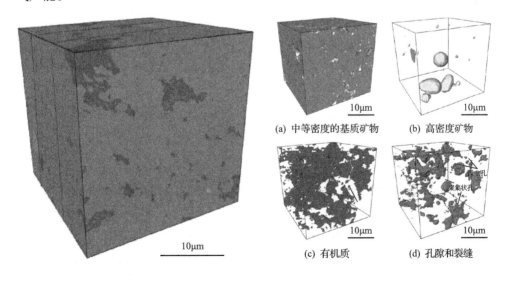

(a) 中等密度的基质矿物

(b) 高密度矿物

(c) 有机质

(d) 孔隙和裂缝

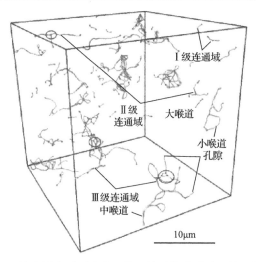

图 2.31　纳米尺度下页岩岩心的三维重构孔隙连通性三维分布

郭雪晶等(2016)通过对四川盆地龙马溪组页岩样品进行 CT 扫描及三维数字岩心分析,对样品的孔隙进行了三维重构,并计算了岩石孔隙的空间展布以及结构特征,探讨了孔隙的连通性,并获得了孔隙数量及体积差分分布曲线(图 2.32)。结果表明四块岩心的孔隙数量均呈幂律分布,随着孔隙半径减小,孔隙数量按幂级数规律增长。体积差分分布图表明孔隙体积在 lg r =2.0 左右达到波峰,在 lg r 高于 2.350 时,孔隙体积分布趋于平稳。

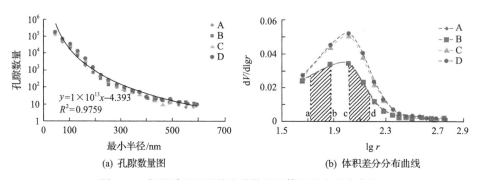

图 2.32　龙马溪组页岩的孔隙数量及体积差分分布曲线

CT 技术不仅可以获得矿物的空间分布,还可以通过"造影"技术实现对孔隙网络结构的三维重构。Zhao 等(2020)通过对注入伍德合金的 Barnett 页岩进行微米 CT 测试,并对扫描的灰度图像进行三维重构,获得了 1μm 分辨率的页岩孔隙结构分布特征(图 2.33)。对该样品进行三维重构获取到的孔隙率为 6.94%,孔径分布范围为 1~26.6μm(平均 2.22μm)。通过对孔隙体积分数与孔径尺度的对应关系进行分析可知,在 1μm 孔径处存在大量的孔隙空间。在三维空间中,孔的形状以球形或其他不规则形态为主，其中椭圆形或墨水瓶形的孔最为常见。层状裂缝是伍德合金填充的主要空间，填充裂缝的体积占总孔隙体积的 94.2%。伍德合金多呈片状、层状，或主要分布在顺层裂隙附近，说明裂隙网络具有良好的连通性。实验所用页岩样品的储集空间(孔隙和微裂隙)非均质性较强，大部分孔隙发育位置与有机质分布有一定的对应关系，推测主要为有机孔；小部分与有机质无明显对应关系的孔隙推测为无机孔。

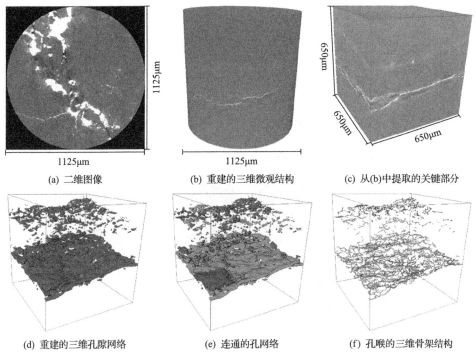

(a) 二维图像　　　　　(b) 重建的三维微观结构　　　　(c) 从(b)中提取的关键部分

(d) 重建的三维孔隙网络　　　(e) 连通的孔网络　　　(f) 孔喉的三维骨架结构

图 2.33　Barnett 页岩样品的微米 CT 图像和三维重建

　　Fogden 等(2014)为了绘制总连通孔隙度的空间分布，岩心被浸没在对 X 射线吸收极强的液态 CH_2I_2 中进行饱和，并在此状态下进行 X 射线扫描(图 2.34)。原始样品和流体示踪 CT 图像之间的差异是由示踪剂引起的，可用于评价页岩样品中的油相分布。获取到 CT 图像之后，需要与原始状态的岩心 CT 图像进行三维配准以使其各个方向对齐。CH_2I_2 具有非常高的 X 射线衰减效应，反映在被流体饱和的岩心裂缝处存在着极高的亮度。因为沿该方向穿过样品的 X 射线在很大程度上无法到达检测器，这可能会导致偶尔出现暗条纹伪影。另外，CH_2I_2 还会增强较细微裂缝的对比度分辨率，其中许多微裂缝在干燥状态下几乎看不见 [图 2.35(a)、(b)]。CH_2I_2 衰减的另一种表现是，某些可溶解的矿物组分被 CH_2I_2 溶解之后，会将本来的暗色矿物显现出较高的亮度[图 2.35(c)、(d)]。

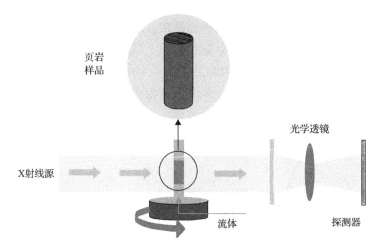

图 2.34　CT 技术结合流体自吸法表征页岩渗流机理

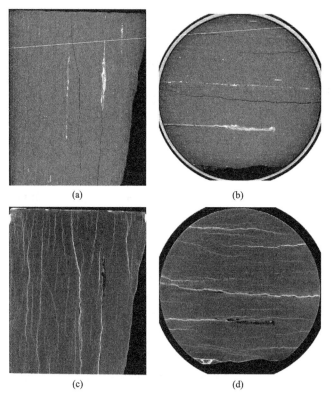

图 2.35　清洁、干燥状态下 Barnett 页岩 CT 图像和 CH_2I_2 饱和页岩 CT 图像

(a)、(b)为清洁、干燥状态下 Barnett 页岩 25mm 标准岩心纵向和横截面层析切片，

(c)、(d)是 CH_2I_2 饱和后的 CT 图像，体素大小为 16μm，比例尺为 5mm

2. 小角散射法

页岩气持续产气能力较弱的原因一般认为与页岩孔隙结构中的封闭体系有关。探究页岩中相对封闭的孔隙结构对于理解页岩气的赋存、解吸和运移过程，正确评估页岩气藏的地质储量、资源开发的可持续性及指导水力压裂过程中孔-缝体系的改造具有重要的意义。目前评价页岩储层孔隙结构的可用手段较多，但是单一测试方法由于其自身局限性难以对页岩基质中的闭孔特征和孔隙连通性进行全面描述。近年来部分学者结合多种技术手段，分析其各自的应用场景，针对沉积岩的孔隙结构表征开展了很多工作。而小角散射技术具有对样品进行整体观测的特点，可以对其他方法无法表征的闭孔进行表征。基于实验方法和原理，小角散射技术在表征页岩孔隙结构方面具有如下优势：

(1)孔径范围测定广(0.5nm～10μm)；

(2)区分不连通孔隙度和连通孔隙度；

(3)研究储层温度压力条件下的孔隙结构及其变化规律；

(4)测试过程不具有破坏性。

小角度和超小角度中子(X 射线)散射技术在近 20 年得到了快速的发展和改进，通过测试射线被页岩样品散射后的强度，可以用于计算多种自然和工程设计中的有孔材料以及煤和页岩的孔隙结构。相比常规油气储层，页岩储层通常具有低孔隙度、超低渗透率、孔隙类型多样、孔径分布范围广等特征。无论是在页岩储层的评价方面还是在页岩油气的开发方面，页岩的孔隙结构都控制着油气的储集能力、流体的运移能力及压裂液在页岩中的滞留情况。由于中子比 X 射线具有更高的穿透能力，小角中子散射相比小角 X 射线散射更广泛地应用于页岩孔隙结构表征。其中小角散射技术通常被应用于测定孔隙度、孔径分布、分形维数、孔隙连通性。

1) 孔隙度

孔隙度是页岩储层储集能力评价的重要参数之一。在页岩中孔隙度测定方法主要包括氦气比重法(氦气膨胀法)、水浸孔隙度测定法、高压压汞法、小角散射法等。在高压压汞法中，目前可以测定的孔喉下限约 3nm。同时，氦气比重法和水浸孔隙度测定法可以获得氦气和水进入的孔隙空间的孔隙度，但并不代表页岩的总孔隙度。然而小角散射法测定的孔隙度包括开孔和盲孔孔隙度(流体可以进入的孔隙度)和闭孔孔隙度(流体不可进入的孔隙度)。小角散射法测定的孔隙度不受流体可进入性的限制，可代表页岩的总孔隙度。因此页岩的闭孔信息可以通过对比小角散射法和流体注入法的表征结果来获得。

　　孙梦迪(2017)首次将小角中子散射技术应用于中国海相页岩(下志留统龙马溪组页岩和下寒武统牛蹄塘组页岩)显微结构的研究,结合氦气比重法、低压 CO_2 和 N_2 等温吸附对页岩储层特征进行研究。对比龙马溪组页岩样品小角中子散射法、气体吸附法和氦气比重法测得的孔隙度,如图 2.36 所示。通过以下公式对闭孔率进行计算:

$$F_{闭孔} = \frac{PDSP孔隙度 - (He孔隙度 - CO_2孔隙度 - N_2孔隙度)}{PDSP孔隙度}$$

式中:PDSP 孔隙度为小角中子散射数据用 PDSP 模型得到的孔隙度。

　　结果表明,龙马溪组页岩样品的闭孔率在 6.69%~42.6%,不同样品之间存在很大的差异。同时,牛蹄塘组页岩样品的闭孔率在 1%~34%,且主要与有机质相关。研究发现,具有高闭孔率的页岩样品通常具有低基质渗透率并伴随高几何挠曲度,说明页岩储层中高闭孔率发育的区带很可能会降低气体流动速率。

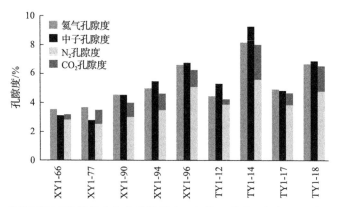

图 2.36　龙马溪组页岩样品小角中子散射法、气体吸附法和氦气比重法孔隙度对比

　　杨锐(2018)结合高压压汞和小角中子散射实验证实了龙马溪组页岩样品中存在大量闭合孔隙,高有机质含量页岩的闭孔率更高。小角中子散射测定的孔隙度和孔隙体积包含了连通孔隙和闭合孔隙,因此结合小角中子散射与高压压汞法测定的孔隙度,通过以下公式可以估算页岩中闭合孔隙比例:

$$\varphi_{闭孔} = \frac{\varphi_{SANS} - \varphi_{MICP}}{\varphi_{SANS}} \times 100\%$$

　　计算可得,JY-1 4 块龙马溪组富有机质页岩中闭合孔隙度介于 12.9%~69.9%,证明龙马溪组中存在大量的闭合孔隙,而且随着有机质含量的增加,闭合孔隙度呈现增加的趋势。结合扫描电镜观察结果显示,与上部贫有机质页岩相比,底部

富有机质页岩的扫描电镜照片中发育有丰富的不规则的次生有机质孔隙，不同形态及大小的有机质孔隙之间形成了复杂的有机质孔隙网络，因而伴随产生了更多的闭合孔隙。

2) 孔径分布

在页岩储层中，页岩气主要以游离态储集在孔隙和裂缝中或以吸附态赋存在矿物和有机质的内部或表面。同时，页岩油在页岩储层中可分为可动油和不可动油，主要受孔喉大小的限制。例如，根据页岩油的组分，烃类分子倾向于圈闭在孔喉直径小于一个临界阈值的孔隙体系内，临界阈值如 10nm 或 20nm。页岩含有大量的纳米尺度孔隙，在这个尺度下流体与孔壁之间的相互作用不能被忽视。因此孔径分布是评价页岩储层中油气赋存状态、吸附解吸、运移方式和可动性的重要参数。高压压汞和气体吸附联测、核磁共振法 T_2 横向弛豫谱图被普遍应用到页岩全尺度孔喉/孔径分布表征。另外，小角散射技术也被用来表征页岩样品的孔径分布。

孙梦迪 (2017) 通过小角中子散射、高压压汞法、N_2/CO_2 气体吸附及氦气比重法测定了牛蹄塘组的孔径分布。结合表 2.4 所示的氦气孔隙度的测定结果显示，10 号页岩样品的 PDSP 孔隙度与氦气孔隙度的差值最大，说明牛蹄塘组页岩中存在闭孔，10 号样品存在最高的闭孔率。为了对不同的测量范围进行直接的对比，将不同方法的测量结果转化成统一的单位 (dV/dD) 进行对比。10 号页岩样品的不同方法的孔径分布对比如图 2.37 所示。

通过 FE-SEM 的观察，牛蹄塘组页岩中的有机孔直径通常小于 100nm，通过图 2.38 孔径分布的对比可以发现，闭孔的主要孔径范围与有机孔的孔径范围相一致，主要分布在 5～50nm。

Sun 等 (2020b) 在之前工作的基础上进一步对过成熟海相页岩的孔径分布做了更系统的研究。对比不同成熟度海相页岩的小角中子散射和 N_2 吸附结果，闭孔的孔径大小随成熟度的升高而减小 (图 2.38)。通过聚焦离子束扫描电镜对页岩孔隙网络的提取显示有机质内部的孔隙连通性好，但是与外部无机孔隙和微裂缝的连通通道少。因此，进一步提高页岩油气采收率的关键问题是如何提高页

表 2.4　通过 SANS 分析测定的孔隙度及其他参数

样品	Porod 指数	PI 孔隙度/%	PDSP 孔隙度/%	PDSP 比表面积/(m²/g)	氦气孔隙度/%	闭孔率/%
4	−2.895	1.5	1.69	7.31	1.31	22.5
7	−2.707	2.8	3.32	18.4	2.33	29.8
10	−2.631	5.1	5.76	31.8	3.03	47.4
15	−3.186	0.8	1.01	4.11	0.87	13.9
C1	−3.151	0.5	0.54	1.62	0.52	3.7

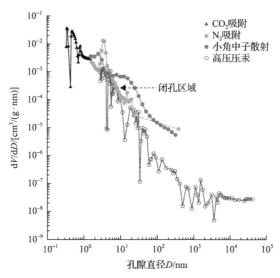

图 2.37　小角中子散射、高压压汞法和气体吸附法测得的孔径分布

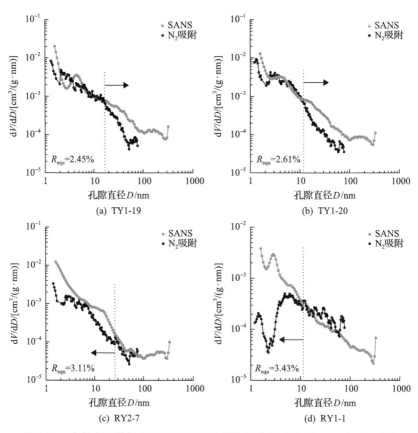

图 2.38　小角中子散射（SANS）和 N₂ 吸附孔径分布对比（Sun et al.，2020b）

岩整体的孔隙连通性，使得油气可以从有机质的孔隙网络中运移到连通的无机孔隙和自然裂缝或人工裂缝中。

3）分形维数

分形几何学最早由 Mandelbrot 于 1983 年提出，主要用来解决欧氏几何在描述复杂孔隙结构的不足，开启了从分形维度的角度刻画事物的多样性和复杂性。分形是指局部与整体在相态、功能和信息上具有相似性，在一定的尺度范围中均表现自相似的特征，孔隙分形揭示了页岩中孔隙网络或孔隙空间的分形特征。

对于小角散射技术，页岩样品的散射曲线在一定散射矢量 Q 范围内服从幂次定律 $\frac{\mathrm{d}\Sigma}{\mathrm{d}\Omega}(Q)=Q^{-D}$，幂指数 D 可以区分页岩中的分形部分和非分形部分。当幂指数 D 介于 3～4，代表页岩符合表面分形，其分形维数等于 $6-D$。如果幂指数 D 小于 3，代表页岩符合几何分形，其分形维数等于 D。应用于页岩储层，分形维数可以定量表征页岩孔隙/固体基质的大小分布、孔隙表面粗糙程度和孔隙网络挠曲度等微观结构复杂程度。前人的研究表明，随着成熟度的增加表面分形维数会向几何分形维数转变，同时随着成熟度的增加几何分形维数会进一步降低。

孙梦迪（2017）通过小角中子散射法对龙马溪组页岩样品进行处理，样品的小角中子散射曲线如图 2.39(a) 所示，可以看出散射曲线在 Q 从 0.2～0.001Å^{-1} 符合幂次定律，对应的孔隙直径为 2.5～500nm，经过 PDSP 拟合的数据结果如图 2.39(b) 所示。减去"水平"背景后页岩样品的几何分形维数 D_{m} 通过 PRINSAS 软件分析得出结果，见表 2.5。

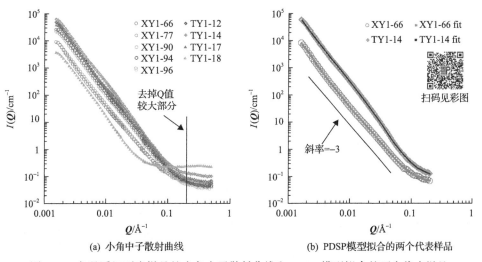

(a) 小角中子散射曲线　　　　　　　　(b) PDSP模型拟合的两个代表样品

图 2.39　龙马溪组页岩样品的小角中子散射曲线和 PDSP 模型拟合的两个代表样品

表 2.5 页岩小角中子散射表征的部分数据结果

样品	XY1-66	XY1-77	XY1-90	XY1-94	XY1-96	TY1-12	TY1-14	TY1-18	TY1-17
分形维数	2.79	2.81	2.89	2.93	2.92	2.98	3.00	2.85	2.99
闭孔率/%	6.7	11.3	27.7	36.2	27.0	29.8	42.6	22.4	34.5

可以看出,几何分形维数可以用来评价页岩的非均质性和流体在页岩中的扩散,更高的几何分形维数对应更高的闭孔率,闭孔率低的样品表示其包含更多的开放的孔隙结构,可能会有更好的连通性。

4)孔隙连通性

页岩的孔隙连通性会影响流体在页岩储层中的运移,实验室研究如自发渗吸实验、饱和扩散实验和通过聚焦离子束扫描电镜或 CT 重构三维结构模型等已经被应用到研究页岩的孔隙连通性。随着小角散射技术的应用,孔隙连通性也可以通过对比小角散射技术和流体注入法获得的孔径分布结果来评价。除此之外,由于中子对同位素替代物的敏感性,对比匹配法-小角中子散射实验(CM-SANS)可以区别在页岩中一定孔径范围内不同流体对孔隙的可进入性,该方法最初被应用于研究煤岩的闭孔孔隙度,随后一些学者通过氘代流体(压缩气体或液体)的可进入性来评价页岩的孔隙连通性。表 2.6 汇总了国内外对比匹配法-小角中子散射实验表征页岩孔隙连通性的具体研究。

表 2.6 通过页岩样品中各种流体的可达性进行孔隙连通性评价

样品	流体	测试条件	孔径尺寸范围	该范围内的连通孔隙比例(流体注入后孔隙度的下降值)	参考
Barnett 页岩	CD$_4$	551.7bar[①]	12~80nm	50%	Clarkson 等(2013)
			80~600nm	85%	
			600nm~4μm	50%	
Barnett 页岩	CD$_4$	690bar	12~100nm	65%	Ruppert 等(2013)
			100nm~10μm	80%~85%	
	D$_2$O	饱和两周后	<30nm	75%	
			30nm~10μm	80%~85%	
Marcellus 页岩	D$_2$O	饱和一周后	贫有机质页岩:<2nm	81.6%~93.2%	Gu 等(2015,2016)
			富有机质页岩:<2nm	35.10%	
			富有机质页岩:1nm~10μm	30%~52%	
			有机质孔:>20nm	水可进入(定性)	

---

① 1bar=0.1MPa。

样品	流体	测试条件	孔径尺寸范围	该范围内的连通孔隙比例 （流体注入后孔隙度的下降值）	参考
Marcellus 页岩	D_2O	饱和 1h	>160nm	70%～80%	Bahadur 等 (2018)
			富石英页岩：10～160nm	50%	
			富黏土页岩：10～160nm	65%	
			富碳酸盐页岩：10～160nm	70%	
			<5nm	70%～80%	
	C_7D_8		5～500nm	比水的可达性好	
			<5nm	比水的可达性差	
二叠系海陆 过渡相页岩	D_2O	饱和 8h 后	2～200nm	87%～98%	Sun 等 (2019)
			5～30nm	70%～87%	

Sun 等（2019）也通过对比匹配法-小角中子散射实验来研究二叠系龙潭组富黏土海陆过渡相页岩的孔隙连通性和水可进入性。研究结果显示富黏土海陆过渡相页岩中孔径在 2～200nm 范围内的水可进入性孔隙体积达到 87%～98%，高于 Barnett 页岩和 Marcellus 页岩的水可进入性孔隙体积（图 2.40）。较低的水可进入性孔径段多为 5～10nm 和 20～50nm，可能是由于水膜的形成使疏水性的有机孔隙无法被水充填。

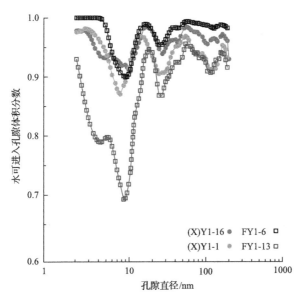

图 2.40　二叠系龙潭组富黏土海陆过渡相页岩的孔隙直径和水可进入
孔隙体积分数(Sun et al.，2019)

　　Zhang 等(2020)通过对比匹配法-小角中子散射实验对来自美国的两块 Utica 页岩和两块 Bakken 页岩进行研究，定量分析了该页岩的孔隙度和 1nm～10μm 的孔径分布，并根据亲油性流体和亲水性流体区分了可进入孔隙和不可进入孔隙。结果表明，在 Utica 页岩中 40%～70%的孔隙表面是亲油的，34%～37%的孔隙表面是亲水的。相比之下，Bakken 页岩 TOC 较高，有很大比例的孔隙既不亲油也不亲水，两种流体均可进入的孔隙比例小于 36%。另外，对于这两种地层，直径小于 3nm 的孔隙不易具有亲油性，但具有明显的亲水性，所有油、水可进入孔隙的孔径尺寸分布如图 2.41 所示。

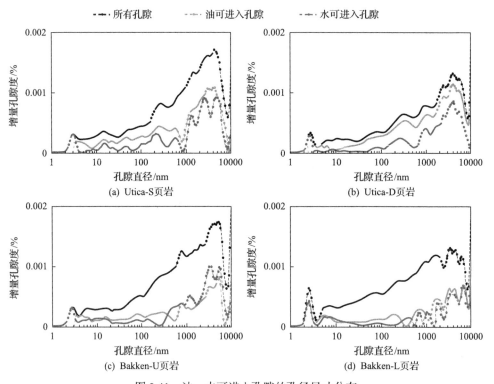

图 2.41　油、水可进入孔隙的孔径尺寸分布

参 考 文 献

陈尚斌, 朱炎铭, 王红岩, 等, 2012. 川南龙马溪组页岩气储层纳米孔结构特征及其成藏意义. 煤炭学报(3): 438-444.

崔景伟, 邹才能, 朱如凯, 等, 2012. 页岩孔隙研究新进展. 地球科学进展, 27(12): 1319-1325.

董大忠, 程克明, 王玉满, 等, 2010. 中国上扬子区下古生界页岩气形成条件及特征. 石油与天然气地质, 31(3): 288-299.

董大忠, 邹才能, 戴金星, 等, 2016. 中国页岩气发展战略对策建议. 天然气地球科学, 27(3): 397-406.

范二平, 唐书恒, 张成龙, 等, 2014. 湘西北下古生界黑色页岩扫描电镜孔隙特征. 古地理学报, 16(1): 133-142.

傅家谟, 1986. 油气成因的某些新认识. 矿物岩石地球化学通讯(3): 142-143.

高之业, 范毓鹏, 胡钦红, 等, 2020. 川南地区龙马溪组页岩有机质孔隙差异化发育特征及其对储集空间的影响. 石油科学通报, 5(1): 1-16.

苟启洋, 徐尚, 郝芳, 等, 2019. 基于微米 CT 页岩微裂缝表征方法研究. 地质学报, 93(9): 2372-2382.

郭洪金, 2020. 页岩气地质评价技术与实践. 北京: 中国石化出版社.

郭芇恒, 金振奎, 耿一凯, 等, 2019. 四川盆地龙马溪组页岩中碳酸盐矿物特征及对储集性能的影响. 天然气地球科学, 30(5): 616-625.

郭彤楼, 2016. 涪陵页岩气田发现的启示与思考. 地学前缘, 23(1): 29-43.

郭雪晶, 何顺利, 陈胜, 等, 2016. 基于纳米 CT 及数字岩心的页岩孔隙微观结构及分布特征研究. 中国煤炭地质, 28(2): 28-34.

胡钦红, 刘惠民, 黎茂稳, 等, 2018. 东营凹陷沙河街组页岩油储集层润湿性、孔隙连通性和流体—示踪剂运移. 石油学报, 39(3): 278-289.

黄第藩, 1984. 陆相有机质演化和成烃机理. 北京: 石油工业出版社.

黄第藩, 李晋超, 1982. 干酪根类型划分的 X 图解. 地球化学(1): 21-30.

蒋裕强, 董大忠, 漆麟, 等, 2010. 页岩气储层的基本特征及其评价. 天然气工业, 30(10): 7-12.

蒋裕强, 付永红, 谢军, 等, 2019. 海相页岩气储层评价发展趋势与综合评价体系. 天然气工业, 39(10): 1-9.

金之钧, 胡宗全, 高波, 等, 2016. 川东南地区五峰组-龙马溪组页岩气富集与高产控制因素. 地学前缘, 23(1): 1-10.

李丹, 欧成华, 马中高, 2018. 黄铁矿与页岩的相互作用及其对页岩气富集与开发的意义. 石油物探, 57(3): 332-343.

李凯强, 2018. 页岩中石英的成因及意义. 兰州: 兰州大学.

柳少鹏, 周世新, 王保忠, 等, 2012. 烃源岩评价参数与油页岩品质指标内在关系探讨. 天然气地球科学, 23(3): 561-569.

孙梦迪, 2014. 渝东南地区下寒武统牛蹄塘组页岩储层特征及甲烷吸附能力. 北京: 中国地质大学(北京).

孙梦迪, 2017. 中国南方海相页岩孔隙特征及其对气体储集与迁移的制约. 北京: 中国地质大学(北京).

孙梦迪, 于炳松, 李娟, 等, 2014. 渝东南地区龙马溪组页岩储层特征与主控因素. 特种油气藏, 21(4): 63-66.

谭鹏, 金衍, 韩玲, 等, 2018. 酸液预处理对深部裂缝性页岩储层压裂的影响机制. 岩土工程学报, 40(2): 384-390.

王朋飞, 姜振学, 韩波, 等, 2018. 中国南方下寒武统牛蹄塘组页岩气高效勘探开发储层地质参数. 石油学报, 39(2): 152-162.

王朋飞, 姜振学, 金璨, 等, 2019. 渝东南下志留统龙马溪组页岩有机质孔隙发育特征: 基于聚焦离子束氩离子显微镜(FIB-HIM)技术. 现代地质, 33(4): 902-910.

吴艳艳, 曹海虹, 丁安徐, 等, 2015. 页岩储层孔隙特征差异及其对含气量影响. 石油实验地质, 37(2): 231-236.

武景淑, 于炳松, 李玉喜, 2012. 渝东南渝页 1 井页岩气吸附能力及其主控因素. 西南石油大学学报(自然科学版), 34(4): 40-48.

杨锐, 2018. 鄂西渝东地区五峰组—龙马溪组页岩孔隙结构与连通孔隙流体示踪. 武汉: 中国地质大学.

游利军, 王飞, 康毅力, 2016. 页岩气藏水相损害评价与尺度性. 天然气地球科学, 27(11): 2023-2029.

游利军, 杨鹏飞, 崔佳, 等, 2017. 页岩气层氧化改造的可行性. 油气地质与采收率, 24(6): 79-85.

于炳松, 2013. 页岩气储层孔隙分类与表征. 地学前缘, 20(4): 211-220.

张田, 张建培, 张绍亮, 等, 2013. 页岩气勘探现状与成藏机理. 海洋地质前沿, 29(5): 28-35.

赵迪斐, 郭英海, 杨玉娟, 等, 2016. 渝东南下志留统龙马溪组页岩储集层成岩作用及其对孔隙发育的影响. 古地理学报, 18(5): 843-856.

朱炎铭, 王阳, 陈尚斌, 等, 2016. 页岩储层孔隙结构多尺度定性-定量综合表征: 以上扬子海相龙马溪组为例. 地学前缘, 23(1): 154-163.

邹才能, 董大忠, 王社教, 等, 2010. 中国页岩气形成机理、地质特征及资源潜力. 石油勘探与开发, 37(6): 641-653.

邹才能, 董大忠, 王玉满, 等, 2015. 中国页岩气特征、挑战及前景(一). 石油勘探与开发, 42(6): 689-701.

邹才能, 董大忠, 王玉满, 等, 2016. 中国页岩气特征、挑战及前景(二). 石油勘探与开发, 43(2): 166-178.

邹才能, 杨智, 张国生, 等, 2014. 常规-非常规油气 "有序聚集" 理论认识及实践意义. 石油勘探与开发, 41(1): 14-25.

邹才能, 杨智, 何东博, 等, 2018. 常规-非常规天然气理论、技术及前景. 石油勘探与开发, 45(4): 575-587.

祖小京, 妥进才, 张明峰, 等, 2007. 矿物在油气形成过程中的作用. 沉积学报(2): 298-306.

Allen A J, 1991. Time-resolved phenomena in cements, clays and porous rocks. Journal of Applied Crystallography, 24(5): 624-634.

Arthur M A, Cole D R, 2014. Unconventional hydrocarbon resources: Prospects and problems. Elements, 10(4): 257-264.

Bahadur J, Melnichenko Y B, Mastalerz M, et al., 2014. Hierarchical pore morphology of cretaceous shale: a small-angle neutron scattering and ultrasmall-angle neutron scattering study. Energy & Fuels, 28(10): 6336-6344.

Bahadur J, Radlinski A P, Melnichenko Y B, et al., 2015. Small-Angle and ultrasmall-angle neutron scattering (SANS/USANS) study of new albany shale: a treatise on microporosity. Energy & Fuels, 29(2): 567-576.

Bahadur J, Ruppert L F, Pipich V, et al., 2018. Porosity of the Marcellus shale: a contrast matching small-angle neutron scattering study. International Journal of Coal Geology, 188: 156-164.

Bale H D, Schmidt P W, 1984. Small-angle X-ray-scattering investigation of submicroscopic porosity with fractal properties. Physical Review Letters, 53(6): 596-599.

Baruch E T, Kennedy M J, Löhr S C, et al., 2015. Feldspar dissolution-enhanced porosity in paleoproterozoic shale reservoir facies from the Barney Creek Formation(McArthur Basin, Australia). AAPG Bulletin, 99(9): 1745-1770.

Brown R J S, Fatt I, 1956. Measurements of fractional wettability of oil fields' rocks by the nuclear magnetic relaxation method. Transactions of the American Institute of Mining & Metallurgical Engineers, 207(11): 262-264.

Buyukozturk O, Hearing B, 1998. Failure behavior of precracked concrete beams retrofitted with FRP. Journal of composites for construction, 2(3): 138-144.

Chen S, Kim K H, Qin F, et al., 1992. Quantitative NMR imaging of multiphase flow in porous media. Magnetic Resonance Imaging, 10(5): 815-826.

Clarkson C R, Solano N, Bustin R M, et al., 2013. Pore structure characterization of North American shale gas reservoirs using USANS/SANS, gas adsorption, and mercury intrusion. Fuel, 103: 606-616.

Coates G R, Xiao L, Prammer M G, 1999. NMR Logging Principles and Applications.

Cohaut N, Blanche C, Dumas D, et al., 2000. A small angle X-ray scattering study on the porosity of anthracites. Carbon, 38(9): 1391-1400.

Coker D A, Torquato S, Dunsmuir J H, 1996. Morphology and physical properties of Fontainebleau sandstone via a tomographic analysis. Journal of Geophysical Research: Solid Earth, 101(B8): 17497-17506.

Curtis M E, Cardott B J, Sondergeld C H, et al., 2012. Development of organic porosity in the Woodford Shale with increasing thermal maturity. International Journal of Coal Geology, 103: 26-31.

Davudov D, Moghanloo R G, 2018. Scale-dependent pore and hydraulic connectivity of shale matrix. Energy & Fuels, 32(1): 99-106.

Delle P C, Bourdet J, Josj M, et al., 2018. Organic matter network in post-mature Marcellus Shale: effects on petrophysical properties. AAPG bulletin, 102(11): 2305-2332.

Desbois G, Urai J, Kukla P, 2009. Morphology of the pore space in claystones-evidence from BIB/FIB ion beam sectioning and cryo-SEM observations. eEarth Discussions, 4(1): 1-19.

Dimitrijević M, Antonijević M, Dimitrijević V, 1999. Investigation of the kinetics of pyrite oxidation by hydrogen peroxide in hydrochloric acid solutions. Minerals Engineering, 12(2): 165-174.

Dmytriw A A, 2012. Godfrey hounsfield: intuitive genius of CT. British Journal of Radiology, 85(1019): e1165.

EIA, 2016. U.S. crude oil and natural gas proved reserves. U.S. Energy Information Administration. [2021-06-07]. https://www.eia.gov/.

Ewing R P, Horton R, 2002. Diffusion in sparsely connected pore spaces: temporal and spatial scaling. Water Resources Research, 38(12): 21.

Fishman N S, Hackley P C, Lowers H A, et al., 2012. The nature of porosity in organic-rich mudstones of the Upper Jurassic Kimmeridge Clay Formation, North Sea, offshore United Kingdom. International Journal of Coal Geology, 103: 32-50.

Flannery B P, Roberge W, 1987. Observational strategies for three-dimensional synchrotron microtomography. Journal of applied physics, 62(12): 4668-4674.

Fleury M, Fabre R, Webber J, 2015. Comparison of pore size distribution by NMR relaxation and NMR cryoporometry in shales. SCA, 25: 25-36.

Fogden A, Cheng Q, Middleton J, et al., 2015. Dynamic Micro-CT imaging of diffusion in unconventionals// Unconventional Resources Technology Conference, San Antonio, Texas, USA, July 2015. Oklahoma: Society of Petroleum Engineers: 1-14.

Fogden A, Mckay T, Turner M, et al., 2014. Micro-CT analysis of pores and organics in unconventionals using novel contrast strategies//Unconventional Resources Technology Conference, Denver, Colorado, USA, August 2014. Oklahoma: Society of Petroleum Engineers: 1-15.

Freedman R, 2006. Advances in NMR logging. Journal of Petroleum Technology, 58(1): 60-66.

Gao Z, Fan Y, Hu Q, et al., 2019. A review of shale wettability characterization using spontaneous imbibition experiments. Marine and Petroleum Geology, 109: 330-338.

Gao Z, Hu Q, 2016. Initial water saturation and imbibitibn fluid affect spontaneous imbibition into Barnett shale samples. Journal of Natural Gas Science and Engineering, 34: 541-551.

Gao Z, Hu Q, 2018. Pore structure and spontaneous imbibition characteristics of marine and continental shales in China. AAPG bulletin, 102(10): 1941-1961.

Giesche H, 2006. Mercury porosimetry: a general(Practical) overview. Particle & Particle Systems Characterization, 23(1): 9-19.

Gou Q, Xu S, Hao F, et al., 2019. Full-scale pores and micro-fractures characterization using FE-SEM, gas adsorption, nano-CT and micro-CT: a case study of the Silurian Longmaxi formation shale in the Fuling area, Sichuan Basin, China. Fuel, 253: 167-179.

Gu X, Cole D R, Rother G, et al., 2015. Pores in Marcellus shale: a neutron scattering and FIB-SEM study. Energy & Fuels, 29(3): 1295-1308.

Gu X, Mildner D F R, Cole D R, et al., 2016. Quantification of organic porosity and water accessibility in Marcellus shale using neutron scattering. Energy & Fuels, 30(6): 4438-4449.

Guo C, Xu J, Wu K, et al., 2015. Study on gas flow through nano pores of shale gas reservoirs. Fuel, 143: 107-117.

Hall P J, Brown S D, Calo J M, 2000. The pore structure of the Argonne coals as interpreted from contrast matching small angle neutron scattering. Fuel, 79(11): 1327-1332.

Hao F, Zou H, 2013. Cause of shale gas geochemical anomalies and mechanisms for gas enrichment and depletion in high-maturity shales. Marine and Petroleum Geology, 44: 1-12.

Hazlett D R, 1995. Soluble gas injection for waterflood profile modification. Geological Society London Special Publications, 84(1): 125-131.

Hu Q, Liu X, Gao Z, et al., 2015. Pore structure and tracer migration behavior of typical American and Chinese shales. Petroleum Science, 12(4): 651-663.

Hu Q, Zhang Y, Meng X, et al., 2017. Characterization of micro-nano pore networks in shale oil reservoirs of Paleogene Shahejie Formation in Dongying Sag of Bohai Bay Basin, East China. Petroleum Exploration and Development, 44(5): 720-730.

İnan S, Badairy H A, İnan T, et al., 2018. Formation and occurrence of organic matter-hosted porosity in shales. International Journal of Coal Geology, 199: 39-51.

Jarvie D M, Hill R J, Ruble T E, et al., 2007. Unconventional shale-gas systems: the Mississippian Barnett shale of north-central Texas as one model for thermogenic shale-gas assessment. AAPG Bullentin, 91(4): 475-499.

Javadpour F, 2009. CO_2 Injection in geological formations: determining macroscale coefficients from pore scale processes. Transport in Porous Media, 79: 87.

Jin J, Wang Y, Nguyen T A H, et al., 2017. The effect of gas-wetting nano-particle on the fluid flowing behavior in porous media. Fuel, 196: 431-441.

King H E, Eberle A P R, Walters C C, et al., 2015. Pore architecture and connectivity in gas shale. Energy & Fuels, 29(3): 1375-1390.

Klaver J, Desbois G, Urai J L, et al., 2012. BIB-SEM study of the pore space morphology in early mature Posidonia Shale from the Hils area, Germany. International Journal of Coal Geology, 103: 12-25.

Kleinberg R L, 1999. Nuclear magnetic resonance. Experimental Methods in the Physical Sciences, 35: 337-385.

Kuila U, Mccarty D K, Derkowski A, et al., 2014. Nano-scale texture and porosity of organic matter and clay minerals in organic-rich mudrocks. Fuel, 135: 359-373.

Li J, Jiao A, Chen S, et al., 2018. Application of the small-angle X-ray scattering technique for structural analysis studies: a review. Journal of Molecular Structure, 1165: 391-400.

Li L, Zhang Y, Sheng J J, 2017. Effect of the injection pressure on enhancing oil recovery in shale cores during the CO_2 huff-n-puff process when it is above and below the minimum miscibility pressure. Energy & Fuels, 31(4): 3856-3867.

Li S, Tang D, Xu H, et al., 2012. Porosity and permeability models for coals using low-field nuclear magnetic resonance. Energy & Fuels, 26(8): 5005-5014.

Loucks R G, Reed R M, 2014. Scanning-electron-microscope petrographic evidence for distinguishing organic-matter pores associated with depositional organic matter versus migrated organic matter in mudrock. GCAGS Journal, 3: 51-60.

Loucks R G, Reed R M, Ruppel S C, et al., 2009. Morphology, genesis, and distribution of nanometer-scale pores in siliceous mudstones of the Mississippian Barnett Shale. Journal of Sedimentary Research, 79(12): 848-861.

Loucks R G, Reed R M, Ruppel S C, et al., 2012. Spectrum of pore types and networks in mudrocks and a descriptive classification for matrix-related mudrock pores. AAPG bulletin, 96(6): 1071-1098.

Loucks R G, Ruppel S C, 2007. Mississippian Barnett Shale: lithofacies and depositional setting of a deep-water shale-gas succession in the Fort Worth Basin, Texas. AAPG Bulletin, 91(4): 579-601.

Loucks R G, Ruppel S C, Wang X, et al., 2017. Pore types, pore-network analysis, and pore quantification of the lacustrine shale-hydrocarbon system in the Late Triassic Yanchang Formation in the southeastern Ordos Basin, China. Interpretation, 5(2): F63-F79.

Malekani K, Rice J A, Lin J, 1996. Comparison of techniques for determining the fractal dimensions of clay minerals. Clays and Clay Minerals, 44(5): 677-685.

Mares T E, Radliński A P, Moore T A, et al., 2009. Assessing the potential for CO_2 adsorption in a subbituminous coal, Huntly Coalfield, New Zealand, using small angle scattering techniques. International Journal of Coal Geology, 77(1-2): 54-68.

Martinez G, Davis L, 2000. Petrophysical measurements on shales using NMR//SPE/AAPG Western Regional Meeting.

Mastalerz M, He L, Melnichenko Y B, et al., 2012. Porosity of coal and shale: insights from gas adsorption and SANS/USANS techniques. Energy & Fuels, 26(8): 5109-5120.

Mastalerz M, Schimmelmann A, Drobniak A, et al., 2013. Porosity of Devonian and Mississippian New Albany Shale across a maturation gradient: insights from organic petrology, gas adsorption, and mercury intrusion. AAPG Bulletin, 97(10): 1621-1643.

Melnichenko Y B, He L, Sakurovs R, et al., 2012. Accessibility of pores in coal to methane and carbon dioxide. Fuel, 91(1): 200-208.

Melnichenko Y B, Radlinski A P, Mastalerz M, et al., 2009. Characterization of the CO_2 fluid adsorption in coal as a function of pressure using neutron scattering techniques(SANS and USANS). International Journal of Coal Geology, 77(1-2): 69-79.

Melnichenko Y, Kiran E, Wignall G, et al., 1999. Pressure-and temperature-induced transitions in solutions of poly (dimethylsiloxane) in supercritical carbon dioxide. Macromolecules, 32(16): 5344-5347.

Milliken K L, Ergene S M, Ozkan A, 2016. Quartz types, authigenic and detrital, in the Upper Cretaceous Eagle Ford Formation, South Texas, USA. Sedimentary Geology, 339: 273-288.

Milliken K L, Reed R M, 2010. Multiple causes of diagenetic fabric anisotropy in weakly consolidated mud, Nankai accretionary prism, IODP Expedition 316. Journal of Structural Geology, 32(12): 1887-1898.

Milliken K L, Rudnicki M, Awwiller D N, et al., 2013. Organic matter-hosted pore system, Marcellus Formation (Devonian), Pennsylvania. AAPG Bulletin, 97(2): 177-200.

Mitropoulos A C, Stefanopoulos K, Kanellopoulos N, 1998. Coal studies by small angle X-ray scattering. Microporous and Mesoporous Materials, 24(1-3): 29-39.

Mondol N H, Bjørlykke K, Jahren J, 2008. Experimental compaction of clays: relationship between permeability and petrophysical properties in mudstones. Petroleum geoscience, 14(4): 319-337.

Nguyen P T M, Do D D, Nicholson D, 2013. Pore connectivity and hysteresis in gas adsorption: a simple three-pore model. Colloids and Surfaces A: Physicochemical and Engineering Aspects, 437: 56-68.

O'Brien N R, 1970. The fabric of shale—an electron-microscope study. Sedimentology, 15(3-4): 229-246.

İnanS, Al Badairy H, İnan T, et al., 2018. Formation and occurrence of organic matter-hosted porosity in shales. International Journal of Coal Geology, 199: 39-51.

Peng S, Zhang T, Loucks R G, et al., 2017. Application of mercury injection capillary pressure to mudrocks: conformance and compression corrections. Marine and Petroleum Geology, 88: 30-40.

Pinson M B, Zhou T, Jennings H M, et al., 2018. Inferring pore connectivity from sorption hysteresis in multiscale porous media. Journal of Colloid and Interface Science, 532: 118-127.

Pollastro R M, Jarvie D M, Hill R J, et al., 2007. Geologic framework of the Mississippian Barnett Shale, Barnett-Paleozoic total petroleum system, Bend arch-Fort Worth Basin, Texas. AAPG Bulletin, 91 (4): 405-436.

Pommer M, Milliken K, 2015. Pore types and pore-size distributions across thermal maturity, Eagle Ford Formation, southern Texas. AAPG Bulletin, 99 (9): 1713-1744.

Radlinski A P, 1999. Small-angle neutron scattering: a new technique to detect generated source rocks. Australian Geological Survey Organization research newsletter, 31: 1-2.

Radlinski A P, Boreham C J, Wignall G D, et al., 1996. Microstructural evolution of source rocks during hydrocarbon generation: a small-angle-scattering study. Physical Review B, 53 (21): 14152-14160.

Radlinski A P, Boreham C J, Wignall G D, et al., 2000. Small angle neutron scattering signature of oil generation in artificially and naturally matured hydrocarbon source rocks. Organic geochemistry, 31 (1): 1-14.

Radlinski A P, Ioannidis M A, Hinde A L, et al., 2004. Angstrom-to-millimeter characterization of sedimentary rock microstructure. Journal of Colloid and Interface Science, 274 (2): 607-612.

Raiswell R, Berner R A, 1985. Pyrite formation in euxinic and semi-euxinic sediments. American Journal of Science, 285 (8): 710-724.

Raynaud S, Fabre D, Mazerolle F, et al., 1989. Analysis of the internal structure of rocks and characterization of mechanical deformation by a non-destructive method: X-ray tomodensitometry. Tectonophysics, 159 (1-2): 149-159.

Reed R M, Loucks R G, Jarvie D M, et al., 2007. Nanopores in the Mississippian Barnett shale: distribution morphology, and possible genesis. Gas Shales of North America, 39 (6): 358.

Ross D J, Bustin R M, 2009. The importance of shale composition and pore structure upon gas storage potential of shale gas reservoirs. Marine and petroleum Geology, 26 (6): 916-927.

Ruppert L F, Sakurovs R, Blach T P, et al., 2013. A USANS/SANS study of the accessibility of pores in the barnett shale to methane and water. Energy & Fuels, 27 (2): 772-779.

Senel I G, Guruz A G, Yucel H, 2001. Characterization of pore structure of Turkish coals. Energy & Fuels, 15 (2): 331-338.

Shi M, Yu B, Xue Z, et al., 2015. Pore characteristics of organic-rich shales with high thermal maturity: a case study of the Longmaxi gas shale reservoirs from well Yuye-1 in southeastern Chongqing, China. Journal of Natural Gas Science and Engineering, 26: 948-959.

Shi M, Yu B, Zhang J, et al., 2018. Microstructural characterization of pores in marine shales of the Lower Silurian Longmaxi Formation, southeastern Sichuan Basin, China. Marine and Petroleum Geology, 94: 166-178.

Sigal R, 2013. Mercury capillary pressure measurements on Barnett core. SPE reservoir evaluation & engineering, 16 (4): 432-442.

Song L, Carr T R, 2020. The pore structural evolution of the Marcellus and Mahantango shales, Appalachian Basin. Marine and Petroleum Geology, 114: 104226.

Song L, Martin K, Carr T R, et al., 2019. Porosity and storage capacity of Middle Devonian shale: a function of thermal maturity, total organic carbon, and clay content. Fuel, 241: 1036-1044.

Spanne P, Thovert J F, Jacquin C J, et al., 1994. Synchrotron computed microtomography of porous media: topology and transports. Physical Review Letters, 73 (14): 2001-2004.

Sun M, Yu B, Hu Q, et al., 2016. Nanoscale pore characteristics of the Lower Cambrian Niutitang Formation Shale: a case study from Well Yuke #1 in the Southeast of Chongqing, China. International Journal of Coal Geology, 154-155: 16-29.

Sun M, Yu B, Hu Q, et al., 2017. Pore connectivity and tracer migration of typical shales in south China. Fuel, 203: 32-46.

Sun M, Yu B, Hu Q, et al., 2018. Pore structure characterization of organic-rich Niutitang shale from China: small angle neutron scattering(SANS) study. International Journal of Coal Geology, 186: 115-125.

Sun M, Zhang L, Hu Q, et al., 2019. Pore connectivity and water accessibility in Upper Permian transitional shales, Southern China. Marine and Petroleum Geology, 107: 407-422.

Sun M, Zhang L, Hu Q, et al., 2020a. Multiscale connectivity characterization of marine shales in southern China by fluid intrusion, small-angle neutron scattering(SANS), and FIB-SEM. Marine and Petroleum Geology, 112: 104101.

Sun M, Zhao J, Pan Z, et al., 2020b. Pore characterization of shales: a review of small angle scattering technique. Journal of Natural Gas Science and Engineering, 78: 103294.

Taylor R S, Glaser M A, Kim J, et al., 2010. Optimization of horizontal wellbore and fracture spacing using an interactive combination of reservoir and fracturing simulation//The Canadian Unconventional Resources and International Petroleun Conference, Calgary, Alberta, Canada, October 2010.

Tong T, Cao D, 2018. A mesoscale model for diffusion and permeation of shale gas at geological depth. AIChE Journal, 64(3): 1059-1066.

Valori A, Van den Berg S, Ali F, et al., 2017. Permeability estimation from NMR time dependent methane saturation monitoring in shales. Energy & Fuels, 31(6): 5913-5925.

Velde B, 1996. Compaction trends of clay-rich deep sea sediments. Marine Geology, 133(3-4): 193-201.

Wang S, Javadpour F, Feng Q, 2016. Molecular dynamics simulations of oil transport through inorganic nanopores in shale. Fuel, 171: 74-86.

Washburn E W, 1921. Note on a method of determining the distribution of pore sizes in a porous material. Proceeding of the National academy of Science of the United States of America, 7(4): 115.

Wilkin R T, Barnes H L, 1997. Formation processes of framboidal pyrite. Geochimica et Cosmochimica Acta, 61(2): 323-339.

Wilkin R T, Barnes H L, Brantley S L, 1996. The size distribution of framboidal pyrite in modern sediments: an indicator of redox conditions. Geochimica Et Cosmochimica Acta, 60(20): 3912.

Williams L A, Crerar D A, 1985. Silica diagenesis; II, General mechanisms. Journal of Sedimentary Research, 55(3): 312-321.

Withjack E, 1988. Computed tomography for rock-property determination and fluid-flow visualization. SPE Formation Evaluation, 3(4): 696-704.

Xiao D, Lu S, Yang J, et al., 2017. Classifying multiscale pores and investigating their relationship with porosity and permeability in tight sandstone gas reservoirs. Energy & Fuels, 31(9): 9188-9200.

Xu H, 2020. Probing nanopore structure and confined fluid behavior in shale matrix: a review on small-angle neutron scattering studies. International Journal of Coal Geology, 217: 103325.

Yang R, Guo X, Yi J, et al., 2017a. Spontaneous imbibition of three leading shale formations in the Middle Yangtze Platform, South China. Energy & Fuels, 31(7): 6903-6916.

Yang R, Hao F, He S, et al., 2017b. Experimental investigations on the geometry and connectivity of pore space in organic-rich Wufeng and Longmaxi shales. Marine and Petroleum Geology, 84: 225-242.

Yang R, He S, Yi J, et al., 2016. Nano-scale pore structure and fractal dimension of organic-rich Wufeng-Longmaxi shale from Jiaoshiba area, Sichuan Basin: Investigations using FE-SEM, gas adsorption and helium pycnometry. Marine and Petroleum Geology, 70: 27-45.

Yin T, Liu D, Cai Y, et al., 2017. Size distribution and fractal characteristics of coal pores through nuclear magnetic resonance cryoporometry. Energy & Fuels, 31(8): 7746-7757.

Yin Y, Qu Z G, Zhang J F, 2017. An analytical model for shale gas transport in kerogen nanopores coupled with real gas effect and surface diffusion. Fuel, 210: 569-577.

Yu Y, Luo X, Wang Z, et al., 2019. A new correction method for mercury injection capillary pressure (MICP) to characterize the pore structure of shale. Journal of Natural Gas Science and Engineering, 68: 102896.

Zhang C, Zhang L, 2019. Permeability characteristics of broken coal and rock under cyclic loading and unloading. Natural Resources Research, 28 (3): 1055-1069.

Zhang L, Xiong Y, Li Y, et al., 2017. DFT modeling of CO_2 and Ar low-pressure adsorption for accurate nanopore structure characterization in organic-rich shales. Fuel, 204: 1-11.

Zhang P, Lu S, Li J, et al, 2018. Petrophysical characterization of oil-bearing shales by low-field nuclear magnetic resonance (NMR). Marine and Petroleum Geology, 89: 775-785.

Zhang X, Wu C, Wang Z, 2019. Experimental study of the effective stress coefficient for coal permeability with different water saturations. Journal of Petroleum Science and Engineering, 182: 106282.

Zhang Y X, Hu Q H, Barber T J, et al., 2020. Quantifying fluid-wettable effective pore space in the Utica and Bakken Oil Shale formations. Geophysical Research Letters, 47 (14): na.

Zhao J, Hu Q, Liu K, et al., 2020. Pore connectivity characterization of shale using integrated wood's metal impregnation, microscopy, tomography, tracer mapping and porosimetry. Fuel, 259: 116248.

Zheng X, Cordonnier B, Zhu W, et al., 2018. Effects of confinement on reaction-induced fracturing during hydration of periclase. Geochemistry, Geophysics, Geosystems, 19 (8): 2661-2672.

Zheng X, Zhang B, Sanei H, et al., 2019. Pore structure characteristics and its effect on shale gas adsorption and desorption behavior. Marine and Petroleum Geology, 100: 165-178.

Zhou B, 2018. The applications of NMR relaxometry, NMR cryoporometry, and FFC NMR to nanoporous structures and dynamics in shale at low magnetic fields. Energy & fuels, 32 (9): 8897-8904.

第3章 页岩含气性评价

页岩含气性评价是页岩气资源评价、高效开发及产能预测过程中最为基础但又极为重要的地质参数之一，贯穿于页岩气勘探开发中的各个过程，对于开展页岩气资源评价、有利区优选、甜点区预测、压裂方案优化及产能预测与经济评价等方面具有重要意义。因此，如何合理、准确地评价页岩含气性是摆在油气地质学家面前的一个重要课题，直接影响后续勘探开发工作的开展、决策和部署，现实意义重大。

2013 年，国家能源局颁布了《页岩含气量测定方法》(SY/T 6940—2013)行业标准，对页岩含气量测定方法进行了初步梳理，对相关技术步骤提出了基本要求。该标准的颁布对于指导我国早期页岩气资源评价过程中的含气性起到了重要的支撑作用。但近年来，随着相关研究的不断推进、理论认识的不断加深，一些新方法、新理论及新认识陆续被提出，不断地扩充和丰富页岩含气性评价技术与理论体系。因此，有必要对现有的页岩含气性评价理论与技术方法进行系统梳理和总结，这对于进一步指导页岩气高效勘探开发具有重要的理论和实践意义。

3.1 页岩含气性评价的基本概念和主要内容

作为一种非常规油气资源，页岩兼具烃源岩及储层双重身份，其甲烷气体的生成及赋存均发生在页岩中。根据其赋存状态，可将页岩气划分为以游离状态赋存于孔隙或者微裂缝中的游离气，以吸附态赋存于有机质表面或黏土矿物表面的吸附气，以及以溶解态赋存于干酪根、沥青或液态烃中的溶解气(Jarvie et al.,2007；Montgomery et al.，2006)。对于大多数页岩来说，尤其是高过成熟页岩，含气量贡献主要来源于游离气和吸附气，而溶解气的贡献较小，在过去的研究中一般不予考虑。不过，随着近年来页岩油勘探开发程度的不断加深，人们开始逐渐认识到溶解气在低成熟页岩中的巨大资源潜力，有必要将溶解气也纳入页岩含气性评价中。

页岩含气性评价是指针对赋存于页岩储层基质中的天然气多少与好坏进行定量评价。一般来说，页岩含气性评价主要包括以下三方面内容。

一是页岩含气量，是指单位质量页岩岩石在标准状况下(0℃，0.1MPa)所含有的天然气的体积，单位为 m^3/t 或者 cm^3/g，主要反映的是页岩储层中赋存有多少天然气。

二是页岩含气结构，是指在含气量确定的条件下，页岩中所含游离气、吸附气及溶解气的比例，主要反映页岩气的赋存状态与机理。

三是天然气组成，主要反映页岩储层中赋存天然气的好坏优劣。一般来说，在弱构造活动及保存条件较好的地区，页岩气中甲烷平均含量超过 85%，但在部分强构造活动地区，页岩气中的甲烷含量较低而氮气含量较高，最高可达 80%，严重影响了页岩气的资源前景。

以上可以看出，在页岩含气性评价过程中，我们不仅要确定量，还要保证质，这对于实现页岩气商业开发同样重要。不过相较于天然气组成测定而言，页岩含气量评价具有方法多、理论体系杂、测定难度大等特点，是开展页岩含气性评价工作的重中之重。

目前针对页岩含气量评价的方法可以分为直接法和间接法两类，其中直接法是基于现场解析实验对页岩岩心样品中的天然气量进行直接测定的方法，而间接法是从页岩气赋存状态出发，对页岩原地含气量进行理论计算的方法。相较于间接法，直接法可以提供更直接、更可靠的含气性数据，因此被认为是页岩含气性评价的首选方法。

3.2　直接法测定页岩含气量

直接法又称现场解析法，该方法的测定可以划分为三个步骤：首先，将钻取的页岩岩心样品密封在解吸罐中进行升温加热，结合排水法获得页岩"解吸气量"；当解吸完成之后，将页岩岩心样品粉碎获得"残余气量"；最后，确定页岩岩心样品在提心取样过程中的气体散失量，即"损失气量"，三者之和即为总含气量。但与解吸气量和残余气量获取方法不同的是，损失气量由于其特殊性无法通过实验直接获得而仅能依靠不同的计算方法进行估算(图 3.1)。

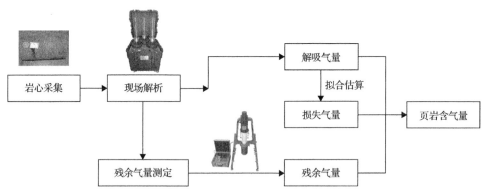

图 3.1　现场解析法测定页岩含气量的流程示意图

3.2.1　解吸气量

解吸气量是指在地表条件下，页岩岩心装入解吸罐之后自然解吸出的天然气在标准状况下的体积，用于测定页岩解吸气量的仪器称为现场解析仪，该仪器主要由解吸罐、集气量筒及恒温箱三个部分组成(图 3.2)。

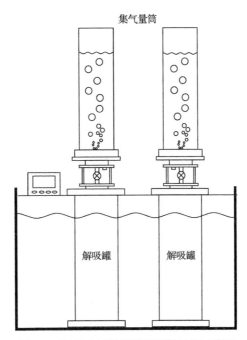

图 3.2　页岩含气量现场解析仪结构示意图

该测定一般包括以下几个步骤。

(1)样品装填：当页岩岩心从岩心桶取出后，立即装入解吸罐中，并在解吸罐中加入饱和盐水(适用于地层温度不超过 90℃的页岩样品)或者石英砂(适用于地层温度超过 90℃的页岩样品)，以填充解吸罐与岩心样品之间的空隙，并快速密封解吸罐。

(2)常温解吸：将密封好的解吸罐装入现场解析仪中，并利用单向阀将解吸罐与集气量筒相连接，随后打开单向阀，每 5min 对集气量筒记录一次解吸气量，直到解吸率低于 0.5mL/h。

(3)地温解吸：当常温解吸结束后，调节温度控制器将解吸罐加热至储层温度，并每 5min 对集气量筒记录一次解吸气量，直到解吸率低于 0.5mL/h。

(4)高温解吸：当地温解吸结束后，进一步调节温度控制器将解吸罐加热至更高温度(如储层温度为 120℃，可将此温度升至 150℃)，并每 5min 对集气量筒记录一次解吸气量，直到解吸率低于 0.5mL/h。

(5)数据记录：详细记录实验过程中的解吸罐温度、空气温度及大气压力，以便在实验结束后将解吸气体积换算为标准温度和压力(STP)条件下的气体体积。

(6)气样采集：在解吸过程中，每隔一段时间需对解吸出的气样进行采集，用于气体组分的测定。

(7)数据处理：将解吸得到的气体体积 V_m 代入式(3.1)，可求得其对应标准状态(温度20℃、压力101.33kPa)下的体积 V_s：

$$V_s = \frac{273.15 P_m V_m}{101.325 \times (273.15 + T_m)} \tag{3.1}$$

式中：V_s 为标准状态下的气体体积，cm^3；P_m 为大气压力，kPa；T_m 为大气温度，℃；V_m 为解吸气体积，cm^3。

(8)计算求取：当完成上述实验步骤后，即可建立页岩气解吸过程的动力学曲线，求取页岩解吸气量(图3.3)。

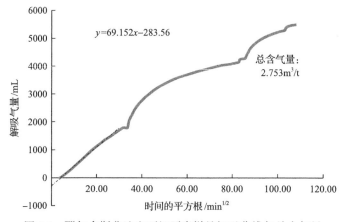

图3.3　鄂尔多斯盆地山西组页岩样品解吸曲线与总含气量

此外，为了最大限度地降低实验误差，保证实验结果的准确度，需要注意以下事项。

(1)缩短取心时间和操作时间：在安全有效且不影响岩心其他必要作业要求的前提下，以最短的时间对岩心样品进行封装。

(2)尽早开始解吸：对于已经封装入罐的页岩岩心，宜尽早开展解吸，避免长时间放置产生扩散、压力异常增大或其他不当等问题。

(3)恒速升温并保持温度稳定：按 1～3℃/min 匀速升温，升至解吸温度后保持恒温，防止因各种不当操作而引起振动或忽高忽低的温度变化，以免影响解吸与分析效果。

(4)适当延长解吸时间：页岩累计解吸气量随着温度的增加和时间的延长而不

断增加，根据页岩致密程度及含气性特点，现场快速解吸过程一般均需要 24～96h。由于页岩累计解吸气量随着时间变化而逐渐趋于某一确定值，实验时宜尽量延长解吸时间以获得更加准确结果。

（5）缩短数据采集间隔：提高数据记录精度，增加数据采集密度，有益于更准确地进行总含气量分析和对比。

（6）实验质量控制：集气误差率反映了实验的精度和水平，是岩心解吸出的气量与收集到的气量的差值与岩心解吸出的气量的比值。一般情况下，解吸要求集气的气体体积误差率（从岩心解吸出的气体总体积与收集记录的气体总体积之差值，与岩心解吸出的气体总体积的百分比）不得超过 0.5%，气体成分保真度（实测甲烷浓度与原始甲烷浓度的百分比）不得低于 97%。

3.2.2　残余气量

残余气量是指解吸气量测定结束后仍然滞留在岩心基质中的气体。尽管前人指出，残余气很难从页岩储层中开采出来（Diamond et al.，1986），但在页岩气资源评价过程中，该部分仍然要考虑在内。因此，在页岩样品的解吸实验完全结束后，需要将页岩样品从解吸罐移至残余气测定仪中，以测量其残余气量（图 3.4）。

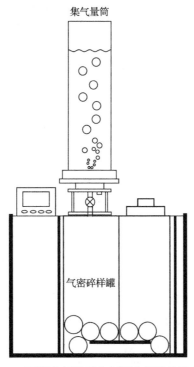

图 3.4　页岩含气量残余气测定仪结构示意图

在过去几十年中，前人提出了多个不同的装置来测量页岩或煤岩岩心样品中的残余气量(Diamond and Levine, 1981; Mcculloch et al., 1975; Kissell et al., 1973)。需要注意的是，这些装置在测定原理上是相同的，都是将页岩或煤岩样品研磨成小颗粒并进行加热，然后测量一段时间内释放出的气体体积。但与此同时，这些装置也具有一个共同的缺点，即粉碎罐与集气罐之间并没有直接连接，严重影响了测量结果的准确度。针对此问题，中国地质大学(北京)张金川教授带领的页岩气研究团队研发了高精度残余气测定仪(Dang et al., 2018a; Zhang and Tang, 2015)。在该仪器中，装有球磨机的气密碎样罐用于粉碎页岩样品，通过单向阀直接连接到气密罐的气体收集刻度罐用于测量粉碎过程中释放的气体量(图 3.4)。该仪器主要由三个部分组成：气密碎样罐、集气量筒及恒温箱。与传统的残余气测定装置相比，该仪器将集气量筒与气密碎样罐进行无管化连接，显著提高了测量精度。在具体测定步骤方面，残余气量与解吸气量的测定方法类似，只不过残余气量的测定是在解吸气测定样品的基础上完成的。

3.2.3 损失气量

目前页岩损失气量的获取方法主要包括 USBM 直线回归法、Smith-Williams 计算法以及 Amoco 曲线拟合法等。虽然各个方法在具体实际计算应用过程中有所不同，例如USBM直线回归法仅使用初期解吸数据进行线性回归来估算损失气量，而 Amoco 曲线拟合法则通过应用整个解吸过程中的气体解吸数据进行拟合来估算损失气量，但其都是基于单孔气体扩散模型发展而来的。前人研究发现，单孔气体扩散模型不足以描述富有机质页岩中的气体扩散过程(Dang et al., 2020, 2017b)。因此，应用基于单孔气体扩散模型发展而来的 USBM 直线回归法、Smith-Williams 计算法以及 Amoco 曲线拟合法来求取损失气量必然存在偏差。为了解决这个问题，Dang 等(2018a)基于双孔气体扩散模型建立了新的页岩损失气量获取方法，并分析了现场应用效果。

1. USBM 直线回归法

一直以来，USBM 直线回归法被认为是计算损失气量的标准方法(Diamond and Schatzel, 1998; Dan et al., 1993)。该方法假设气体从岩心样品中解吸的过程是通过具有恒定初始气体浓度的球形颗粒的扩散过程，该扩散过程可由单孔气体扩散模型进行描述。当时间比较短($t<600s$)或者扩散比值小于 0.5 的时候，单孔气体扩散模型可以近似写成(Pillalamarry et al., 2011)

$$\frac{M_t}{M_\infty} = 6\sqrt{\frac{Dt}{\pi r_\mathrm{p}^2}} \qquad (3.2)$$

式中：M_t 为 t 时刻的吸附量；M_∞ 为特定压力条件下的最大吸附量；t 为时间，min；D/r_p^2 为有效扩散系数，s^{-1}。

同时对上述方程等号两边乘以损失气量和解吸气量之和 Q_t，则式 (3.2) 变为

$$Q_d(t) = K\sqrt{t+t_1} - Q_l \tag{3.3}$$

式中：$Q_d(t)$ 为时间 t 的解吸气量，mL；Q_l 为损失气量，mL/g；K 为回归直线的斜率；t 为气体解吸的累计时间，min；t_1 为气体散失时间，min。通过观察上述方程可以发现，在气体解吸的初期 ($t<600s$) 或当扩散比值 $M_t/M_\infty<0.5$ 时，累计解吸气量与时间的平方根之间呈线性关系。因此，可以通过应用式 (3.3) 对解吸初期或者扩散比值 $M_t/M_\infty<0.5$ 时的解吸数据进行线性拟合，来求取损失气量 Q_l。

2. Amoco 曲线拟合法

Dan 等 (1993) 认为气体的解吸过程是一个连续的过程，可以用单孔气体扩散模型对其整个解吸过程进行描述。因此，Dan 等 (1993) 基于单孔气体扩散模型建立了 Amoco 曲线拟合法。该方法并不像 USBM 直线回归法仅选择初期解吸数据点来进行拟合估算损失气量，而是通过将整个解吸过程中获得的解吸数据进行拟合来估算损失气量，可由式 (3.4) 来描述：

$$Q_d(t) = Q_t \left[1 - \frac{6}{\pi^2} \exp\left(-\frac{D\pi^2 t}{r_p^2} \right) \right] - Q_l \tag{3.4}$$

式中：$Q_d(t)$ 为时间 t 的解吸气量，mL/g；Q_t 为损失气量与解吸气量之和，mL/g；Q_l 为损失气量，mL/g；D/r_p^2 为有效扩散系数，s^{-1}。需要注意的是，上述方程中的时间 t 是从地层钻遇的初始时间零到解吸完成的时间。因此，通过应用式 (3.4) 对所有解吸数据进行拟合后即可获得 Q_t、D/r_p^2 和 Q_l 的值。

3. MCF 曲线拟合法

上述两种方法是目前计算煤层和页岩损失气量的主要方法，其中 USBM 直线回归法由于方程简单、操作简便，被认为是最便捷也是最常用的方法。但如上所述，无论其是否简单易用，基于单孔气体扩散模型就基本决定了其无法准确获得损失气量。为了解决这个问题，本书提出一种基于双孔气体扩散模型而建立的损失气量计算方法。在之前的研究过程中就已发现，双孔气体扩散模型相较于单孔气体扩散模型较好地反映了气体在富有机质页岩中的扩散过程，因此基于双孔气体扩散模型建立损失气量计算方法势必能够解决 USBM 直线回归法、Smith-Williams 计算法以及 Amoco 曲线拟合法等中存在的先天缺陷。

其中，双孔气体扩散模型可由式（3.5）表示（Ruckenstein et al., 1971）：

$$\frac{M_t}{M_\infty} = \frac{\left\{1 - \frac{6}{\pi^2}\sum_{n=1}^{\infty}\frac{1}{n^2}\exp\left[-n^2\pi^2\frac{D_a' t}{R_a^2}\right]\right\} + \frac{\beta}{3\alpha}\left\{1 - \frac{6}{\pi^2}\sum_{n=1}^{\infty}\frac{1}{n^2}\exp\left[-n^2\pi^2\alpha\frac{D_i' t}{R_i^2}\right]\right\}}{1 + \frac{\beta}{3\alpha}}$$

(3.5)

式中：M_t 为 t 时刻的吸附量；M_∞ 为特定压力条件下的最大吸附量；t 为时间，min；D_a' 为大孔扩散系数，cm^2/s；D_i' 为小孔扩散系数，cm^2/s；R_a 和 R_i 分别为大球半径和小球半径，cm；α、β 为无量纲参数，且 β/α 反映了页岩样品在每个压阶条件下达到吸附平衡时，小孔吸附量和大孔吸附量之间的比值。

同时对式（3.5）等号两边乘以损失气量和解吸气量之和 Q_t，则式（3.5）变为

$$Q_d(t) = Q_t\left\{\frac{\left[1 - \frac{6}{\pi^2}\sum_{n=1}^{\infty}\frac{1}{n^2}\exp\left(-n^2\pi^2\frac{D_a' t}{R_a^2}\right)\right] + \frac{\beta}{3\alpha}\left[1 - \frac{6}{\pi^2}\sum_{n=1}^{\infty}\frac{1}{n^2}\exp\left(-n^2\pi^2\alpha\frac{D_i' t}{R_i^2}\right)\right]}{1 + \frac{\beta}{3\alpha}}\right\} - Q_l$$

(3.6)

式中：$Q_d(t)$ 为时间 t 的解吸气量，mL/g；Q_t 为损失气量与解吸气量之和，mL/g；Q_l 为损失气量，mL/g。为了便于操作起见，只取 $n=1$，则式（3.6）可转变成

$$Q_d(t) = Q_t\left\{\frac{\left[1 - \frac{6}{\pi^2}\exp\left(-\pi^2\frac{D_a' t}{R_a^2}\right)\right] + \frac{\beta}{3\alpha}\left[1 - \frac{6}{\pi^2}\exp\left(-\pi^2\alpha\frac{D_i' t}{R_i^2}\right)\right]}{1 + \frac{\beta}{3\alpha}}\right\} - Q_l$$

(3.7)

式（3.7）即为基于双孔气体扩散模型提出的新的损失气量计算方法——MCF曲线拟合法。通过应用上述方程式对解吸数据进行拟合，就可获得包括 Q_t、Q_l 等参数。

3.2.4　解吸气量与残余气量数据校正

岩心样品在装罐过程中必然会混入空气，进而影响实际测定气体的体积和组分。因此，在开始计算损失气量之前，必须对现场解析获得的解吸气量和残余气量进行校正，才能获得真实的页岩含气量数据。一般认为，地层岩石中的天然气组分中不含有任何的 O_2，而受空气污染后的解吸气与残余气必然含有大约 22%的

O_2 和 78%的 N_2。据此，Dang 等(2018a)通过对现场解析获得的解吸气和残余气气体组分进行分析后，分别针对解吸气量[式(3.8)]和残余气量[式(3.9)]提出了各自的校正方法：

$$Q_d = \left\{ \left[V_{measured} + 0.4(V_{canister} - V_{core}) \frac{T_1}{T_2} \right] \times q_{methane}^{measured} \right\} \Big/ \left(q_{methane}^{actual} \times m_d \right) \quad (3.8)$$

$$Q_r = \left\{ \left[V_{measured} + (V_{canister} - V_{core} - V_{balls} - V_{stir}) \frac{T_1}{T_2} \right] \times q_{methane}^{measured} \right\} \Big/ \left(q_{methane}^{actual} \times m_r \right) \quad (3.9)$$

$$q_{methane}^{actual} = \frac{q_{methane}^{measured}}{100 - \left(78 \times \frac{q_{oxygen}}{22} + q_{oxygen} \right)} \quad (3.10)$$

式中：Q_d 为校正后的解吸气量，cm^3/g；Q_r 为校正后的残余气量，cm^3/g；$V_{measured}$ 为集气量筒测量得到的解吸气或残余气体积，cm^3；$V_{canister}$ 为解吸罐体积，cm^3；V_{core} 为用于解吸气量或残余气量的页岩岩心样品体积，cm^3；V_{balls} 为残余气测定仪气密碎样罐中小球体积，cm^3；V_{stir} 为残余气测定仪气密碎样罐中搅拌棒体积，cm^3；T_1 为常温，℃；T_2 为实验温度，℃；$q_{methane}^{measured}$ 为校正前甲烷气体含量，%；$q_{methane}^{actual}$ 为校正后甲烷气体含量，%；q_{oxygen} 为集气量筒中的氧气含量，%；m_d 为用于测定解吸气量实验的页岩样品质量，g；m_r 为用于测定残余气量实验的页岩样品质量，g。通过应用上述方程，即可获得校正后的页岩解吸气量和残余气量。

3.2.5 直接法测定页岩含气量实例

分别利用页岩含气量测定系统对南华北盆地牟页 1 井 8 块钻井岩心样品进行现场测试，来获取页岩解吸气量和残余气量。实验测试样品如图 3.5 所示。

1. 解吸气量和残余气量

上已述及，不同页岩含气量计算方法之间的不同主要在于如何计算损失气量，

图 3.5 牟页 1 井现场解析实验岩心样品照片

而各个方法在解吸气量和残余气量的获取原理基本相同，仅仪器构成和测试精度可能有所差别。本书采用高精度页岩含气量现场解析仪和残余气测定仪对页岩解吸气量和残余气量进行测定。测定结果如图 3.6 所示。其中，页岩解吸气量介于 0.44～

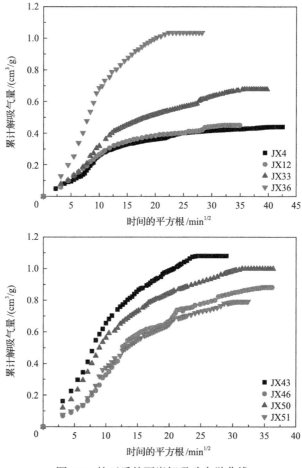

图 3.6 校正后的页岩解吸动力学曲线

$1.08cm^3/g$，平均解吸气量为 $0.8cm^3/g$；残余气量介于 $0.11\sim0.47cm^3/g$，平均残余气量为 $0.32cm^3/g$。

2. 损失气量

在获得页岩样品的解吸气量和残余气量以后，应用上述不同方法获取页岩的损失气量。

(1)USBM 直线回归法：当 $M_t/M_\infty<0.5$ 时，累计解吸气体量与时间的平方根成正比。因此，这里只选择初期解吸数据点进行线性拟合来估算页岩损失气量(图 3.7、表 3.1)。如图 3.7 所示，初期解吸数据的线性拟合效果较好，R^2 均大于 0.96。从表 3.1 中可以看出，应用 USBM 直线回归法获得的页岩样品损失气量介于 $0.42\sim1.55cm^3/g$，平均损失气量为 $1.01cm^3/g$。

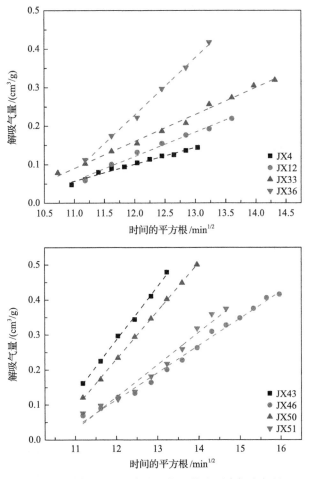

图 3.7　应用 USBM 直线回推法获取页岩损失气量

表 3.1　不同方法计算页岩损失气量参数统计表

样品	USBM			Amoco				MCF						
	拟合公式	Q_1 /(cm³/g)	R^2	Q_1 /(cm³/g)	Q_2 /(cm³/g)	D/r_p^2 /s⁻¹	R^2	Q_1 /(cm³/g)	Q_2 /(cm³/g)	D_a'/R_a^2 /s⁻¹	D_t'/R_t^2 /s⁻¹	α	β/α	R^2
JX4	$y=0.04x-0.42$	0.42	0.97	1.15	0.73	6.24×10^{-4}	0.96	2.41	1.96	1.38×10^{-3}	4.94×10^{-4}	0.36	0.047	0.99
JX12	$y=0.06x-0.63$	0.63	0.98	1.32	0.89	7.05×10^{-4}	0.97	2.79	2.21	1.33×10^{-3}	2.73×10^{-4}	0.20	0.063	0.99
JX33	$y=0.07x-0.67$	0.67	0.99	1.28	0.62	3.71×10^{-4}	0.96	3.10	2.34	1.29×10^{-3}	3.80×10^{-4}	0.30	0.093	0.99
JX36	$y=0.14x-1.55$	1.55	0.99	4.09	3.19	9.43×10^{-4}	0.99	5.52	4.60	1.77×10^{-3}	3.17×10^{-4}	0.17	0.073	0.99
JX43	$y=0.15x-1.54$	1.54	0.99	3.30	2.23	6.92×10^{-4}	0.98	4.23	3.09	1.91×10^{-3}	8.43×10^{-4}	0.44	0.070	0.99
JX46	$y=0.07x-0.71$	0.71	0.99	2.15	1.28	4.12×10^{-4}	0.98	3.24	2.29	8.57×10^{-3}	3.54×10^{-4}	0.41	0.113	0.99
JX50	$y=0.13x-1.42$	1.42	0.99	2.41	1.43	5.26×10^{-4}	0.97	2.96	1.92	1.65×10^{-3}	6.16×10^{-4}	0.38	0.057	0.99
JX51	$y=0.09x-0.98$	0.98	0.96	2.04	1.25	4.74×10^{-4}	0.98	3.51	2.63	1.09×10^{-3}	4.43×10^{-4}	0.4	0.103	0.99

（2）Amoco 曲线拟合法和 MCF 曲线拟合法：与 USBM 直线回归法不同，Amoco 和 MCF 曲线拟合法需要对所有解吸气量数据进行拟合，来求取页岩损失气量。拟合效果及拟合参数分别如图 3.8、表 3.1 所示。

如图 3.8 所示，基于单孔气体扩散模型建立的 Amoco 曲线拟合法并不能预测整个时间范围内的气体解吸数据，其低估了解吸所需时间及页岩样品的解吸气量，如页岩样品 JX4、JX12、JX33 等。而与 Amoco 曲线拟合法相比，基于双孔气体扩散模型建立的 MCF 曲线拟合法可以合理描述整个时间范围内的所有气体解吸数据。从表 3.1 可以看出，使用 Amoco 曲线拟合法和 MCF 曲线拟合法估算的损失气量分别介于 $0.62\sim3.19\text{cm}^3/\text{g}$ 和 $1.92\sim4.60\text{cm}^3/\text{g}$。

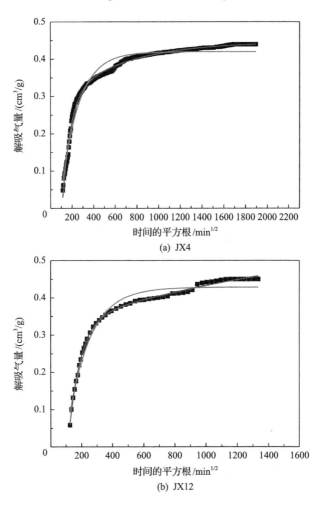

(a) JX4

(b) JX12

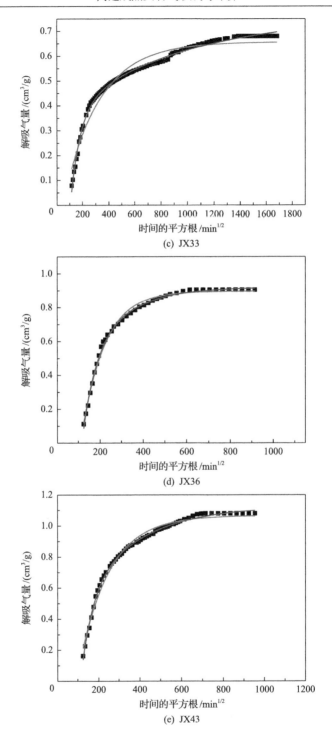

(c) JX33

(d) JX36

(e) JX43

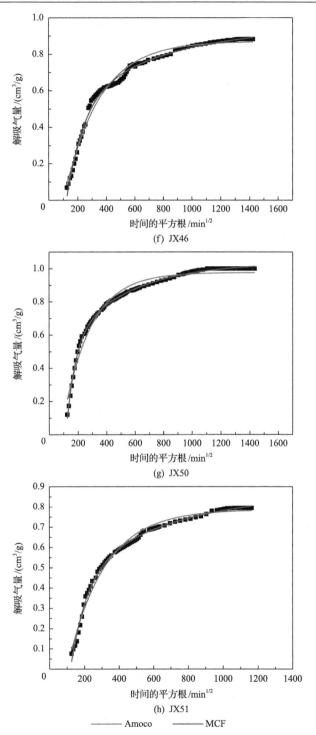

(f) JX46

(g) JX50

(h) JX51

———— Amoco　　　———— MCF

图 3.8　应用 Amoco 曲线拟合法和 MCF 曲线拟合法获取页岩损失气量

很明显，MCF 曲线拟合法估算的总含气量要高于 Amoco 曲线拟合法估算的总含气量(表 3.2)。此外，通过对比解吸页岩钻井岩心样品中的气体有效扩散系数和吸附扩散过程中的气体有效扩散系数后发现，富有机质页岩在解吸过程中的有效扩散系数要明显小于吸附扩散过程中的有效扩散系数，这可能与解吸过程中页岩岩心样品含水有关。从理论角度来看，基于双孔气体扩散模型建立的 MCF 曲线拟合法的准确性应高于 Amoco 曲线拟合法，但实际效果如何则需要在实际应用比较后才可知。

表 3.2 不同方法计算页岩含气量统计表

样品	损失气量/(cm³/g)			解吸气量 /(cm³/g)	残余气量 /(cm³/g)	总气量/(cm³/g)		
	USBM	Amoco	MCF			USBM	Amoco	MCF
JX4	0.42	0.73	1.96	0.44	0.43	1.29	1.60	2.83
JX12	0.63	0.89	2.21	0.45	0.41	1.49	1.75	3.07
JX33	0.67	0.89	2.34	0.68	0.41	1.76	1.98	3.43
JX36	1.55	3.19	4.60	1.04	0.26	2.85	4.49	5.90
JX43	1.54	2.23	3.09	1.08	0.39	3.01	3.70	4.56
JX46	0.71	1.28	2.29	0.85	0.10	1.66	2.23	3.24
JX50	1.42	1.43	1.92	1.00	0.14	2.56	2.57	3.06
JX51	0.98	1.25	2.63	0.79	0.11	1.88	2.15	3.53

3.2.6 不同损失气量计算方法比较

前人为了验证不同估计方法的准确性，一般将上述不同方法获得的含气量数据与现场保压取心或实验室模拟后获得的含气量数据进行比较研究(Zhang and Fan，2009；Mavor and Pratt，1996；Olszewski et al.，1993；Metcalfe et al.，1991)。例如，Mclennan 等(1995)通过对 Black Warrior 盆地煤岩岩心样品的现场解析含气量数据与保压取心含气量数据进行比较后认为，Amoco 曲线拟合法的损失气量估计值最准确，而 USBM 直线回归法和 Smith-Williams 计算法则低估了损失气量。此外，Olszewski 等(1993)同样将 USBM 直线回归法、Smith-Williams 计算法获得的含气量数据与保压取心后获得的含气量数据进行了比较，同样发现 USBM 直线回归法、Smith-Williams 计算法低估了损失气量。此外，Zhang 和 Fan(2009)通过进行模拟研究后发现实际的损失气量要远高于 USBM 直线回归法获得的体积。然而，Mavor 和 Pratt(1996)通过实验后观察到截然不同的结果，认为 Amoco 曲线拟合法会高估损失气量，而 USBM 直线回归法获得的结果较为准确。整体来看，不同的研究者在对不同地区的煤层岩心样品进行研究后都会得出不同的结论。总而言之，上述方法都不能单独合理地估算所有岩心样品的损失气量，即使对于来自相同层位的岩心样品也是如此。那么在这种情况下，该如何选择适当的方法对损失气量进行计算呢?

　　由于实际条件限制，国内几乎所有探井都未曾做过保压取心实验，故无法获得保压取心含气量数据。因此，为了对不同损失气量计算方法进行对比，本书以牟页 1 井测井解释和高压气体等温吸附实验获得的游离气量和吸附气量之和作为参考，来对比不同方法的可靠性。

　　通过对比后发现，包括 USBM、Amoco 和 MCF 在内的三种方法都不能单独准确地估算所有页岩样品的含气量,且煤层气中最常用的、应用效果较好的 USBM 直线回归法在此处仅能够较准确地预测样品 JX46 的含气量数据[图 3.9(a)],原因

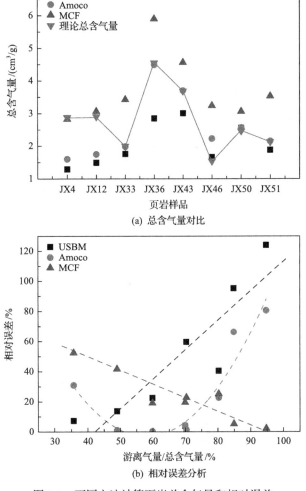

(a) 总含气量对比

(b) 相对误差分析

图 3.9　不同方法计算页岩总含气量和相对误差

可能包括以下几个方面：首先，由于取心方式的差别，页岩岩心样品的取心时间要远高于煤岩样品，损失时间越长，损失气所占比例越高；其次，前人通过模拟研究山西晋城地区煤岩样品后发现，其游离气量一般占总含气量的 6%～17%（伊向艺等，2014），而页岩中的游离气量占总含气量的比例要远高于煤岩样品；最后，与 Amoco 曲线拟合法和 MCF 曲线拟合法相比，USBM 直线回归法仅使用初期解吸数据进行拟合来求取损失气量，并且此时解吸罐中的岩心样品还尚未恢复至地层温度，故初期的解吸数据不能完全反映气体的扩散特性，尤其当页岩储层温度和地表温度相差较大时，这种影响更为明显。

为了对不同计算方法之间进行定量比较，评估各种方法的准确性，本书引入了相对误差分析，对不同计算方法获得的含气量结果的准确性进行研究：

$$相对误差 = \left| \frac{V_{cal} - V_m}{V_m} \right| \times 100\% \tag{3.11}$$

式中：V_{cal} 为页岩理论总含气量，cm^3/g；V_m 为依据不同方法获得的页岩总含气量，cm^3/g。计算结果如图 3.9(b) 所示。从图 3.9(b) 可以看出，USBM 直线回归法计算的页岩总含气量的相对误差变化范围最大，介于 8%～120%，Amoco 曲线拟合法次之，介于 1%～80%，MCF 曲线拟合法计算的页岩总含气量相对误差最小，介于 2%～57%。通过建立相对误差与游离气量/总含气量之间的关系后发现，随着游离气量与总含气量比值的增加，USBM 直线回归法获得的页岩总含气量的相对误差呈线性增加，Amoco 曲线拟合法获得的页岩总含气量的相对误差先降低后增加，而 MCF 曲线拟合法获得的页岩总含气量的相对误差则呈线性降低。这一现象表明，USBM 直线回归法、Amoco 曲线拟合法及 MCF 曲线拟合法只有在一定的适用条件下才能获得较为准确的总含气量数据。

(1)当游离气量与总含气量的比值小于 45%时，USBM 直线回归法是估算页岩样品损失气量的最佳方法，而在此范围内，Amoco 曲线拟合法和 MCF 曲线拟合法则明显高估了页岩样品的损失气量，其计算相对误差分别达到 30.1%和52.4%。

(2)当游离气量与总含气量的比值介于 45%～75%时，Amoco 曲线拟合法是估算页岩样品损失气量的最佳方法，而 USBM 直线回归法低估了页岩样品损失气量，MCF 曲线拟合法高估了损失气量，相对误差为 19%～60%。

(3)随着游离气量与总含气量比值的增加，当游离气量与总含气量的比值大于75%时，MCF 曲线拟合法成为估算页岩样品损失气量的最佳方法，而另外两种方法则明显低估了页岩样品的损失气量，尤其是 USBM 直线回归法。

总体而言，包括 Amoco 曲线拟合法和 MCF 曲线拟合法在内的曲线拟合法能够合理估算本书中几乎所有页岩样品的气体损失量，只有当页岩样品中的游离气占比较低时，USBM 直线回归法才有效。

3.2.7　关于提高直接法测定精度的建议

在如何提高页岩或煤层含气量测试精度方面，前人(Diamond and Schatzel，1998；Mclennan et al.，1995)已经做了许多工作，并且他们大多认为减少气体的散失时间是提高测量精度的最好方法。Xu 等(2005)通过对煤岩样品的含气量进行理论研究后指出，应以气体散失时间的长短为依据来选择应用哪种方法计算损失气量，当气体损失时间较短时，应使用 USBM 直线回归法计算损失气量，当损失气体时间较长时，则应选择曲线拟合法。然而，页岩埋藏深度(如 Haynesville 页岩埋深约为 3650m，Barnett 页岩埋深约为 2300m，山西组和太原组埋深约为 3000m，龙马溪组页岩埋深约为 2500m)和取心方式(页岩样品为钻杆取心而煤样样品多为绳索取心)与煤岩相比差别较大，导致页岩样品在空气中的暴露时间要远高于煤岩样品。因此，对于页岩来讲，基于散失时间的长短来选择损失气量计算方法以提高测量精度并不可行。如上所述，游离气量占总含气量的比例对页岩损失气量的估算精度有重大影响，故对于富有机质页岩而言，损失气量的计算方法的选择应基于游离气量/总含气量的值，而不是气体的散失时间。那么，如何快速准确地获得游离气或吸附气在页岩总含气量中所占的比例就成为准确估算页岩损失气量的一个必要条件。

在过去的几年中，前人提出了几种不同的方法来获取煤岩或页岩样品的游离气量或吸附气量。例如，一些研究人员基于等温吸附等室内实验研究(Bruns et al.，2016；Pan et al.，2016；薛冰等，2015；Ji et al.，2014；Hildenbrand et al.，2006)提出了页岩储层原地含气量计算模型，为获得游离气量或吸附气量提供了一种较好的方法。此外，还可以通过测井解释的方法来获得游离气量或吸附气量。但需要注意的是，上述两种方法涉及实验较多、花费较大、时间较长，并不能达到快速评价的目的。相较于上述方法，Liu 等(2016)基于富有机质页岩样品在不同解吸阶段稳定碳同位素变化提出了游离气量和吸附气量比例的预测方法，仅需要测定解吸气和残余气中的稳定碳同位素即可快速求得游离气或吸附气在总含气量中的比例。基于此，在处理页岩含气量数据的过程中，可根据上述方法获得游离气/总含气量的值，然后从 USBM 直线回归法、Amoco 曲线拟合法和 MCF 曲线拟合法中选择适合的方法进行损失气量的估算。

3.3　间接法计算页岩含气量

根据甲烷在页岩储层中的赋存状态，可将页岩气划分为吸附气、游离气及溶解气，因此单位质量页岩中吸附气、游离气及溶解气的气体体积即为吸附气量、游离气量及溶解气量，三者之和为页岩总含气量。目前来看，间接法主要包括等温吸附法、测井解释法及甲烷碳同位素计算法。

3.3.1　等温吸附法

1. 高压甲烷气体等温吸附实验——建立等温吸附曲线

高压甲烷气体等温吸附实验是目前用于富有机质页岩吸附特性研究中最广泛、最有效的方法（Gasparik et al., 2015; Khosrokhavar et al., 2014; Gasparik et al., 2013; Khosrokhavar et al., 2012）。通常，气体等温吸附仪由校准后的标准室和样品室组成，并在标准室或样品室外接上压力和温度传感器，压力、温度传感器再与计算机相连，即组成气体等温吸附仪的主体，其实验装置可以由厂家定制，也可以在室内自行设计组装。

实验的主要步骤可概括如下：①首先对装好页岩粉末样品的样品室在一定温度条件下进行 12h 抽真空脱气；②接着在 8MPa 条件下采用氦气进行气密性检测，若半小时泄漏率小于 500Pa/h 即可通过；③通过氦气膨胀法测定样品池的空体积 V_{void}，而氦气密度 ρ_{He} 可由状态方程（Mccarty and Arp, 1990）或者 van der Waals 方程（Michels and Wouters, 1941）获得，此外，该步骤还可获得样品的骨架密度 ρ_{sample} 和骨架体积 V_{sample}；④抽真空除去样品池内的氦气，开始进行等温吸附实验。

在步骤③中，进入样品室内的氦气基准质量可以通过空体积乘以氦气密度（$V_{void}\rho_{He}$）获得。因此，在实验测试过程中获得的过剩吸附气质量则为一定压力条件下，输入到样品室内的气体质量与空体积中气体质量之差，即

$$m_{excess}^{gas} = m_{transferred}^{gas} - V_{void} \cdot \rho_{gas}(T, P) \tag{3.12}$$

式中：m_{excess}^{gas} 为过剩吸附气质量；$m_{transferred}^{gas}$ 为从参考室进入样品室的气体质量；V_{void} 为样品室内的空体积；ρ_{gas} 为气体密度。

2. 气体吸附理论模型——获取页岩理论吸附气量

富有机质页岩吸附等温线反映了页岩对甲烷气体的吸附特性，也是研究页岩

中甲烷吸附机理的理论基础。在结合高压等温吸附实验的基础之上，通过建立精确的吸附模型对不同温压条件下页岩中的甲烷气体的吸附能力、吸附行为进行预测，了解富有机质页岩中气体吸附机理，还能为页岩气的开发提供一定的理论支撑。目前，富有机质页岩中气体吸附理论主要包括单分子层吸附理论（Langmuir，2015）、多分子层吸附理论（Brunauer et al.，1938）及 Dubinin-Ploanyi 吸附势理论（Dubinin，1966）。基于不同的吸附理论，前人建立了不同的气体吸附模型，以下为页岩气体吸附中常用的几种主要的气体吸附模型。

1）单分子层吸附理论

Langmuir 是第一位基于动力学观点提出平面上吸附相干理论的研究者（Langmuir，2015），该动力学理论的核心观点就是气体分子在吸附剂表面上的吸附是动态的，即气体在吸附剂表面上的吸附和解吸是同时发生的，且当气体分子的吸附速率和解吸速率相等达到平衡时，整个吸附过程即达到吸附平衡。

该模型的建立包含以下三个理论假设：吸附表面是均匀的，每一个吸附位的吸附能力是一样且不变的；吸附分子或原子在表面吸附后仅形成单分子层，其吸附位是固定不变的，无可移动性；每一个吸附位只能容纳一个分子或原子。

以上述假设为基础，Langmuir 单分子层吸附等温模型可用式（3.13）来表示（Langmuir，2015）：

$$V = V_L \frac{P}{P_L + P} \qquad (3.13)$$

式中：V_L 为 Langmuir 体积，cm^3/g；P_L 为 Langmuir 压力，MPa；V 为吸附气量，cm^3/g；P 为气体吸附平衡压力，MPa。

从 Langmuir 方程来看，该模型较为简单、易于操作，仅通过将式（3.13）拟合高压等温吸附实验结果就可获得 V_L 和 P_L 两个参数。因此，该模型被广泛应用于页岩气、煤层气吸附领域。截至目前，国内外众多研究者已应用 Langmuir 等温吸附模型对富有机质页岩中气体吸附能力进行了大量的模拟研究（Dang et al.，2017a；左罗等，2016；Yang et al.，2016；党伟等，2015；Gasparik et al.，2012；Ji et al.，2012；Ross and Bustin，2009；Lu et al.，1995）。但由于实际页岩复杂的孔隙及表面结构导致上述理论假设条件难以达到，使得 Langmuir 方程在描述富有机质页岩中气体的吸附特性时仍存在偏差问题（Wang et al.，2016；Rani et al.，2015）。此外，Langmuir 方程的理论基础是建立在绝对吸附气量而非过剩吸附气量上的（周理和李明，2000），而在实验室直接获得的吸附气量为过剩吸附气量（Do，1998）。因此，Langmuir 方程在描述气体吸附特性时必然存在偏差。

　　针对上述问题，前人基于过剩吸附气量与绝对吸附气量之间的数学关系，结合超临界条件下甲烷的物理性质，提出了 Langmuir 修正模型（Sakurovs et al.，2007）：

$$V_{ex} = V_L \frac{\rho_{gas}}{\rho_L + \rho_{gas}} \left(1 - \frac{\rho_{gas}}{\rho_{ads}}\right) \tag{3.14}$$

式中：V_{ex} 为过剩吸附气量，cm^3/g；ρ_{gas} 为游离相甲烷密度，g/cm^3；ρ_{ads} 为吸附相甲烷密度，g/cm^3。通过拟合研究发现，该修正模型能够较好地描述甲烷过剩吸附曲线，并求取页岩吸附气量 V_L（图 3.10）。

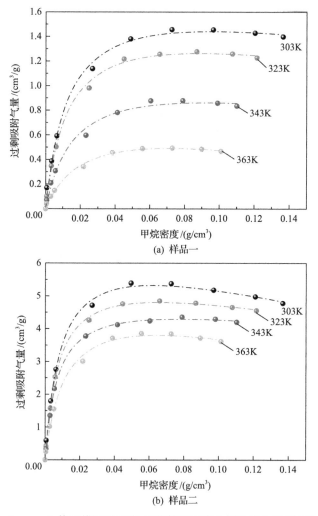

图 3.10　Langmuir 修正模型对页岩-甲烷等温吸附曲线的拟合效果（两个样品）

2）多分子层吸附理论

Brunauer 等（1938）发现，在压力足够高的情况下，分子还会以多分子层的形式附着在吸附剂表面。为了说明多分子层吸附原理，Brunauer 等（1938）建立了 Brunauer-Emmett-Teller（BET）多分子层吸附理论。

该模型的建立包含以下几个理论假设：气体吸附表面为平面；无分子层数限制；吸附表面的吸附能是均质的，且吸附分子之间无相互作用力；任意层的分子吸附速率与解吸速率相等。基于以上假设条件，BET 方程可表达为

$$V = V_{\mathrm{m}} \frac{CP}{(P_0 - P)\left[1 + (C-1)(P/P_0)\right]} \tag{3.15}$$

式中：V_{m} 为单层吸附分子体积，m^3；P_0 为饱和蒸气压，MPa；C 为常数，无量纲，反映多分子层形成的快慢。Wang 等（2016）通过应用 BET 方程对 12 个海相牛蹄塘组和龙马溪组页岩样品的等温吸附数据进行拟合后发现，BET 方程对页岩的等温吸附数据的拟合效果较差，相关性 R^2 均小于 0.9，拟合效果较 Langmuir 方程明显较差。但 Yu 等（2016）通过应用 Langmuir 方程和 BET 方程分别对北美 Marcellus 页岩的等温吸附数据进行拟合后发现，BET 方程对于页岩的等温吸附数据的拟合效果较 Langmuir 方程好，并认为 Marcellus 页岩中的气体吸附为多分子层吸附而非单分子层吸附。因此，从目前来看，不同的等温吸附模型对于不同发育特征的页岩的适应性不同，这可能与页岩的有机质丰度、类型、成熟度及矿物组成等影响页岩孔隙发育特征的因素有关。

考虑到高压气体等温吸附实验测定的是过剩吸附气量，因此本书对 BET 模型进行了类似的修改，提出了 BET 修正模型（Dang et al.，2020）：

$$V_{\mathrm{ex}} = \frac{V_{\mathrm{L}} CP}{(P_0 - P)\left[1 + (C-1)(P/P_0)\right]} \left(1 - \frac{\rho_{\mathrm{gas}}}{\rho_{\mathrm{ads}}}\right) \tag{3.16}$$

拟合效果如图 3.11 所示。可以看出，BET 修正模型同样可以较好地描述页岩-甲烷的过剩吸附曲线，求取页岩吸附气量 V_{L}。

3.3.2　测井解释法

测井解释法计算页岩含气量数据是间接获取含气量数据的重要方法，具有成本低、纵向连续性强等特点。游离气和吸附气的赋存机理不一致，所以其在测井响应上的特征也有所差异，需要利用不同的测井解释方法单独进行解释。对于游离气，可通过孔隙度与含气饱和度的乘积求取。对于吸附气，可通过 TOC 与吸附气含量之间的线性关系得到。另外，也可根据现场解析含气量与伽马、声波时差等测井曲线的关系，建立总含气量的计算公式。

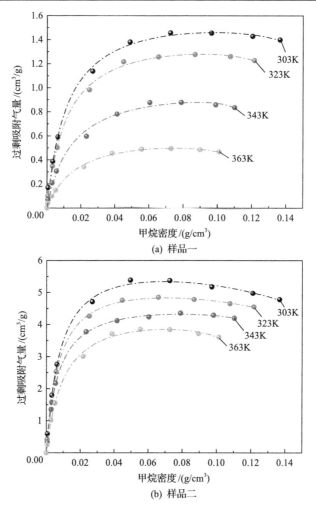

(a) 样品一

(b) 样品二

图 3.11　BET 修正模型对页岩-甲烷等温吸附曲线的拟合效果

1. 游离气量计算

游离气量与页岩储层的有效孔隙度、密度、含气饱和度、地层温度和压力密切相关。借鉴常规天然气藏含气饱和度的计算方法和原理，利用测井解释的有效孔隙度和含气饱和度，可以计算游离气量：

$$V_\mathrm{f} = \frac{\phi\left(1 - S_\mathrm{w}\right)}{B_\mathrm{g}\rho} \tag{3.17}$$

$$B_\mathrm{g} = \frac{Z(T + 459.67)p_\mathrm{sc}}{Z_\mathrm{sc}(T_\mathrm{sc} + 459.67)p} \tag{3.18}$$

式中：V_f 为页岩游离气量，m³/t；ϕ 为页岩有效孔隙度，%；S_w 为含水饱和度，%；ρ 为页岩的密度，g/cm³；B_g 为气体体积系数，m³/m³；T_{sc} 和 T 为地面标准状况和地下某一深度处对应的热力学温度，K；p_{sc} 和 p 分别为地面标准状况压力和地下某一深度处的静水压力，Pa；Z_{sc} 和 Z 分别为地面标准状况和地下某一深度处的气体压缩因子，无量纲。

2. 吸附气量计算

通过大量实验数据统计结果表明，页岩吸附气量与 TOC 呈良好的正相关关系（图 3.12）。因此，在建立吸附气量与页岩 TOC 直接的线性关系的基础上，通过测井解释获取页岩 TOC，进而可通过上述线性关系求取页岩的吸附气量。

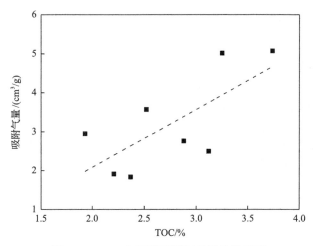

图 3.12　TOC 与页岩吸附气量线性关系图

根据研究区样品等温吸附实验，建立 $Q_{吸}$ 与 TOC 之间的关系模型：

$$V_L = A \times TOC + B \tag{3.19}$$

式中：A、B 为参数，不同研究区，不同地质条件，参数也各不相同。待确定参数后，利用测井识别解释出的 TOC，即可借助式（3.19）在纵向上求出连续变化的页岩吸附气量（图 3.13）。

3.3.3　甲烷碳同位素计算法

页岩中游离气和吸附气的甲烷碳同位素值有明显的差异，通常游离气的甲烷碳同位素较吸附气轻。Xia 和 Tang（2012）分析了美国页岩气井产量数据和甲烷碳同位素数据后发现，随着生产时间的增加，游离气产量不断下降，甲烷的碳同位

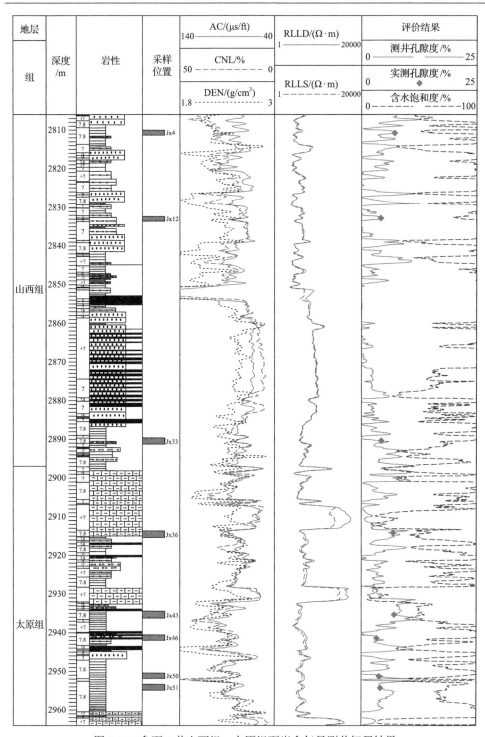

图 3.13　牟页 1 井山西组—太原组页岩含气量测井解释结果

素值出现增大的趋势(图 3.14)。说明同位素组成的变化与页岩中的游离气量和总含气量有一定的相关性，据此可利用甲烷碳同位素对页岩中游离气和吸附气的相对含量、游吸比及总含气量等进行研究。

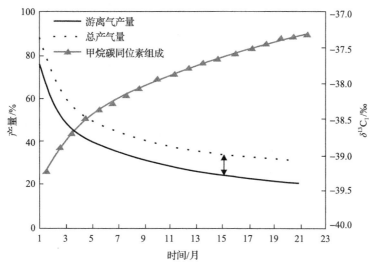

图 3.14　碳同位素判别游离气模型[据 Xia 和 Tang(2012)修改]

本书借助于解吸实验和甲烷碳同位素计算法，对页岩气中游离气量和吸附气量进行评价。在页岩气解吸实验中，解吸曲线可以明显分为三个阶段：第一阶段为岩心放入解吸罐后在常温下(约 20℃)的解吸过程，随着时间的推移，该阶段解吸出的气体逐渐减少最终曲线趋于平缓，常温阶段解吸出来的气体主要是存在与页岩孔隙或裂缝中的游离态页岩气。从第二阶段开始，给解吸罐升温，该阶段温度设定为岩心所在深度处的地层温度，随着温度的升高，解吸气量逐渐增加，经过一段时间后，解吸曲线再次趋于平缓，这一阶段解吸出来的气体主要是常温阶段剩余的一些游离气和吸附在有机质或者黏土矿物表面的吸附气。第三阶段，继续给解吸罐加温，一般设定最高温度在 150℃，目的是尽可能让岩心中所有气体都释放出来，随着温度的不断升高，解吸气量持续上升，经过一段时间后解吸气量不再增加，这一阶段解吸出来的气体主要为吸附气。根据同位素分馏理论，$^{12}CH_4$的游离气先解吸，而富 $^{13}CH_4$ 的吸附气后解吸。因此，可分别对三个不同解吸阶段采集的气样测试其甲烷碳同位素，可估算解吸气中游离气和吸附气的相对含量。

Liu 等(2016)利用甲烷碳同位素计算了解吸气中游离气和吸附气的相对含量，其计算公式为

$$\gamma_{游离} = \frac{\delta^{13}C_{1(地温段)} - \delta^{13}C_{1(高温段)}}{\delta^{13}C_{1(常温段)} - \delta^{13}C_{1(高温段)}} \times 100 \qquad (3.20)$$

式中：$\gamma_{\text{游离}}$ 为地温段中游离气相对含量，%；$\delta^{13}C_{1(\text{常温段})}$ 为常温段结束时的甲烷碳同位素值，‰；$\delta^{13}C_{1(\text{地温段})}$ 为地温段结束时的甲烷碳同位素值，‰；$\delta^{13}C_{1(\text{高温段})}$ 为高温段结束时的甲烷碳同位素值，‰。

$$V_f = V_m \times \gamma_{\text{游离}} + V_L \tag{3.21}$$

$$V_a = V_m \times (1 - \gamma_{\text{游离}}) + V_r \tag{3.22}$$

式中：V_f 为页岩储层中总的游离气量，cm^3；V_a 为页岩储层中总的吸附气量，cm^3；V_m 为实测解吸气量，cm^3；V_L 为估算损失气量，cm^3；V_r 为实测残余气量，cm^3。Liu 等（2016）通过计算后发现，在常温段解吸过程中，页岩气逸散以游离气为主，在地温解吸过程中则以吸附气和游离气混合为主，而在高温解吸阶段则以吸附气为主。

3.4 存在的主要问题及发展趋势

《能源技术革命创新行动计划（2016～2030 年）》曾明确指出，到 2020 年，我国页岩含气量准确测定技术要取得重要进展，而到 2030 年，则要全面掌握页岩含气量准确测定技术。截至目前来看，我国已经建立起高精度、易操作以及智能化的解吸气量和残余气量测定技术和装备，实现了解吸气量和残余气量的高精度测定，而损失气量仍然是制约页岩含气量准确测定的主要瓶颈。

相较于解吸气和残余气，页岩损失气是一个逸散过程复杂、逸散规律不明确、无法通过实验直接测量获得但又极为重要的含气量组成部分，是影响页岩含气量准确性的最主要因素（Shtepani et al.，2010）。概括而言，页岩损失气具有复杂性、不可测量性、重要性及迫切性等特点。其中，复杂性表现在逸散过程中持续变化的复杂温压环境；不可测量性表现为无法通过实验手段直接测定，而只能进行估算求取；重要性表现为页岩损失气量占比超过 40%，是页岩含气量的重要组成部分（Hosseini et al.，2015）；迫切性表现为急需解决页岩损失气量准确获取的问题，对于保障页岩气勘探开发工作的顺利开展十分迫切。上述特征的客观存在决定了损失气量在页岩含气量测定中的重要地位，但同时其不可测量性与复杂性也导致目前针对现场解析过程（即页岩岩心从提心到完成密闭罐解吸的全过程）中页岩气逸散规律及其控制机理的认识还十分缺乏，不仅阻碍研究人员对现有方法的客观评价，还严重制约了页岩损失气量估算方法的研究、提出和创新。因此，明确现场解析中页岩气的逸散规律及其控制机理，是目前页岩损失气量估算方法研究中亟待解决的关键科学问题。

　　具体来说，目前关于页岩损失气量估算方法的研究短板主要体现在以下几方面。

　　其一，缺乏物理模拟实验支撑的页岩气三段逸散过程研究，其逸散规律及控制机理不清。众所周知，页岩气现场解析全过程大致可以划分为三个阶段：①提心阶段。该阶段页岩岩心被钻井泥浆所包围，在提心过程中温压发生衰减而使得页岩气不断逸散。该阶段持续时间较长，多在 6~10h，导致损失气量非常可观。②大气暴露阶段。该阶段页岩岩心处于地面常温常压条件下，岩心中的气体直接逸散进入大气之中。该阶段持续时间一般较短，多在 15min 左右。③密闭罐解吸阶段。该阶段页岩岩心被装入密闭解吸罐中，在常压高温(模拟储层温度)条件下进行解吸，并利用排水法得到解吸气量，该阶段一般为 24~48h。可以看出，页岩岩心在上述三个阶段所经历的温压条件各不相同，从客观上决定了页岩气现场解析全过程具有明显的三段逸散特征(鲍云杰等，2014)。那么，页岩气的三段逸散到底有何规律(图 3.15)？是煤层气所主张的直线型逸散(Kissell et al.，1973)、抛物线型逸散，还是 S 型逸散(李奇和秦玉金，2018，孙四清，2018)？或者都不是？此外，在现场解析全过程中，外部温压条件及内部自身条件对页岩气三段逸散规律有何控制作用？而关于这两个问题的回答，目前还尚未见到国内外的相关报道。缺乏对该问题的回答，已经严重制约了页岩损失气量估算方法研究的深入。

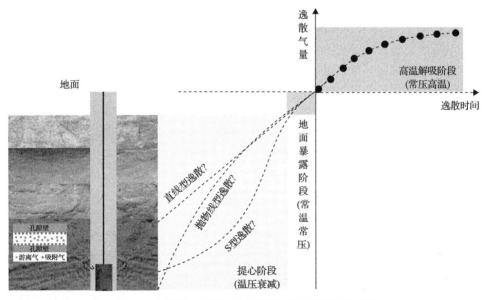

图 3.15　页岩气三段逸散过程及逸散规律简要示意图

　　其二，缺乏针对性的页岩气三段逸散数学模型研究。针对性构建逸散数学模型并求解，是页岩损失气量估算方法提出的基本手段。然而，在页岩气三段逸散规律尚不明确的现实状况下，缺乏针对性的页岩气三段逸散数学模型也是可以预期的。虽然赵群等（2013）、Shtepani 等（2010）、Hosseini 等（2015）、Dang 等（2018b）以及周尚文等（2019）基于不同的数学模型对页岩损失气量估算方法展开了研究，然而上述模型并非基于页岩气地质特征建立，针对性较弱，误差较大。此外，通过对上述数学模型以及孙锐（2010）、孙四清（2018）等最近提出的煤层气逸散数学模型进行研究后发现，除 Lu 等（2017）采用尘气模型（dusty gas model，DGM）以外，其余模型均是以 Fick 模型（Fick's model，FM）为基础而建立的。然而，气体在页岩中的逸散并非仅受 Fick 扩散主导，而是随着温压条件的改变逐步向 Fick 扩散、达西流及 Kundsen 扩散共同作用的多机制耦合逸散转变（Lu et al.，2017；Javadpour et al.，2007），此时以 FM 为基础建立的气体逸散数学模型便与页岩气现场解析的实际情况相偏离，存在明显理论缺陷。此外，虽然 DGM 可以很好地描述气体的多机制耦合逸散，但该模型极其复杂，其非线性耦合的偏微分方程组求解困难，不适用于现场应用。针对此问题，部分学者还提出了 DGM-FM（dusty gas model-Fick's model，中文称为具有菲克定律形式的尘气模型）（Lu et al.，2017）。相较于 DGM，该模型不仅能够很好地描述气体在多孔介质中的多机制耦合逸散，而且还可以像 FM 一样给出多孔介质中每一种物质的流量解析表达式，而该表达式可以直接代入连续性方程计算气体物质的质量或浓度分布。因此，明确页岩气在上述三个阶段的逸散机理，寻找合适的基础模型是逸散数学模型构建需要解决的首要问题。

其三，与煤岩的高吸附气、低游离气不同的是，页岩基质中存在着大量被压缩的游离气，其占总含气量的比值多在 40%～70%（邹才能等，2017），而游离气也被认为是页岩气高损失气量的一个重要因素（Hosseini at al.，2015）。此外，邹才能等（2017）通过研究后认为，游离气对页岩气生产井初期产气的贡献能达到80%以上，而对煤层气生产井初期产气的贡献只有 5%～10%，对累计产气的贡献也最高不超过 5%。因此，从这个角度来说，游离气在以往煤岩损失气量估算方法研究中未得到考虑是相对可以接受的，但在页岩气中却是万万不可忽视的。

目前关于页岩损失气量估算方法的研究整体表现出研究少、针对性弱、研究手段单一以及过程研究单一等特点，无论是定性定量的页岩气三段逸散物理模拟实验，还是针对性的逸散数学模型研究均处于探索和起步阶段。因此，基于高压气体吸附及解吸速度测定系统，搭建面向逸散过程研究的模拟实验平台，开展逸散物理模拟实验，准确、有效地揭示不同类型的页岩气在不同条件下的三段逸散曲线形态及差异，总结页岩气三段逸散规律及其控制机理，对于下一步真正实现页岩损失气量的准确计算具有理论和实践意义，是未来的重点研究方向。

参 考 文 献

鲍云杰, 邓模, 翟常博, 2014. 煤心损失气量计算方法在页岩气中应用的适用性分析. 中国煤炭地质, 26(4): 22-24.

党伟, 张金川, 黄潇, 等, 2015. 陆相页岩含气性主控地质因素——以辽河西部凹陷沙河街组三段为例. 石油学报, 36(12): 1516-1530.

李奇, 秦玉金, 2018. 深部环境煤的瓦斯吸附规律研究. 工业安全与环保, 44(8): 35-37.

孙锐, 2010. 泥浆介质非等压条件下煤芯瓦斯解吸规律研究. 焦作: 河南理工大学.

孙四清, 2018. 煤层气含量地面井密闭取心与快速测定技术研究. 北京: 煤炭科学研究总院.

薛冰, 张金川, 杨超, 等, 2015. 页岩含气量理论图版. 石油与天然气地质, 36: 339-346.

伊向艺, 邱小龙, 卢渊, 等, 2014. 煤中游离甲烷气含量的模拟试验. 煤田地质与勘探(1): 28-30.

赵群, 王红岩, 杨慎, 等, 2013. 一种计算页岩岩心解吸测试中损失气量的新方法. 天然气工业, 33: 30-34.

周理, 李明, 2000. 超临界甲烷在高表面活性炭上的吸附测量及其理论分析. 中国科学, 30: 49-56.

周尚文, 王红岩, 刘浩, 等, 2019. 基于 Arps 产量递减模型的页岩损失气量计算方法. 天然气地球科学, 30: 102-110.

邹才能, 赵群, 董大忠, 等, 2017. 页岩气基本特征, 主要挑战与未来前景. 天然气地球科学, 28: 1781-1796.

左罗, 胡志明, 崔亚星, 等, 2016. 页岩高温高压吸附动力学实验研究. 煤炭学报, 41: 2017-2023.

Brunauer S, Emmett P H, Teller E, 1938. Adsorption of gases in multimolecular layers. Journal of the American Chemical Society, 60: 309-319.

Bruns B, Littke R, Gasparik M, et al., 2016. Thermal evolution and shale gas potential estimation of the Wealden and Posidonia Shale in NW-Germany and the Netherlands: a 3D basin modelling study. Basin Research, 28: 209-216.

Dan Y, Seidle J P, Hanson W B, 1993. Gas sorption on coal and measurement of gas content//Hydrocarbons from Coal, Instituto Fernando el Católico. IFC: Tulsa, OK, USA.

Dang W, Zhang J C, Tang X, et al., 2018. Investigation of gas content of organic-rich shale: a case study from Lower Permian shale in Southern North China Basin, Central China. Geoscience Frontiers, 9: 559-575.

Dang W, Zhang J, Nie H, et al., 2020. Isotherms, thermodynamics and kinetics of methane-shale adsorption pair under supercritical condition: implications for understanding the nature of shale gas adsorption process. Chemical Engineering Journal, 383: 123191.

Dang W, Zhang J, Wei X, et al., 2017a. Geological controls on methane adsorption capacity of Lower Permian transitional black shales in the Southern North China Basin, Central China: experimental results and geological implications. Journal of Petroleum Science & Engineering, 152: 456-470.

Dang W, Zhang J, Wei X, et al., 2017b. Methane adsorption rate and diffusion characteristics in marine shale samples from Yangtze Platform, South China. Energies, 10: 626.

Diamond W P, Levine J R, 1981. Direct method determination of the gas content of coal: procedures and results. Washington: U.S. Bureau of Mines.

Diamond W P, Schatzel S J, 1998. Measuring the gas content of coal: a review. International Journal of Coal Geology, 35: 311-331.

Diamond W, LaScola J, Hyman D, 1986. Results of direct-method determination of the gas content of US coalbeds. US Bureau of Mines, Information Circular, 9067: 95.

Do D D, 1998. Adsorption analysis: equilibria and kinetics. London: Imperial College Press.

Dubinin M, 1966. Porous structure and adsorption properties of active carbons. Chemistry and physics of carbon, 2: 51-120.

Gasparik M, Gensterblum Y, Ghanizadeh A, et al., 2015. High-pressure/high-temperature methane-sorption measurements on carbonaceous shales by the manometric method: experimental and data-evaluation considerations for improved accuracy. SPE Journal, 20 (4): 790-809.

Gasparik M, Ghanizadeh A, Bertier P, et al., 2012. High-pressure methane sorption isotherms of black shales from The Netherlands. Energy & Fuels, 26: 4995-5004.

Gasparik M, Ghanizadeh A, Gensterblum Y, et al., 2013. "Multi-temperature" method for high-pressure sorption measurements on moist shales. Review of Scientific Instruments, 84: 746-752.

Hildenbrand A, Krooss B M, Busch A, et al., 2006. Evolution of methane sorption capacity of coal seams as a function of burial history—a case study from the Campine Basin, NE Belgium. International Journal of Coal Geology, 66: 179-203.

Hosseini S A, Javadpour F, Michael G E, 2015. Novel analytical core-sample analysis indicates higher gas content in shale-gas reservoirs. SPE Journal, 20 (6): 1397-1408.

Jarvie D M, Hill R J, Ruble T E, et al., 2007. Unconventional shale-gas systems: the Mississippian Barnett Shale of north-central Texas as one model for thermogenic shale-gas assessment. AAPG Bull, 91: 475-499.

Javadpour F, Fisher D, Unsworth M, 2007. Nanoscale gas flow in shale gas sediments. Journal of Canadian Petroleum Technology, 46 (10): 55-61.

Ji L, Zhang T, Milliken K L, et al., 2012. Experimental investigation of main controls to methane adsorption in clay-rich rocks. Applied Geochemistry, 27: 2533-2545.

Ji W, Song Y, Jiang Z, et al., 2014. Geological controls and estimation algorithms of lacustrine shale gas adsorption capacity: a case study of the Triassic strata in the southeastern Ordos Basin, China. International Journal of Coal Geology, s: 61-73, 134-135.

Khosrokhavar R, Schoemaker C, Battistutta E, et al., 2012. In Sorption of CO$_2$ in shales using the manometric set-up// SPE Europec/EAGE annual conference. copenhagen, denmark. 2012; Society of Petroleum Engineers.

Khosrokhavar R, Wolf K H, Bruining H, 2014. Sorption of CH$_4$ and CO$_2$ on a Carboniferous Shale from Belgium using a manometric set-up. International Journal of Coal Geology: 128-129, 153-161.

Kissell F N, Mcculloch C M, Elder C H, et al., 1973. The direct method of determining methane content of coal beds for ventilation design. U.S. Bureau of Mines Washington: 1-14.

Langmuir I, 2015. The adsorption of gases on plane surfaces of glass, mica and platinum. Journal of Chemical Physics, 40: 1361-1403.

Liu Y, Zhang J, Tang X, 2016. Predicting the proportion of free and adsorbed gas by isotopic geochemical data: a case study from lower Permian shale in the southern North China basin (SNCB). International Journal of Coal Geology, 156: 25-35.

Lu M, Pan Z, Connell L D, et al., 2017. A coupled, non-isothermal gas shale flow model: application to evaluation of gas-in-place in shale with core samples. Journal of Petroleum Science and Engineering, 158: 361-379.

Lu X C, Li F C, Watson A T, 1995. Adsorption measurements in Devonian shales. Fuel, 74: 599-603.

Mavor M J, Pratt T J, 1996. Improved methodology for determining total gas content. Volume 2//Comparative evaluation of the accuracy of gas-in-place estimates and review of lost gas models. Topical report, November 16, 1993-October 31, 1995.

Mccarty R D, Arp V D, 1990. A new wide range equation of state for helium. Advances in Cryogenic Engineering, 35: 1465-1475.

Mcculloch C M, Levine J R, Kissell F N, et al., 1975. Measuring the methane content of bituminous coalbeds//Report of Investigations 8043. US Bureau of Mines, Washington D.C: 22.

Mclennan J D, Schafer P S, Pratt T J, 1995. Chapter 6: estimating the lost gas volume//a guide to determining coalbed gas content. Chicago: Gas Research Institute: 1-15.

Metcalfe R S, Yee D, Seidle J P, et al., 1991. Review of Research Efforts in Coalbed Methane Recovery//the SPE Aisa-Pacific Conference Perth. Australia, Novemer 1991.

Michels A, Wouters H, 1941. Isotherms of helium between 0° and 150℃ up to 200 Amagat. Physica, 8: 923-932.

Montgomery S L, Jarvie D M, Bowker K A, et al., 2006. Mississippian Barnett Shale, Fort Worth basin, north-central Texas: Gas-shale play with multi-trillion cubic foot potential: reply. AAPG Bull, 90: 967-969.

Olszewski A J, Luffel D L, Hawkins J, et al., 1993. Development of formation evaluation technology for coalbed methane. Quarterly Review of Methane from Coal Seams Technology, 9: 32-34.

Pan L, Xiao X, Tian H, et al., 2016. Geological models of gas in place of the Longmaxi shale in Southeast Chongqing, South China. Marine & Petroleum Geology, 73: 433-444.

Pillalamarry M, Harpalani S, Liu S, 2011. Gas diffusion behavior of coal and its impact on production from coalbed methane reservoirs. International Journal of Coal Geology, 86: 342-348.

Rani S, Prusty B K, Pal S K, 2015. Methane adsorption and pore characterization of Indian shale samples. Journal of Unconventional Oil and Gas Resources, 11: 1-10.

Ross D J K, Bustin R M, 2009. The importance of shale composition and pore structure upon gas storage potential of shale gas reservoirs. Marine & Petroleum Geology, 26: 916-927.

Ruckenstein E, Vaidyanathan A S, Youngquist G R, 1971. Sorption by solids with bidisperse pore structures. Chemical Engineering Science, 26: 1305-1318.

Sakurovs R, Day S, Weir S, et al., 2007. Application of a modified Dubinin-Radushkevich equation to adsorption of gases by coals under supercritical conditions. Energy & fuels, 21: 992-997.

Shtepani E, Noll L A, Elrod L W, et al., 2010. A new regression-based method for accurate measurement of coal and shale gas content. SPE reservoir evaluation & engineering, 13: 359-364.

Wang Y, Zhu Y, Liu S, et al., 2016. Methane adsorption measurements and modeling for organic-rich marine shale samples. Fuel, 172: 301-309.

Xia X, Tang Y, 2012. Isotope fractionation of methane during natural gas flow with coupled diffusion and adsorption/desorption. Geochimica et Cosmochimica Acta, 77: 489-503.

Xu C, Zhou S, Guo S, 2015. Study on the measurement method of coalbed gas contents. Journal of Jiaozuo Institute of Technology, 24(2): 106-108.

Yang R, He S, Hu Q H, et al., 2016. Pore characterization and methane sorption capacity of over-mature organic-rich Wufeng and Longmaxi shales in the southeast Sichuan Basin, China. Marine and Petroleum Geology, 77: 247-261.

Yu W, Sepehrnoori K, Patzek T W, 2016. Modeling gas adsorption in Marcellus Shale with Langmuir and BET Isotherms. SPE Journal, 21(2): 589-600.

Zhang J, Tang X, 2015. An airtight pulverizer and its application. China Patent No. 104923352A.

Zhang Q, Fan Z Q, 2009. Simulation experiment and result analysis on lost gas content of coalbed methane. Journal of China Coal Society, 55: 63-64.

第4章 页岩气储层测井评价

通常页岩储层的矿物类型多样、岩性复杂，成熟度高，孔隙度低且孔隙结构和类型复杂，储层渗透性极差且束缚水含量高，储层非均质性强且各向异性成因复杂。在页岩气勘探开发过程中，测井工程为页岩气的高效低成本开发提供了连续、精确、可重复、高纵向分辨率的实时评价。本章介绍了近年来在页岩气储层测井评价领域最新的研究成果，可为页岩气储层岩性识别与组分评价、品质评价、参数定量计算、可压裂性评价、页岩气甜点区综合优选及测井系列优化等提供参考。

4.1 页岩气储层特征及测井评价难点

页岩气是烃源岩连续生成的生物化学成因气、热成因气或两者的混合，通常具有以下几个特点：①早期成藏，天然气边形成边赋存聚集，不需要构造背景，为隐蔽圈闭气藏；②自生自储，泥页岩既是气源岩层，又是储气层，赋存方式多样，使得泥页岩具有普遍的含气性；③天然气运移距离较短，具有"原地"成藏特征；④对盖层条件要求没有常规天然气高；⑤赋存方式及赋存空间多样，吸附方式、游离方式或溶解方式均可；⑥气水关系复杂；⑦储层孔隙度较低、孔隙半径小，裂缝发育程度控制游离状页岩气的含量及单井产量；⑧在开发过程中，页岩气井表现出日产量较低、生产年限较长的特点。

4.1.1 页岩气储层特征

1. 储层特征

1）岩性特征

页岩在矿物组成上，主要包括一定数量的碳酸盐矿物、黄铁矿、黏土矿物、石英和有机碳（Wei et al.，2013；Dahaghi，2010），矿物成分对于成功的完井开采是非常重要的。岩石的脆性尤其是页岩岩石的脆性与其矿物组分关系密切，研究表明，石英的脆性大于碳酸盐矿物，而碳酸盐矿物的脆性又远大于黏土矿物。因此，页岩地层中若石英、碳酸盐矿物含量增加，有利于岩石脆性提高。石英等脆性矿物含量高有利于后期的压裂改造形成裂缝；碳酸盐矿物中方解石含量高的层段，易于溶蚀产生溶孔。

2)储集空间

页岩气的储集空间主要包括基质孔隙和天然裂缝。基质孔隙以粒间孔隙和有机质内孔隙为主(Zhang et al., 2018)。页岩的粒间孔隙是由各种颗粒间的不完全胶结或后期成岩改造作用产生的,石英颗粒间发育孔隙空间,黏土矿物(尤其是伊利石)在沉积过程中容易形成粒间孔隙(Gao et al., 2019)。

含气页岩富含有机质,有机质是页岩生气、储气和具有天然气开发价值的基础(张卫东等,2011)。含气页岩中黄铁矿常与有机质共生,与还原环境下的有机质分解有关。含气页岩微观孔隙包含粒间孔隙、粒内孔隙和有机质孔隙,非均匀性严重。

3)孔渗特征

页岩气藏的孔隙度一般小于 5%,平均孔喉直径为几纳米到几百纳米,基质渗透率介于微达西(mD)到纳达西(nD)之间。页岩气藏渗流特性包括基质扩散、裂缝达西流等,如图 4.1 所示,属于典型的低孔隙度、超低渗透型油气藏。

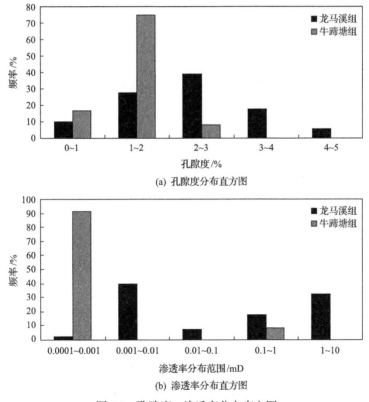

(a) 孔隙度分布直方图

(b) 渗透率分布直方图

图 4.1　孔隙度、渗透率分布直方图

4)气体赋存方式

页岩气赋存方式多样,主体上以吸附和游离状态赋存在泥岩、页岩地层中

（Huang et al.，2015；张培先，2012），吸附气量可占页岩总含气量的 20%～85%，一般为 50%左右，溶解态仅少量存在，与构造保存条件有关。一部分以游离态存在于裂缝、孔隙及其他储集空间中，与常规天然气储存方式相同；另一部分以吸附态附着于干酪根及黏土颗粒表面，吸附气量占总含气量的比例介于煤层甲烷气（吸附气量常在 85%以上）和常规砂岩天然气（通常不含吸附气）之间；还有极少量以溶解态分散于干酪根、沥青、水和油中，含气页岩地层的含水量很低，产出方式为排气降压解吸。页岩非常致密，不经过人工压裂改造无法获得工业气流，矿物对于地层压裂生成裂缝很重要。

2. 我国页岩气储层特征

我国典型的高成熟页岩气主要有南方海相页岩气、鄂尔多斯盆地陆相页岩气和南华北盆地海陆过渡相页岩气（聂海宽等，2020；王朋飞等，2018；Gao and Hu，2018；孙梦迪，2017；董大忠等，2016；陈尚斌等，2010；蒋裕强等，2010；潘仁芳等，2010）。

1）中国南方海相页岩气特征

中国南方发育多套暗色—黑色泥页岩，尤其是下寒武统、上奥陶统和下志留统泥页岩，具有面积大、时代老、有机质丰富、成熟度高的特点，资源潜力较大。

2）鄂尔多斯盆地陆相页岩气特征

鄂尔多斯盆地现今形态为一不对称的矩形向斜盆地，从盆缘向盆内构造变形由强到弱，沉积物厚度达 5000～7000m，自下而上主要发育 4 套有效烃源岩：下古生界海相碳酸盐岩烃源岩；上古生界海相碳酸盐岩烃源岩；上古生界石炭系、二叠系煤和暗色泥岩类烃源岩；中生界三叠系延长组湖相暗色泥岩烃源岩。

3）南华北盆地海陆过渡相页岩气特征

南华北盆地二叠系暗色泥页岩发育层系较多，表现为"北型南相"地层，总共沉积了 8 套煤系地层，太原组、山西组、下石河子组暗色泥岩有机质丰度高。

4.1.2　页岩气测井评价难点

与美国典型的页岩相比，国内页岩埋藏深度深、有机质成熟度高、矿物成分复杂、储层孔隙度和渗透率低（肖贤明等，2013；崔景伟等，2012；郝建飞等，2012），给测井评价带来巨大挑战，主要表现在以下几个方面。

（1）页岩储层有机质成熟度高，且部分页岩地层中含有大量黄铁矿，传统的基于电阻率与孔隙度曲线重叠法（$\Delta \lg R$）的 TOC 计算方法适用性差。对于含有大量黄铁矿的页岩层段，会导致测井电阻率降低，$\Delta \lg R$ 方法的适用性差。

（2）含气页岩的体积模型复杂，流体和骨架的响应叠加在一起，增加了测井评价难度。

(3)页岩储层孔隙度低且孔隙结构和类型复杂,储层渗透性极差且束缚水含量高,储层非均质性强且各向异性成因复杂(地应力、裂缝、薄互层)(于炳松,2013;Li et al.,2012)。

(4)水平井井眼轨迹设计与压裂层段选取都需要提供准确的岩石力学参数(王丽忱,2013),对页岩层段岩石脆性的准确评价有助于优选有利的压裂层段。

(5)页岩油气资源总体品质低,对国内大量页岩气水平井压裂层段产液剖面的贡献率统计分析发现,水平井段的多个射孔簇中,仅有部分压裂层段有产量且分布不均匀,产液层段的有效贡献率低于50%。

4.1.3　页岩气测井评价思路

以非常规油气地质为指导,针对页岩气勘探开发与工程改造需求,梳理含气页岩测井评价目标主要有三方面:①为勘探区页岩气资源评价提供相关参数;②评价单井甜点,为勘探和开发完井及生产提供准确数据,优化和精确定位射孔和压裂井段;③计算油气储量,预测甜点区,提供布井方案、井网优化及调整方案等。

要达到以上目标,测井评价的主要任务是进行地质甜点和工程甜点评价(金之钧等,2016;刘双莲和陆黄生,2011;张培先,2010)。页岩气藏的地质甜点,即烃源岩、储层品质,由导致烃类生成和储集的岩石特征参数来表征,包括有机质丰度、有机质成熟度、天然气的成因类型、岩石含气孔隙度、吸附能力和孔隙压力等(李亚男,2014;马林,2013;万金彬等,2012;杨小兵等,2012)。工程甜点即工程品质,由影响裂缝与储层接触表面积大小的岩石特征参数来表征,包括影响裂缝闭合度及裂缝导流能力的矿物组分和岩石力学参数。根据测井评价的目标,建立表征参数的测井评价流程,如图4.2所示。

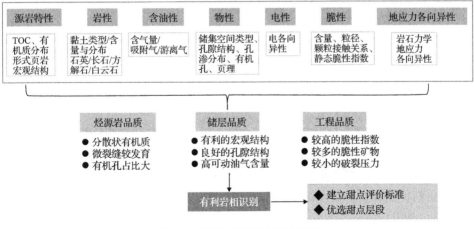

图 4.2　页岩气的测井评价流程

4.2　页岩气储层测井评价关键技术

4.2.1　页岩气层地层组分计算及岩性识别

通常来说，含气页岩都含有较高的石英含量，石英含量的增加会提高页岩的脆性；此外页岩中也含有一定数量的金属矿物，充足的黄铁矿是无生物扰动的缺氧深水沉积的良好指标(李俊等，2016)。一般而言，页岩中如黏土、石英等矿物类型对页岩储层有一定影响，对工程和测井评价产生影响，比如铁镁质岩石类型的蒙脱石黏土和火山起源的黏土在钻井和水力压裂时都存在黏土膨胀等问题，因此需要利用测井方法对页岩的矿物组成进行识别(莫修文等，2011)。

1. 利用常规测井计算

测井信息是岩性、有机质、物性、含油性等的综合反映(He et al.，2016；龚劲松等，2014)，自然伽马等单一的测井信息不能完全地反映岩性和岩石结构的变化。通过敏感性分析，声波、中子和密度三孔隙度曲线上会有相应的显示，因此可以运用三孔隙度曲线求取矿物含量。为了提高模型的通用性，将三孔隙度两两组合构建 M、N、P 参数，使建立模型的输入参数归一化和无量纲化。M、N、P 参数构建如下：

$$M = 0.3 \times \frac{\Delta T_{\mathrm{f}} - \Delta T}{\rho_{\mathrm{b}} - \rho_{\mathrm{f}}} \tag{4.1}$$

$$N = \frac{100 - \Phi_{\mathrm{n}}}{\rho_{\mathrm{b}} - \rho_{\mathrm{f}}} \tag{4.2}$$

$$P = 10 \times \frac{\Delta T_{\mathrm{f}} - \Delta T}{100 - \Phi_{\mathrm{n}}} \tag{4.3}$$

式中：ΔT、ΔT_{f} 分别为声波时差的测井值和流体值，$\mu s/ft$；ρ_{b}、ρ_{f} 分别为密度的测井值和流体值，g/cm^3；Φ_{n} 为中子的测井值，%。

按照上面方法构建出 M、N、P 参数后，再与矿物含量做拟合，得到基于 M、N、P 参数的矿物含量模型。

川南龙马溪组页岩气测井计算的碳酸盐岩、砂岩、黏土岩质量分数与 X 衍射全岩心分析得到的实验数据对比图显示(图 4.3)，计算的矿物成分与岩心分析数据符合较好。

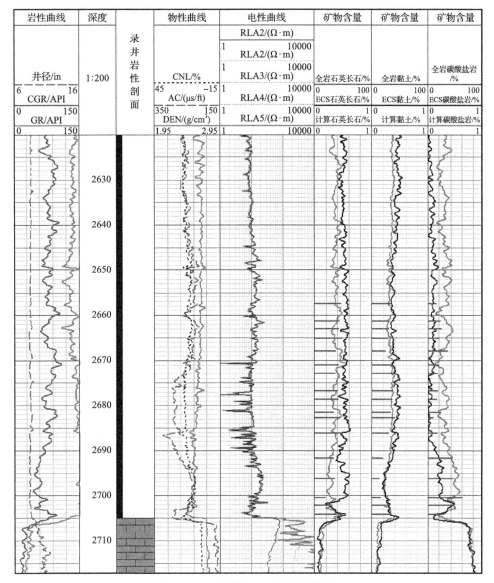

图 4.3　川南龙马溪组矿物验证图

2. 地层元素测井计算

地层元素测井被广泛应用于页岩油气测井评价，通过测量非弹性散射与俘获时产生的瞬发伽马射线，利用剥谱分析得到硅、钙、铁、硫、钛、钆等地层元素，通过氧化物闭合模型、聚类因子分析和能谱岩性解释可定量得到地层的矿物质量分数，利用测井响应方程组，在给定约束条件下，根据最优化算法，求得矿物含量，如图 4.4 所示。

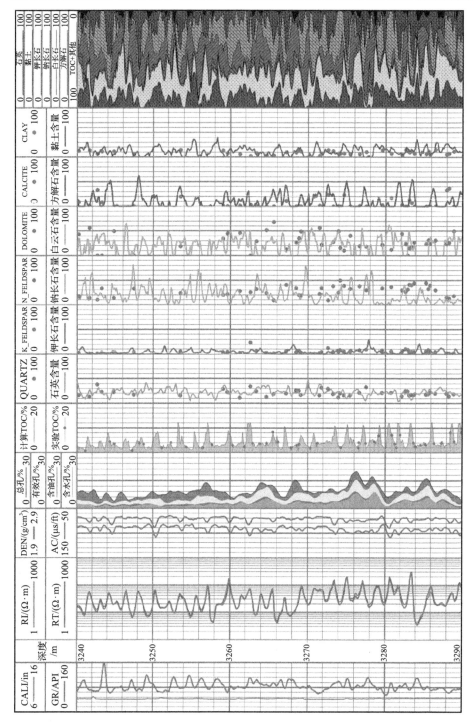

图4.4　地层元素测井评价矿物组成

4.2.2　页岩气层烃源岩品质定量评价

1. TOC 测井评价

总有机碳含量(TOC)是评价泥页岩产油气量的重要指标，一般而言，TOC 越高，泥页岩产油气量越大。产气页岩中 TOC 一般为 1%～20%，而 0.5%被认为是有潜力页岩气源岩的下限，较高的 TOC 往往代表更高的产气能力。研究表明在相同压力下页岩对气的吸附能力与页岩的 TOC 之间存在线性关系，说明含气量主要取决于 TOC，可通过求得 TOC 来了解地层的生烃能力。富有机质页岩的测井响应特征如下。

声波时差曲线：一般情况下，泥岩的声波时差随其埋藏深度的增加而减小，但当地层中含有机质或油气时，干酪根的声波时差大于岩石骨架的声波时差，会造成地层声波时差增加。

电阻率测井曲线：因为泥岩层的导电性较好，所以在地层剖面上此类地层一般表现为低电阻率。但富有机质的泥岩层，由于存在导电性较差的干酪根和油气，其电阻率总是比不含有机质的同样岩性的地层电阻率高。因此可以利用电阻率作为成熟烃源岩的有机质丰度指标。

密度测井曲线：密度测井测量的是地层的体积密度，包括骨架密度和流体密度。地层含流体越多，孔隙性就越好。由于烃源岩的密度小于不含有机质的泥岩密度，同时地层密度的变化对应于有机质丰度的变化，因此密度与 TOC 存在一定的函数关系。

自然伽马能谱铀曲线：有机碳形成于还原环境，常常伴随着高放射性的铀沉积，TOC 越高，铀沉积的量就越多。

TOC 对页岩的含气量有直接影响，是页岩气储层评价的重要门槛值。目前根据 TOC 测井计算的手段和方法，将其分为三类评价计算方法：单一测井间接评价法(图 4.5)；多元测井结合间接评价法(图 4.6)；地球化学测井直接评价方法

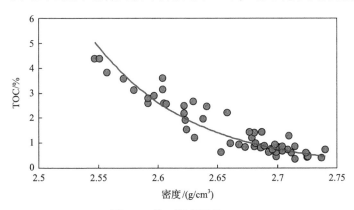

图 4.5　单一测井评价 TOC

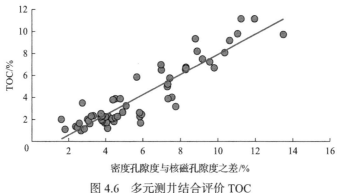

图 4.6　多元测井结合评价 TOC

（王濡岳等，2015）。每种方法各有优缺点，在实际应用时根据地层特点选择。

根据富有机质地层的测井响应特征，可建立测井值与 TOC 的经验关系（肖昆等，2013；王龙，2013），常用的测井评价方法有自然伽马测井、密度测井（图 4.5）、自然伽马能谱测井及碳氧比测井。由于不同地区或层位页岩岩性差别较大，对有机质响应敏感的参数都有所不同，因此只能在特定的地区或层段可以取得较准确的计算结果。

1）单一测井间接评价法

a. 基于密度曲线的 TOC 建模方法

通过研究发现，当地层井况稳定且不富集重矿物时，密度曲线与 TOC 有很好的对应关系，如图 4.7 第 6 道可以看出，岩心分析 TOC 和密度曲线有很好的对应关系，因此说明用密度曲线建模计算 TOC 的方法可行。

b. 基于铀含量的 TOC 建模方法

一般情况下，地层 TOC 与铀含量有很好的相关关系，如图 4.7 第 7 道可以看出，岩心分析的 TOC 和铀含量曲线对应关系很好，所以可以运用铀含量建模计算 TOC，但是需要指出的是，如果地层含有磷酸盐等利于铀富集的矿物时，此方法不可行。

2）多元测井结合间接评价法

采用多种不同测井结合的方法可在一定程度上降低环境因素对有机碳含量计算的影响。常用的测井评价方法有改进的 $\Delta\lg R$ 方法（马俯波等，2015；刘承民，2012；齐宝权等，2011）、自然伽马-密度法、核磁共振-密度法、数学优化算法（如人工神经网络和支持向量回归等）。

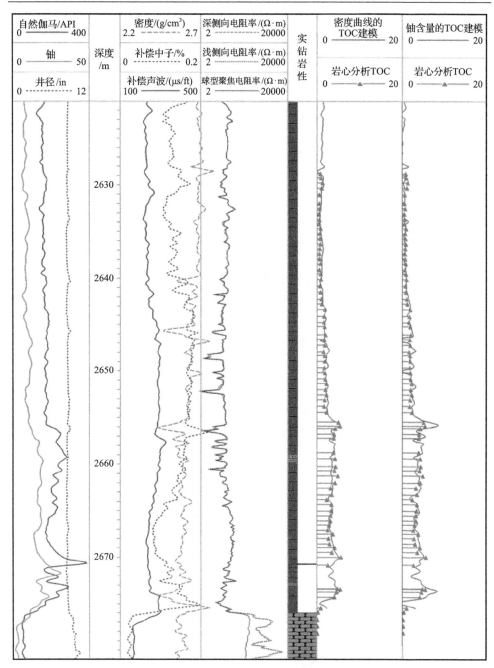

图 4.7　岩性分析 TOC 与单一测井 TOC 建模对应关系

　　声波电阻率重叠法在应用时，将电阻率曲线和声波测井曲线进行重叠，电阻率曲线采用算术对数坐标，声波时差曲线采用算术坐标。当两条曲线在某深度段重叠在一起时，即确定了基线，指示非烃源岩；基线确定后，则两条曲线间的间距在对数电阻率坐标上的读数（ΔlgR）也就确定。当每两个对数电阻率刻度对应的声波时差值取 50μs/ft 时（负号表示其坐标轴方向与电阻率坐标轴方向相反），则根据声波、电阻率重叠计算 ΔlgR：

$$\Delta \lg R = \lg(R / R_{基线}) + 0.02 \times (\Delta t - \Delta t_{基线}) \tag{4.4}$$

式中：$\Delta \lg R$ 为两条曲线间的距离；R 为测井仪实测电阻率，$\Omega \cdot m$；$R_{基线}$ 为基线对应的电阻率，$\Omega \cdot m$；Δt 为实测的声波时差，μs/ft；$\Delta t_{基线}$ 为基线对应的声波时差，μs/ft；0.02 为每一个电阻率刻度所对应的声波时差（50μs/ft）的倒数。

声波电阻率重叠法没有考虑岩层的重要物性参数如密度，而密度可以反映岩层的一些物性特征，所以要考虑密度的响应特征，并且该方法需要成熟度参数，以及人为地确定岩性基线等操作过程。

利用核磁共振测井（Yu et al., 2020）和密度测井结合的方法可以较精确评价地层 TOC，但在黏土矿物含量较多的情况下，要求密度测井确定的骨架密度要准确，且利用核磁共振测井要得到准确的地层总孔隙度。利用多测井数学优化算法，提高计算结果精度和降低不确定性，但该方法仍需要建立测井值与 TOC 的经验关系，需要足够多的岩心资料进行刻度。

3) 地球化学测井直接评价方法

利用脉冲中子源的地层元素测井仪可以同时测量非弹性散射伽马能谱和俘获伽马能谱，对非弹性散射伽马能谱解析可获取地层总碳含量。从总碳含量（TC）中扣除无机碳含量（TIC）即可得到总有机碳含量（TOC）：

$$TOC = TC - TIC \tag{4.5}$$

地层中无机碳主要存在于方解石、白云石、菱铁矿、铁白云石和菱锰矿等矿物中，利用与无机碳相关的钙、镁、铁、锰等元素可计算出无机碳含量。不需要岩心资料刻度，测量精度高。但该评价方法也存在一些问题：由于页岩矿物组成复杂，地层中的钙、镁、铁、锰等元素不仅仅存在于碳酸盐矿物中，还存在于一些黏土矿物中，无机碳含量计算比较复杂。

2. 成熟度的测井评价

当页岩中 TOC 达到一定指标后，有机质的成熟度则成为页岩气源岩生烃潜力的重要预测指标。含气页岩的成熟度越高表明页岩生气量越大，可能赋存的气体也越多，在许多页岩高成熟的井中，产气速率比较高，这是因为干酪根和石油裂解产生的气量迅速增加。反之，低成熟页岩生气量小，产气速率就比较低，这是由生成的天然气的量少以及残留的液态烃堵塞喉道造成的。

　　指示含气页岩成熟度的指标有很多种，如镜质组反射率(R_0)、基于显微镜测量的孢子颜色热变指数(TAI)、热解温度(T_{max})和牙形石色变指数(CAI)等，这些指数通常与镜质组反射率有一定的相关性。

　　在实验室条件下，R_0是在显微镜下测量并进行刻度后得到的，在实际测井解释中，常用的方法有电阻率法和中子-密度组合法。

　　页岩气层的成熟度指数(MI)可以由测井方法获取，其计算方法为

$$MI = \sum_{i=1}^{N} \frac{N}{\Phi_{n9i}(1-S_{w75i})} \tag{4.6}$$

式中：N 为取样深度处密度孔隙度大于或等于 9%，含水饱和度小于或等于 75% 的数据样本总数；Φ_{n9i} 为每个取样深度的密度孔隙度都大于或等于 9%时的中子孔隙度；S_{w75i} 为每个取样深度的密度孔隙度都大于或等于 9%，含水饱和度小于 75%时的含水饱和度。

　　利用式(4.6)求出的成熟度指数是综合有效层测井数据和岩心分析数据计算出来的一个平均值，公式中的数据来自每个取样深度的密度孔隙度都大于最低值 9%、含烃饱和度大于最低值 25%时的测井资料。有机质是页岩气的生气之源，有机质丰度过低，页岩吸附气含量将大大减少；而密度孔隙度过低，不利于气体成藏。对于好的烃源岩和储层，页岩须满足密度孔隙度大于 9%，含烃饱和度大于 25%，这样的页岩层段被视为有效储层。

　　实际的测井资料中，中子孔隙度测量值与 MI 呈逆相关。低中子值代表高含气量，在孔隙度大于 9%的基础上，当中子值显示低值，这代表含气量高、短链碳氢化合物丰富。这是由于气体或者是短链碳氢化合物密度很小，孔隙中氢原子反而更稀松，使探测到的孔隙度变小；地层含水少，反映了高成熟度。测井资料解释中，高含烃饱和度、低中子值表示高含气饱和度和高成熟度；低含烃饱和度、高中子值表示低含气饱和度和低成熟度。成熟度越高，页岩中的气油比越高，含气饱和度也相应较高。

4.2.3　页岩气层定性识别与定量评价

1. 页岩气层定性识别

页岩气层定性识别主要包括常规测井曲线识别及成像测井曲线识别两部分。

1) 常规测井曲线定性识别

测井资料是地层含气性的综合反映，利用测井曲线形态和测井曲线相对大小可以快速而直观地定性识别含气页岩层段。在常规测井曲线中，通过伽马、声波、密度、中子及电阻率可较好地识别页岩层段，总体表现为"四高、二低"特征，如图 4.8 所示：①自然伽马反映地层中天然放射性物质含量的多少，通常情况下

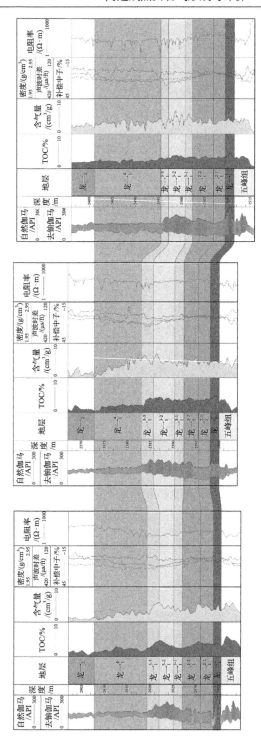

图4.8 页岩测井曲线对比图

干酪根能形成一个使铀沉淀下来的还原环境，从而影响自然伽马曲线，因此，页岩自然伽马相对较高，能谱中的 Th、K 通常可以指示地层中的黏土含量和黏土的类型；②密度测井测定地层密度时，干酪根的比重较低，介于 0.95~1.05g/cm³，干酪根的存在以及吸附气和游离气导致地层体积密度降低，所以页岩气层通常具有较低的密度值；③补偿中子测井反映地层的含氢指数，其对地层中的含氢情况指示明显，裂缝层段的中子孔隙度变大，密度孔隙度与中子孔隙度差异大；④当有机质丰度高时，声波时差大，遇裂缝发生周波跳跃；⑤由于有机质干酪根电阻率极大，因此页岩层段测量值局部表现为高值，整体为较高的电阻率值；⑥有机质的存在证明地层能量较足，其地应力相对常规泥岩较大，出现较为严重的井眼扩径现象。具体曲线特征及影响因素如表 4.1 所示。

表 4.1　常规测井显现特征及影响因素

测井曲线	输出参数	曲线特征	影响因素
自然伽马	自然放射性	高值（>100）局部低值	泥质含量越高，自然伽马值越大；有机质中可能含有高放射性物质
井径	井眼直径	扩径	泥质底层明显扩径；有机质的存在使井眼扩径更加严重
声波时差	时差曲线	较高，有周波跳跃	岩性密度为泥岩<页岩<砂岩；有机质丰度高，声波时差大；含气量增大声波值变大；遇裂缝发生周波跳跃；井径扩大
中子孔隙度	中子孔隙度	高值	束缚水使测量值偏高；含气量增大使测量值偏低；裂缝地区的中子孔隙度增大
地层密度	地层密度	中低值	含气量大密度低；有机质使测量值偏低；裂缝地层密度值偏低；井径扩大
岩性密度	有效光电吸收指数	低值	烃类引起测量值偏小；气体引起测量值偏小；裂缝带局部曲线降低
深、浅电阻率	深、浅电阻率	总体低值，局部高值，深浅侧向几乎重合	地层渗透性、泥质和束缚水均使电阻率降低；有机质干酪根电阻率极大，测量值局部为高值

2) 成像测井曲线定性识别

a. 核磁共振定性识别气层

含气页岩中氢原子主要来源于其中的流体成分，包括束缚水、可动水和天然气等组分。核磁共振测井通过对氢核的测量，能够直接识别地层孔隙中的流体及其含量，从而确定其地层孔隙度(陈彦虎等，2017)。

根据地层水与天然气具有不同的弛豫特性，来区分水和天然气信号。核磁共振测井得到的横向弛豫时间 T_2 分布，可直观显示地层岩石的孔隙结构。核磁共振定性识别气层主要有差谱法和移谱法(Ma et al.，2020)。

差谱法的基本原理是利用水和烃(油、天然气)的纵向弛豫时间 T_1 相差较大这一特性来进行流体性质识别，水的纵向弛豫时间 T_1 远小于油、天然气的纵向弛豫时间，也就是说水的恢复速率远快于油和天然气的恢复速率。根据这一特性进行两种等待时间的测量，在长等待时间 TWL 情况下，水和烃都得到了恢复，在短等待时间 TWS 情况下，水得到完全恢复，而油和气只有一小部分得到恢复，用长等待时间下的 T_2 分布谱与短等待时间下的 T_2 分布谱相减，水的信号被基本消除，突出了油气信号(图 4.9)。

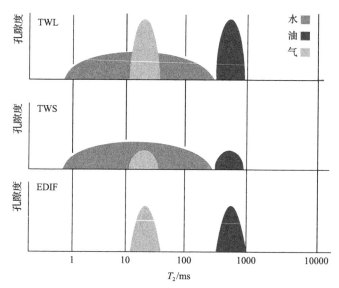

图 4.9　轻质油气差谱原理示意图

移谱法是利用静态梯度磁场中流体扩散特性对横向弛豫的影响来探测天然气和中等黏度油。在梯度磁场中由扩散产生的横向弛豫时间 T_2 表示为

$$\frac{1}{T_2D} = \frac{(\gamma GT_E)^2 D}{12} \tag{4.7}$$

式中：γ 为 1H 的旋磁比，常数；G 为磁场梯度；D 为流体扩散系数；T_E 为回波间隔，ms。

在同一次测井过程中，G 为定值，这样 T_2D 与回波间隔 T_E 和扩散系数 D 成反比。回波间隔越长，扩散系数越大，T_2D 越小，即 T_2 分布谱越向前移。测井时，先采用较短的回波间隔，使扩散造成的影响降到最低，再用较长的回波间隔使 T_2 分布受扩散影响尽量大，根据两种谱的变化来识别气体和中等黏度油。气体和轻质油气由于扩散系数最大，前移最多；中等黏度油由于扩散性较差，位移较小；稠油因扩散系数最小，其在移谱中的位移也最小；水虽然扩散速度较慢，但采用较长的回波间隔时，其 T_2 谱峰的移动现象还是比较明显的(图 4.10)。

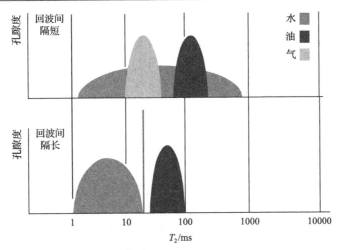

图 4.10　轻质油气移谱原理示意图

典型油层的 T_2 谱跟气层、水层又有明显的不同，油的 T_2 谱普遍靠后，一般在 300ms 以后；其中一个典型的特点就是油层的 T_2 谱幅度低平，拖逸现象是气和水不具有的。

核磁共振测井受重矿物如黄铁矿的影响强烈，含气页岩地层发育的黄铁矿如何影响核磁共振的测井响应。页岩气超微孔隙结构使横向弛豫时间 T_2 大大缩短，如何捕获超短横向弛豫时间信息，并以此建立横向弛豫时间与流体含量及其孔径分布之间的相关性，是页岩气核磁共振测井面临的关键问题。

b. 阵列声波定性识别气层

储层内充满石油或天然气时，将引起储层岩石的弹性力学参数发生变化，纵波能量衰减显著增大，而横波能量衰减较小，导致泊松比降低、体积压缩系数升高，即油、气层的纵波时差要比相同岩性相同孔隙度的水层大，尤其是气层要大得多。根据计算的岩石体积压缩系数、流体压缩系数和泊松比等岩石弹性力学参数，可以有效地识别页岩气，主要有以下三大类 6 种方法。

(1)纵波横波速度比差和等效弹性模量差比法识别气层。

利用纵波横波速度比差识别气层。通过实验分析和理论计算发现岩石饱和天然气会使纵波时差增大、横波时差减小、纵波横波速度比差有明显变小的趋势，通过纵波横波速度比差(DTR)与水层岩石纵波横波速度比差(背景值 DTRW，一般为 1.75～1.785)比较，可直观指示油气层。当 DTR<DTRW 时，认为是油气层；反之认为是非油气层(干层或水层)。

利用纵波慢度差识别气层。可以根据纵波时差(DTC)与水层纵波时差基准值($DTC_{(0\%)}$)的差异大小半定量识别气层。地层含气时，其 $DTC>DTC_{(0\%)}$，含气饱和度(S_g)增大，DTC 与 $DTC_{(0\%)}$的差值增大。

利用等效弹性模量差比识别气层。实验指出，岩石的孔隙流体性质会影响岩石的杨氏模量和体积密度。相同岩性和孔隙条件下，气层岩石的杨氏模量和体积密度较小，水层岩石则相反。目的层为气层时，则目的层岩石等效弹性模量 E_c 比目的层完全含水时岩石的等效弹性模量 E_{cw} 小，岩石的等效弹性模量差比值 DR＞0（0.075～1.15）；水层或致密层，E_c 近似等于 E_{cw}，则 DR＜0。

（2）岩石压缩系数/泊松比与流体压缩系数交会识别气层。

在储层相同岩性和孔隙条件下，水层岩石的纵横波速度比值较大，泊松比相应较大；气层岩石纵横波速度比值较小，泊松比也相应较小。

地层含气时，储层岩石的泊松比减小、岩石体积压缩系数增大，导致岩石压缩系数与泊松比的比值（C_B/PR）明显增大，同时，不同地层流体压缩系数值 C_F 有显著差异，将 C_B/PR 与 C_F 进行重叠或交会，能有效地识别储层流体类型。

（3）利用曲线重叠的镜像包络线面积定量识别气层。

在同一道里气层的泊松比和流体压缩系数曲线朝着相反方向变化，因此可根据两曲线重叠显示的镜像包络线特征，计算包络线面积并结合试气产量来判断和预测储层的含流体性质。

由于流体压缩系数和泊松比不在同一数量级，为均衡流体压缩系数和泊松比的权重，在求取包络线面积之前，应对流体压缩系数和泊松比数据进行归一化处理，公式如下：

$$PR_{01} = (PR - PR_{MN}) / (PR_{MX} - PR_{MN}) \tag{4.8}$$

$$C_{F01} = (C_F - C_{FMN}) / (C_{FMX} - C_{FMN}) \tag{4.9}$$

式中：PR 为泊松比；PR_{MN} 为泊松比最小值；PR_{MX} 为泊松比最大值；PR_{01} 为归一化后泊松比；C_F 为流体压缩系数，1/Mpsi；C_{FMN} 为流体压缩系数最小值，1/Mpsi；C_{FMX} 为流体压缩系数最大值，1/Mpsi；C_{F01} 为归一化后流体压缩系数，无量纲。

单点（小层）求取包络线面积的公式如下：

$$S_{99} = (C_{F01} - PR_{01}) \times RLEV \tag{4.10}$$

式中：S_{99} 为以采样间隔 RLEV（常取 0.125m）为高、$C_{F01} - PR_{01}$ 为宽的小矩形面积。

通过在同一道采用不同的比例刻度，绘制对气层识别敏感参数（曲线），使其重叠显示出明显的镜像特征，如泊松比和流体压缩系数曲线的重叠会在好的气层段显现典型的镜像特征，层段累积的包络线总面积 S_{PRCF} 计算公式为

$$S_{PRCF} = \sum (C_{F01} - PR_{01}) \times RLEV = \sum \frac{S_{99}}{RLEV} \tag{4.11}$$

建立与试气结论对应的储层流体类型和总产气量的关系，两曲线交会的包络

线面积越大则含气量越多，产气量也越高。

纵波在气层慢度变化大，而横波慢度却变化小。因此，纵横波时差比可以作为探测气层的一个指标。使用偶极横波测井可以在软硬两种地层条件下，获取高质量的纵横波时差比，从图 4.11 可以看出纵波能量衰减曲线指示明显，说明储层具有一定的含气性。

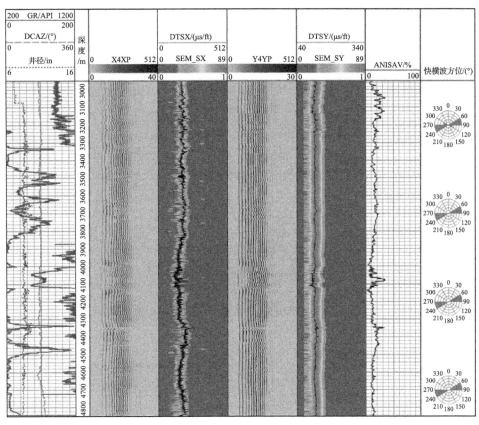

图 4.11　页岩地层阵列声波图

2. 页岩含气性定量评价技术

页岩含气量包括游离气、吸附气和溶解气，目前主要关注吸附气和游离气。游离气是指以游离状态赋存于孔隙和微裂缝中的天然气；吸附气是指吸附于有机质和黏土矿物表面的天然气，以有机质吸附为主，伊利石等黏土矿物也有一定的吸附能力。页岩含气性的影响因素有很多，包括孔隙和裂缝发育程度、含气饱和度、地层压力、地层温度、总有机碳含量、干酪根类型、有机质成熟度、黏土类型等，这些因素可能对游离气起主导作用，也可能对吸附气起主导作用。

1）游离气含量

通常使用常规方法计算游离气含量。

a. 阿奇公式计算游离气含量

通过阿奇公式计算出含水饱和度后进而计算游离气含量。

$$S_h = 1 - \left(\frac{a \cdot b \cdot R_w}{\Phi^m \cdot R_t} \right)^{\frac{1}{n}} \tag{4.12}$$

式中：系数 a、b、m、n 由泥页岩的岩电实验拟合得到；S_h 为含水饱和度；R_w 为地层水电阻率，$\Omega \cdot M$；R_t 为地层电阻率，$\Omega \cdot M$。

$$G_f = S_g \cdot \Phi_e / \rho_b \cdot \text{conversion} \tag{4.13}$$

式中：G_f 为游离气含量，m^3/t；Φ_e 为有效孔隙度；ρ_b 为测井密度值，g/cm^3；conversion 为转换系数，根据天然气体积系数公式参数的单位而定。

b. 含气饱和度法

游离气含量 G_f 的测井估算，采用式（4.14）进行计算：

$$G_f = \Psi \cdot \left(\Phi_e (1 - S_h) \right) / \rho_b / B_g \tag{4.14}$$

式中：G_f 为游离气含量，m^3/t；B_g 为气相地层体积系数；Φ_e 为有效孔隙度；ρ_b 为地层体积密度，g/cm^3；Ψ 为转换常数，取值为 32.1052；S_h 为泥页岩含水饱和度。

2）吸附气含量

a. Langmuir 等温吸附法

Langmuir 等温吸附方程是物质吸附气体的经典公式，一定温度下，对任一压力条件下吸附的气体体积公式为

$$G_c = \frac{V_L P}{P + P_L} \tag{4.15}$$

式中：P 为地层压力；P_L 为 Langmuir 压力，MPa；V_L 为 Langmuir 体积；G_c 为吸附气含量，m^3/t。

通过含气页岩等温吸附实验可以得到 Langmuir 曲线，通常对于一个盆地而言，只有一条 Langmuir 曲线能够充分描述该盆地含气页岩的吸附性质。对于等温吸附实验，首先将达到平衡水分的一定粒度的粉碎样品置于密闭容器中，在恒温下测定其不同压力条件下达到吸附平衡时所吸附的甲烷等实验气体的体积，得到等温吸附线；在得到等温吸附线后，经数据拟合，可得到 Langmuir 体积 V_L、

Langmuir 压力 P_L，其中 Langmuir 体积为固体吸附气体的最大含量，而 Langmuir 压力代表 $0.5V_L$ 下的压力。

Langmuir 等温吸附曲线反映的含气量与总有机碳含量呈正相关，因此，在已通过测井曲线计算出的总有机碳含量的条件下，可以对整个储层段进行吸附气含量的校正计算。总有机碳含量对吸附气含量的校正公式如下：

$$G_{ca} = \frac{(PV_1) \cdot TOC_{log}}{(P + P_L) \cdot TOC_L} \qquad (4.16)$$

式中：TOC_{log} 为测井计算的总有机碳含量，%；TOC_L 为 Langmuir 等温吸附曲线实验样品的总有机碳含量，%。

Langmuir 方法中体积与压力计算采用与密度相关的方法求取，具体 Langmuir 体积、压力与密度的关系如下：

$$V_L = 245.26 \times \rho_b + 677.7, \quad R^2 = 0.77 \qquad (4.17)$$

$$P_L = 7.57 \times \rho_b^2 + 38.79 \times \rho_b - 41.45 \qquad (4.18)$$

式中：ρ_b 为密度，g/cm^3。

b. 改进的 KIM 方程

在等温吸附实验的基础上，综合考虑页岩吸附气体积的影响后，可以通过 KIM 方程计算吸附气体积：

$$V = \left(kP^n - BT \right) TOC \frac{1}{1 + am} \qquad (4.19)$$

式中：m 为水分的质量分数；k、n 为模型系数，与孔隙度和有机质成熟度指标有关；a 为水分对页岩吸附的影响程度；B 为温度常数，可以通过变等温吸附实验获取，缺省值为 0.0234；T 为温度。

c. 区域统计法

除根据等温吸附实验计算含气量外，还可使用 TOC 资料计算含气量，如在四川盆地长宁地区用钻井资料对比岩心实验，结果得出以下关系：

$$G_c = 0.4085 \times TOC + 0.6787, \quad R^2 = 0.6668 \qquad (4.20)$$

3）岩心总含气量

总含气量的计算有两种方法，一种是通过前面介绍的方法计算出游离气和吸附气，两者相加得到；另一种是利用总含气量与总有机碳含量之间的关系，通过拟合公式直接得到。

$$T_{\text{GAS}} = A \cdot \text{TOC} + B \tag{4.21}$$

式中：T_{GAS} 为总含气量，m^3/t；TOC 为总有机碳含量，%；A、B 为待定系数，无量纲。

应用测井资料计算页岩含气量不仅理论上可行，而且与实际岩心分析也具有较高的对比精度(图 4.12)。客观地分析计算的含气量与岩心分析的含气量之间存在误差的原因有以下几个方面：一是测井资料本身存在一定的精度误差，尤其是测井环境对测井资料质量的影响，如密度测井等；二是测井计算的孔隙度、含水饱和度、储层的温度等中间参数也存在精度误差；三是岩心含气量的测定存在较多的不确定性，如损失气的推算就可能存在较大的误差。同时，测井与岩心分辨率

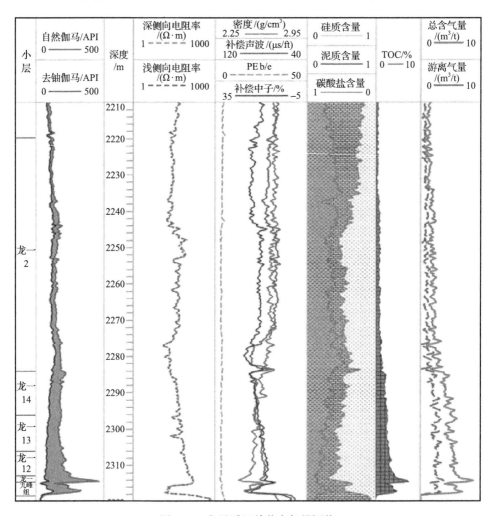

图 4.12　龙马溪组单井含气量评价

的不匹配(测井分辨率低、岩心分辨率高)对两者的对比造成一定的影响,以及岩心深度与测井深度的不匹配,也会对两者的对比造成一定的影响。

4.2.4　页岩可压裂性及压后效果评价

与常规低孔渗、致密砂岩储层不同的是,页岩储层岩性复杂,力学性质差异大,对压裂施工的响应也极不相同,裂缝产生和延伸的难易程度也有较大差异。此外,多数页岩储层基质孔隙度极低,原生渗流能力很差,单一的主缝改造模式仍不能最大限度地释放页岩储层的产能,实现经济开发。因此需要开展页岩储层可压裂性评价。同时,页岩气井实施压裂改造措施后,需要用有效的方法来确定压裂作业的效果,以便获取压裂诱导裂缝的导流能力、几何形态、复杂性及方位等诸多信息,从而改善页岩气藏压裂增产作业效果及气井产能。

1. 页岩储层可压裂性评价

页岩储层实现经济开发往往依赖改造过程中产生的复杂裂缝网络。一般认为,页岩储层的可压裂性与地应力及天然裂缝发育情况、岩石脆性关系密切(何羽飞等,2018;Guo et al.,2015)。其中,地应力及天然裂缝发育情况对可压裂性的影响主要表现在,最大最小水平地应力的差异决定地下裂缝的复杂性。随着最大最小水平地应力的差异增大,水力压裂趋向于造就优势渗流方向更显著的单向主缝,不利于获得较好的改造效果。岩石脆性主要表现在对压裂施工的响应上,通常认为硅质含量高而黏土含量低、弹性模量高而泊松比较低的页岩储层更利于裂缝的产生和延伸。需要注意的是,碳酸盐矿物含量增加,一方面增加页岩储层脆性,容易实现体积压裂改造,另一方面会更加密集地充填孔隙,降低游离气的储集空间。

测井评价页岩储层的可压裂性,主要开展以下几方面工作。

(1)利用井径、微电阻率成像、阵列声波等测井资料确定地应力方向,并评价天然裂缝发育情况。

(2)结合岩石力学实验,利用阵列声波等测井资料开展地应力大小、破裂坍塌压力评价。

(3)利用实验分析或者地层元素测井资料获得的矿物组分资料,开展基于岩性的脆性评价;利用阵列声波资料获得的机械特性信息,开展基于弹性模量和泊松比的脆性评价。

(4)结合天然裂缝发育程度、地应力大小(尤其是最大最小水平地应力差)、破裂/坍塌压力和岩石脆性等认识,开展储层可压裂性综合评价。

目前认为,从储层静态特征来说,水平地应力差决定了压裂缝的形态和分布,弹性模量决定了裂缝的宽度,岩石强度和力学参数决定了破裂/坍塌压力大小,最小水平地应力决定裂缝的高度和位置。需要注意的是，具体压裂施工中压裂液的黏度、排量等相关因素也决定了裂缝形态和分布，进而影响储层改造的效果。

2. 页岩储层压后效果评价

页岩气井实施压裂改造措施后，需要有效的方法来确定压裂作业的效果，并获取压裂诱导裂缝导流能力、几何形态、复杂性及其方位等诸多信息，改善页岩气藏压裂增产作业的效果，提高天然气的采收率。目前尽管一些压裂模拟软件能够对裂缝特征进行模拟预测，但现阶段该技术还很难将页岩层中的微裂缝的特性及形态进行准确描述。目前主要采用阵列声波压前压后各向异性法、示踪剂压裂监测和微地震裂缝监测技术来开展压后效果评价。

阵列声波压前压后各向异性法主要通过对压裂井压前、压后各测量一次阵列声波，并利用偶极横波分解成快慢横波的原理，获得压前、压后井筒周围地层的各向异性信息，通过对比各向处理结果，从而确定裂缝方位及延伸高度等信息。该方法目前在致密油气井压裂效果检测中较为常用。

示踪剂压裂监测又叫压裂增产示踪诊断，是一种放射性示踪测试诊断技术。该技术是在实施水力压裂施工时，将不同类型的零污染放射性示踪剂随同压裂液（前置液、携砂液）一起分步注入地层，并在一定时间内，使用测试仪器获取支撑剂的分布，识别未压裂或欠压裂的层段，给出随时间变化的压裂液的分布情况，给出裂缝高度，识别裂缝倾斜情况，从而有助于选择重复压裂候选井及层段。

微地震裂缝监测技术的原理是：在水力压裂过程中，地层中的天然裂缝、层理面等薄弱层面发生剪切滑动，产生类似于断裂所发生的微地震信号，每一个微地震信号代表一个微地震事件，将这些事件捕捉并定位，有助于描述人工裂缝产生的时间序列和空间分布。微地震震源空间分布在柱坐标系三个坐标面上的投影可以给出裂缝的三视图(俯视图、侧视图、主视图)，分别描述人工裂缝的长度、方位、产状及高度，甚至确定裂缝改造体积。该方法即时、方便、适应性强、应用广泛。根据监测方式不同，又分为微井下监测和地面监测两种方式。

4.2.5 页岩气甜点层综合优选技术

页岩储层测井评价的重要目的之一是通过综合评价实现甜点层综合优选。

1. 甜点层主控因素

页岩气富集由页岩生烃、储集以及保存等多种地质因素共同作用，其经济开发还须通过水平井钻探、体积压裂及规模开采，页岩气的商业开采价值取决于地质、工程、地面等诸多因素。针对页岩气甜点层综合优选，页岩厚度、总有机碳含量、有机质成熟度、页岩物性条件及工程品质等因素是评价关键参数(图4.13)。

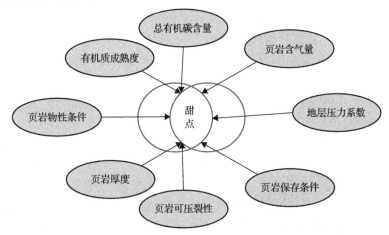

图 4.13　页岩气甜点层综合优选主控因素

(1) 页岩厚度：一般认为，页岩厚度必须超过其自身的有效排烃厚度，这样才能使其中的天然气保存下来。大量烃源岩地球化学分析，当烃源岩厚度超过 28m 时，烃源岩中部的烃类不能有效排出。综合国内页岩气勘探开发实际情况，将页岩有效厚度划分为薄层、中层、中—厚层、厚层，划分标准为厚度小于 15m 为薄层；15～30m 为中层；30～60m 为中—厚层；大于 60m 为厚层。

(2) 总有机碳含量：页岩总有机碳含量是控制页岩生烃能力的主要影响因素，它决定着页岩单位体积生烃量的多少，并且页岩总有机碳含量与页岩孔隙度具有正相关性，总有机碳含量越高，页岩的含气量就越大。此外，页岩中的有机质对甲烷具有明显吸附作用，总有机质含量越高吸附作用越明显。

(3) 有机质成熟度：页岩有机质的成熟度是控制页岩有机质成烃转化率和有机质烃类产物相态的关键指标。根据干酪根成烃动力学原理，页岩有机质成烃转化率随成熟度升高而增加。对于页岩气藏的开发而言，当液态烃含量较高时，一方面孔隙中如出现油、气、水三相则不利于多孔介质渗流，另一方面根据相似相溶原理，页岩中的液态烃比无机矿物更容易吸附天然气，并且油相中的天然气脱溶需要更低的温度与压力。

(4) 页岩物性条件：页岩储层孔隙是页岩气游离赋存的主要场所。页岩气储层的含水饱和度一般低于 30%～40%，页岩含气量随页岩孔隙度升高而增加。页岩孔隙除了无机矿物的残余粒间孔、溶蚀孔外，还发育大量的有机孔。根据寒武系筇竹寺组页岩总有机碳含量与充气孔隙度实测数据回归分析，两者之间具有良好的正相关性。

(5) 页岩含气量：含气量是衡量页岩气是否具有经济开采价值和评估资源潜力的关键指标。页岩含气量指游离气含量和吸附气含量之和。游离气赋存于页岩孔隙和裂缝中，其释放快、产量高、生产周期短；吸附气赋存于无机矿物、颗粒及固体有机质表面，其释放慢、产量低、生产周期长。综合国内外研究结果，在页岩气选区评价时，将页岩含气量由低到高划分为四个等级：低含气量为小于 $1.0m^3/t$，较低含气量为 $1.0\sim2.0m^3/t$，中等含气量为 $2.0\sim4.0m^3/t$，高含气量为大于 $4.0m^3/t$。

(6) 页岩可压裂性：可压裂性直接影响页岩储层能否经济开发，是甜点或者有利区评价中的重要环节。

(7) 页岩保存条件：一是页岩气层的顶底板岩性，二是评价区块内的断裂发育情况。通常认为，不同岩性的封闭能力从低到高依次为：一般砂岩、致密砂岩、灰岩、泥岩、膏盐岩等。裂缝既是页岩气运移的重要通道，又是页岩气聚集的主要空间之一，裂缝的发育可为页岩气提供更大的储集空间。裂缝过于发育或规模较大，则页岩气通过裂缝散失不利于保存，并一定程度上影响页岩气的水平钻井开发。一般选区评价中以断裂少或只发育小型断裂的层位和地区为优。

(8) 地层压力系数：可间接反映页岩气藏的保存条件。地层压力系数越大，孔隙流体超压越强，反映孔隙流体保存能量越大，损失较少，保存条件好。

2. 综合优选技术

页岩气甜点层综合优选，本质上是根据页岩气成藏的主要控制因素进行综合评价。由于目前国内页岩气处于勘探开发前期，基于井筒资料的有利区优选工作开展较少，主要开展的工作为甜点层优选。甜点层评价在特定条件下可能集中在相对少数的关键参数上，页岩气甜点层的优选需要在局部甜点层得到证实的基础上，综合考虑与气源岩、储层、聚集、保存及工程相关的多个因素综合评价。

目前，关于页岩气层位/区块综合优选的方法主要有多指标综合评分法、模糊相似评判法等。多指标综合评分法又称为打分法，是据页岩气储集特点和含气量控制因素，首先归纳出关键的评价指标，并且划分评价的取值范围，其次按等级计算实际指标地质评价系数，最后按照地质评价系数的大小对评价目标进行综合评价。

$$F = \sum \omega_i \times \alpha_i \tag{4.22}$$

式中：α_i 为评价指标 i 的评分；ω_i 为评价指标 i 的权重；F 为综合评价系数。

模糊相似评价法是针对选区评价诸多因素信息的随机性，通过数学变化实现对选层选区指标权重的客观性考虑，采用模糊相似理论计算评价层位/区块指标值与有利层位/区块、较有利层位/区块或不利层位/区块指标值的相似程度系数。

4.3 典 型 实 例

4.3.1 四川盆地及周缘海相页岩气龙马溪组测井综合评价

1. 示范区概况

AA1 井是南方海相国家级页岩气 YY 示范区的一口评价井,本井钻探目的为:
①评价 YY 地区龙马溪组含气性、地层压力及产能潜力。②获取龙马溪组岩矿以
及岩石力学、地球化学、储层和地球物理参数,为落实该示范区岩气甜点区、计
算页岩气资源量、评价页岩气勘探开发前景提供翔实依据。③搞清井区龙马溪组
岩石工程参数和地层主应力状况,为钻完井后实施水平井组钻探设计提供依据。
本井完井测井项目为常规 9 条、微电阻率成像、核磁共振、阵列声波和变密度、
声幅等固井质量项目。

2. 储层参数处理解释

井段为 2496.0~2515.0m,厚度 19.0m;该层主要包括龙马溪组底部与五峰
组,主要为灰黑色页岩、黑色灰质页岩,伽马中高值,为 170~254API,电阻率
为 31Ω·m,密度为 2.56g/cm^3,反映物性较好,测井计算孔隙度为 4.0%,计算总
有机碳含量为 2.8%~4.4%,平均为 3.4%,计算总含气量为 3.1~4.9m^3/t,泥质含
量为 32.3%,硅质含量为 47.9%,钙质含量为 19.8%。综合分析认为该层含气量较
好,为优质页岩气层,如图 4.14 所示。

井段为 2481.0~2496.0m,厚度 15.0m;岩性主要为灰黑色灰质泥页岩,伽马
中值为 135~173API,电阻率为 19.2Ω·m,密度为 2.61g/cm^3,测井计算孔隙度为
2.1%,计算总有机碳含量为 1.6%~3.1%,平均为 1.8%,总含气量为 1.2~3.7m^3/t,
泥质含量为 41.5%,硅质含量为 46.8%,钙质含量为 10.7%。综合分析认为该层含
气量偏低,为页岩差气层,如图 4.14 所示。

3. 电成像裂缝识别

基于电成像资料,对本井的裂缝发育情况进行分析,本井页岩储层段裂缝不
发育,页理发育,可见较多诱导缝。如图 4.15 所示,本井取心资料也证实了本井
页岩段裂缝不发育。

4. 核磁资料物性评价

本井龙马溪组气层 2442.0~2461.0m 核磁测井资料显示,该段为泥页岩段,

核磁共振长、短等待时间 T_2 谱均靠前分布，10ms 内的束缚峰非常明显，10ms 后的可动流体峰有一定的比例，说明页岩段页理之间有一定的游离气信号存在。核磁计算总孔隙度为 4.0%左右，有效孔隙度为 2%左右，如图 4.16 所示，核磁共振测井计算渗透率整体小于 0.01mD，与页岩储层特征相符。

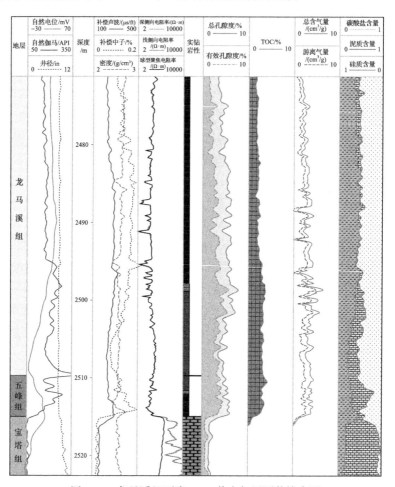

图 4.14　龙马溪组页岩 AA1 井含气层测井综合图

5. 脆性参数计算

按照岩石力学参数、脆性指数、脆性矿物含量计算方法，对南方海相国家级页岩气 YY 示范区龙马溪组和筇竹寺组进行了精细评价，目的层段的岩石力学参数、脆性指数、脆性矿物含量统计结果见表 4.2，结果表明筇竹寺组的脆性指数和脆性矿物含量均比龙马溪组好，更适宜进行压裂改造。

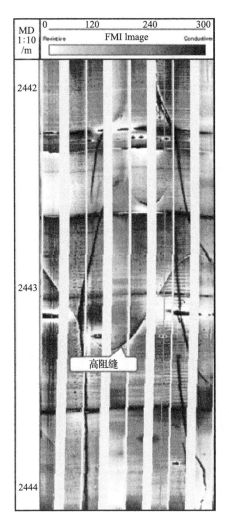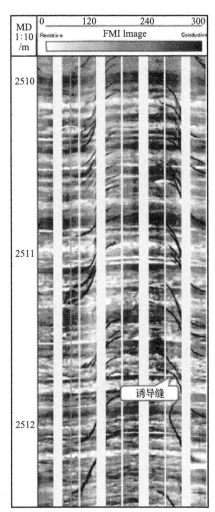

图 4.15　电成像测井裂缝解释成果图

表 4.2　龙马溪组和筇竹寺组储层岩石力学参数、脆性指数和脆性矿物含量对比表

层位	脆性指数/%	脆性矿物含量/%	动态杨氏模量/MPa	静态杨氏模量/MPa	泊松比
龙马溪组	38.63	49.62	33250	17642	0.22
筇竹寺组	45.66	55.11	45465	22600	0.23

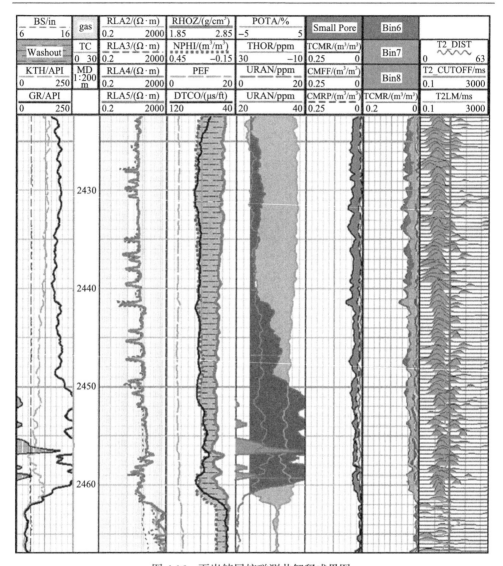

图 4.16　页岩储层核磁测井解释成果图

1ppm=1μg/g

6. 页岩气储层品质定量评价

对南方海相国家级页岩气 YY 示范区龙马溪组和筇竹寺组页岩气储层开展各表征参数与产气量关系研究，最终选取了总有机碳含量、黏土含量、总含气量、压力系数、厚度和埋深等参数综合反映页岩气储层品质，如图 4.17 所示，对储层品质的分类可直接反映页岩气产能的高低，研究区页岩气储层品质分类标准见表 4.3。

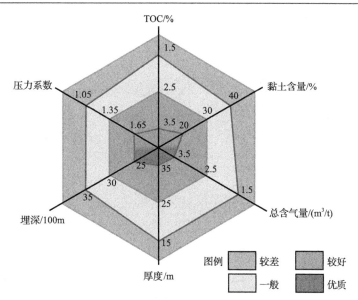

图 4.17　YY 示范区页岩气储层品质测井分类图版

表 4.3　YY 示范区页岩气储层品质分类标准

分类	页岩气	
	评价标准	产能级别
优质	RQ≥0.65	I 类中高产页岩气层
较好	0.45≤RQ<0.65	II 类低产页岩气层
差	RQ<0.45	差气层

4.3.2　南华北盆地海陆过渡相页岩气测井评价

1. 示范区概况

南华北盆地主体位于河南省中南部，大地构造位置处于东秦岭—大别山构造带北缘、华北地台南部、郯庐大断裂以东，总面积约 $15×10^4km^2$（图 4.18）。研究区中牟—温县区块位于南华北盆地西北部，主体处于太康隆起与开封盆地交接部位，区内地层发育较稳定，构造运动对地层改造较小，地层整体倾向北东，为西高东低的构造格局。海陆过渡相页岩地层主要分布在上古生界石炭系和二叠系，本次研究的目的层为太原组—山西组。

2. 页岩地球化学特征

对 MY1 井太原组、山西组页岩气层段采取了 34 个干酪根样品，其干酪根镜检结果表明，该井山西组、太原组干酪根显微组分以惰质组、镜质组为主，含少量

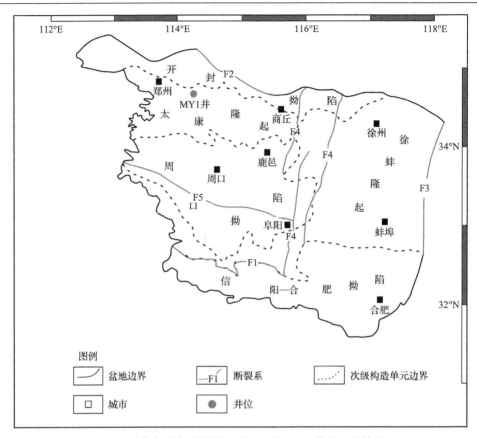

图 4.18 南华北盆地构造地质概况[据 Dang 等 (2017) 修改]

无定形体及有机质与无机矿物结合形成的黏土复合体，未见壳质组。镜质组 5%~90%，平均 25%；惰质组 4%~86%，平均 45%；无定形体较少见且含量变化较大，为 0%~86%；有机质黏土复合体 2%~81%，平均 25.1%。透射光光下，干酪根显微组分以镜质组、腐泥组为主，镜质组含量介于 10%~100%，平均约 74.9%；腐泥组为 10%~90%，平均 27.1%；壳质组较为少见，一般在 15%以下。综合反射光下及透射光下镜检结果，干酪根以偏腐殖型的Ⅲ型为主，部分为腐泥型，由于壳质组较为罕见，混合型干酪根不发育。

　　MY1 井二叠系太原组总厚度为 82m，岩性复杂，砂岩、泥岩、煤层和灰岩互层，砂岩类累计厚度 4.5m，泥岩类累计厚度 46.5m，灰岩类累计厚度 29.5m，煤层累计厚度 1.5m，砂岩、灰岩、泥岩累计厚度比为 0.1∶0.63∶1，总有机碳含量介于 0.21%~11.89%，平均为 2.56%。山西组地层总厚度为 91m，岩性复杂，砂岩、泥岩互层，砂岩类累计厚度 39.0m，泥岩类累计厚度 49.0m，煤层累计厚度 3m，总有机碳含量介于 0.16%~4.32%，平均为 0.78%。

MY1 井太原组和山西组泥页岩成熟度介于 3.0%～3.8%，平均 3.5%，均处于过成熟干气阶段。总体上，太原组、山西组均属于好的烃源岩，有机质丰度满足页岩气成藏条件，相对而言，太原组烃源岩条件要略好于山西组。

3. 储集特征

1) 岩石特征

全岩分析表明，太原组、山西组砂岩储层和泥岩储层矿物含量均以石英和黏土为主，另外含有少量的长石、碳酸盐矿物和黄铁矿。其中，太原组泥岩储层石英含量较低，为 2%～52%，平均为 36%；山西组砂岩储层中石英含量较高，为 21%～59%，平均为 45%。

太原组、山西组储层黏土分析表明，黏土矿物含量均以伊利石及伊蒙混层为主，含少量绿泥石。其中山西组伊利石含量 4%～99%，平均 59%；高岭石平均含量 13.8%；伊蒙混层平均含量 17%；绿泥石平均含量 9.42%。太原组伊利石含量 35%～80%，平均 58%；高岭石平均含量 13.5%；伊蒙混层平均含量 20%：绿泥石平均含量 8.29%。伊利石含量较高，说明泥页岩成岩作用较高，与高成熟度相对应。

2) 物性特征

MY1 井孔隙度与渗透率岩矿测试及测井成果表明，太原组含气页岩层段的孔隙度分布范围在 0.4%～4.5%，平均为 2.6%；平均渗透率为 $0.29×10^3$mD。山西组含气页岩层段的孔隙度分布范围在 0.3%～4.4%，平均为 2.49%；平均渗透率为 $0.015×10^3$mD。

太原组孔隙度及渗透率均高于山西组，但与涪陵焦石坝五峰组和龙马溪组相比，有约 1 倍多的差距。根据特殊测井解释，页岩发育水平层理，砂岩主要发育低角度层理，且局部发育交错层理。太原组灰岩中缝合线和高导缝较发育，说明储层连通性较好。总体上，孔隙度与渗透率均较低。

4. 岩石力学性质

综合杨氏模量、泊松比、破裂压力和脆性指数分析岩石的可压性，一般情况下杨氏模量大、泊松比小、脆性指数大、破裂压力小的地层性脆，易于压裂。根据单轴压缩试验测试结果，太原组、山西组主要含气层段岩石抗压强度为 33.1～78.8MPa，平均为 51.7MPa，杨氏模量为 9.39～38.68GPa，泊松比为 0.15～0.24，表明储层脆性指数大、地层较易于压裂。

MY1 井最大水平主应力的方向应为北东东—南西西方向，最小水平主应力为 45.0～65.0MPa，平均为 49.0MPa，最大水平主应力为 56.0～77.0MPa，平均为 61.0MPa，水平应力差异系数为 0.245，差异系数中等。

岩心及电成像测量处理解释显示，太原组、山西组含气页岩层段发育水平层理，砂岩发育低角度层理，局部见交错层理。另外，高导缝发育，见到大量的钻井诱导缝与井壁崩落，有利于多裂缝的产生。

5. 含气特征

MY1 井下二叠统太原组、山西组钻进中发现多次气测异常，现场解析样及等温吸附测试均显示具有普遍含气的特征；总含气量由上到下呈现出逐渐升高的趋势，相对而言，太原组中下部泥页岩层段含气性最好。总体上，山西组、太原组普遍含气，总含气量介于 0.42~4.44m³/t，平均为 1.93m³/t，损失气的比例要小于解吸气和残余气的比例，解吸气量和残余气量相当。总含气量大小总体上可分为三段，即 2802.0~2832.20m，平均含气量为 1.29m³/t；2832.20~2895.50m，平均含气量为 2.01m³/t；2913.08~2960.00m，平均含气量为 2.38m³/t。解吸气量为 11.8%~47.7%，约占总含气量的 30.3%，残余气量差异较大，为 17.4%~64.4%，但占比最大，约占总含气量的 38.50%，损失气量为 19.1%~49.4%，平均值约 31.3%。现场解析的气体成分主要包括甲烷、二氧化碳、氮气以及少量的乙烷和丙烷，其中甲烷为 80.95%~96.36%，平均含量为 89.49%。由于此地区为煤系地层，因此，二氧化碳的含量较高，平均含量为 7.41%，在所有组分中仅次于甲烷。

6. 压裂层位优选

根据现场解析及测井成果资料综合研究，结合不同岩性的破裂压力情况进行压裂层位评价，优选太原组上部灰岩和下部灰岩之间的泥页岩层段，如图 4.19 所示，总体岩性以泥页岩为主，夹少量薄层砂岩及灰岩，深度为 2913.2~2960.0m，总厚度 46.8m，含气性最高，平均含气量 2.38m³/t，该段上下均为灰岩，上下页岩应力差异为 10~15MPa，为好的隔挡层。山西组优选下部的泥砂岩互层段，深度为 2838.32~2894.31m，总厚度 55.99m，平均含气量 2.01m³/t。

太原组压裂试气井段测井解释平均总含气量 2.38m³/t；孔隙度为 0.4%~4.5%，平均为 2.75%；渗透率为 0.49~1.23mD；杨氏模量为 19.9~38.68GPa；泊松比为 0.15~0.25；脆性指数为 31%~88%，平均脆性指数＞50%。山西组压裂试气井段的总含气量 2.01m³/t；孔隙度为 0.3%~4.4%，平均为 2.31%；渗透率为 0.046~0.034mD；杨氏模量为 11.19~25.14GPa；泊松比为 0.18~0.24；脆性指数为 39%~71%，平均脆性指数＞50%。

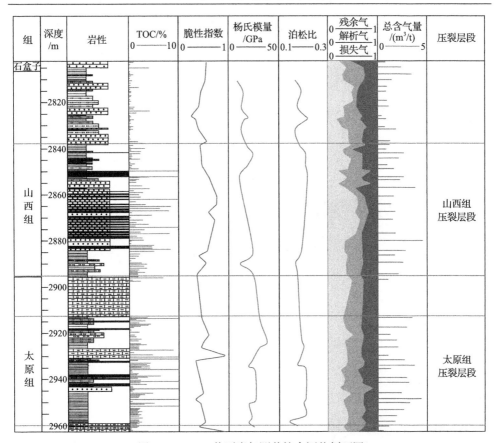

图 4.19　MY1 井页岩气测井综合评价剖面图

4.3.3　鄂尔多斯盆地陆相页岩气储层测井评价

　　研究区位于鄂尔多斯盆地东南部，目的层是中生界延长组，如图 4.20、图 4.21 所示。鄂尔多斯盆地基底为前寒武系结晶变质岩，北跨乌兰格尔基岩突起与河套盆地相邻，南越渭北挠褶带与渭北盆地相望，东接晋西挠褶带与吕梁隆起呼应，西经掩冲构造带与六盘山、银川盆地对峙，受东滨太平洋构造带和西南特提斯—喜马拉雅构造域地壳运动的影响，是一个稳定沉降、拗陷迁移、扭动明显的多旋回的复合克拉通盆地。盆地内部构造平缓，总体上呈东部翘起向西部倾伏的区域性斜坡面貌，其内部构造单元根据构造演化史和现今的构造形态可划分为伊盟隆起、渭北隆起、西缘前陆冲断带、天环拗陷、陕北斜坡及晋西挠褶带，面积约 $25 \times 10^4 \mathrm{km}^2$。

　　鄂尔多斯盆地三叠系延长组发育的暗色泥页岩是该区陆相页岩气的主要烃源

岩，发育富含有机质的深灰色及黑色泥岩、页岩和油页岩。根据区域地质背景，鄂尔多斯盆地延长组长$_7$及长$_9$沉积时期，以深湖—半深湖沉积为主，页岩厚度稳定，为50～120m，埋深适中(王香增，2016)。鄂尔多斯盆地在延长组长$_7$时期，盆地基底整体受到强烈拉张而下陷，水体加深，湖盆发育达到鼎盛时期，沉积了厚层的富有机质泥页岩，为鄂尔多斯盆重要的烃源岩，为页岩气成藏提供了充足的物质基础。

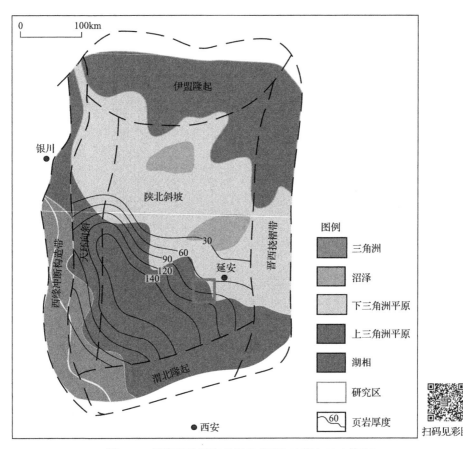

扫码见彩图

图4.20　研究区位置与地层分布[据 Li 等(1995)修改]

1. 测井特征

页岩气储层测井响应特征主要表现为三高(高伽马、高时差、高电阻率)、两低[低密、低中子(相对)]、一扩(扩径)，见表4.4。与相邻砂岩层相比，自然伽马、电阻率、声波时差呈高值，密度和中子偏低，如图4.22所示。

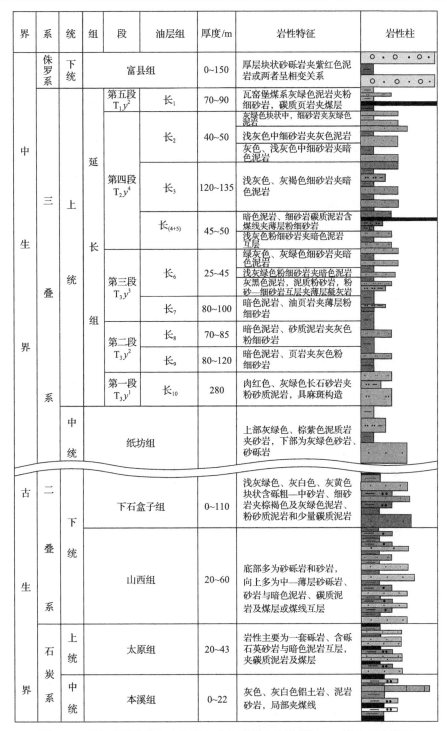

界	系	统	组	段	油层组	厚度/m	岩性特征	岩性柱
中生界	侏罗系	下统	富县组			0~150	厚层块状砂砾岩夹紫红色泥岩或两者呈相变关系	
	三叠系	上统	延长组	第五段 T₁y²	长₁	70~90	瓦窑堡煤系灰绿色泥岩夹粉细砂岩，碳质页岩夹煤层	
							灰绿色块状中、细砂岩夹灰绿色泥岩	
					长₂	40~50	浅灰色中细砂岩夹灰色泥岩	
							灰色、浅灰色中细砂岩夹暗色泥岩	
				第四段 T₂y⁴	长₃	120~135	浅灰色、灰褐色细砂岩夹暗色泥岩	
					长₍₄₊₅₎	45~50	暗色泥岩、细砂岩碳质泥岩含煤线夹薄层粉砂岩	
							浅灰色粉细砂岩夹暗色泥岩互层	
				第三段 T₃y³	长₆	25~45	绿灰色、灰绿色细砂岩夹暗色泥岩	
							浅灰绿色粉细砂岩夹暗色泥岩	
					长₇	80~100	灰黑色泥岩，泥质粉砂岩，粉砂—细砂岩互层夹薄层凝灰岩 暗色泥岩、油页岩夹薄层粉细砂岩	
				第二段 T₃y²	长₈	70~85	暗色泥岩、砂质泥岩夹灰色粉细砂岩	
					长₉	80~120	暗色泥岩、页岩夹灰色粉细砂岩	
				第一段 T₃y¹	长₁₀	280	肉红色、灰绿色长石砂岩夹粉砂质泥岩，具麻斑构造	
		中统	纸坊组				上部灰绿色、棕紫色泥质岩夹砂岩，下部为灰绿色砂岩、砂砾岩	
古生界	二叠系	下统	下石盒子组			0~110	浅灰绿色、灰白色、灰黄色块状含砾粗—中砂岩、细砂岩夹棕褐色及灰绿色泥岩、粉砂质泥岩和少量碳质泥岩	
			山西组			20~60	底部多为砂砾岩和砂岩，向上多为中—薄层砂砾岩、砂岩与暗色泥岩、碳质泥岩及煤层或煤线互层	
	石炭系	上统	太原组			20~43	岩性主要为一套砾岩、含砾石英砂岩与暗色泥岩互层，夹碳质泥岩及煤层	
		中统	本溪组			0~22	灰色、灰白色铝土岩、泥岩砂岩，局部夹煤线	

图 4.21　鄂尔多斯盆地上古生界与中生界综合地层[据 Tang 等(2014)修改]

表 4.4　页岩储层测井响应特征规律

测井曲线	曲线特征	影响因素
自然伽马	高值	泥质含量越高,自然伽马越大,可能含有较高有机质
井径	平直或扩径	泥质地层显扩径,有机质的存在使井眼扩径更加严重
声波时差	较高,可能有周波跳跃	有机质丰度高,声波时差大;含气量增大声波值高
补偿中子	低中子(相对)	含气量增大使测量值偏低;有机质含氢中子孔隙度变大
岩性密度	中低值	烃类引起测量值偏小;裂缝带局部曲线减小
电阻率	总体高值,局部低值	页理发育,纵向各向异性强;有机质电阻率极大,测量值为高值

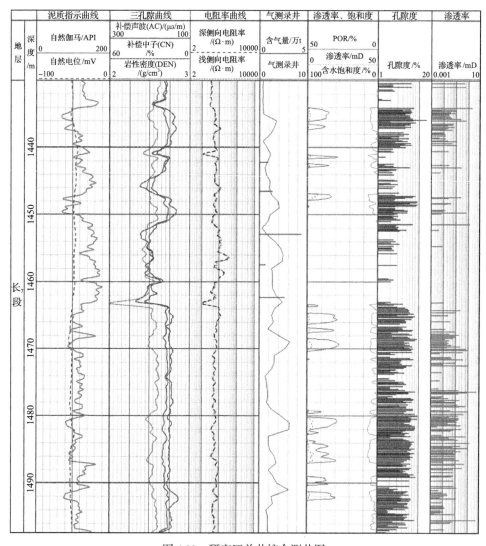

图 4.22　研究区单井综合测井图

2. 矿物

长 $_7$ 段和长 $_9$ 段储层岩性主要为泥页岩。矿物组成以黏土为主，石英次之；黏土相对含量以伊蒙混层为主，其中长 $_7$、长 $_9$ 伊利石较多。构建页岩气岩石体积物理模型，将页岩划分为矿物骨架、黏土、干酪根及页岩孔隙空间等组分。通过页岩矿物组分定量计算，建立页岩矿物剖面，处理得到的页岩矿物组分与岩心实测结果一致性好。

3. 物性

回波间隔是影响核磁共振测量精度的重要因素，对于物性好、孔径大的岩石来说，核磁共振测量结果受回波间隔影响小。然而，陆相页岩的孔径小，弛豫特征复杂，短弛豫组分占比高，核磁共振信号受回波间隔影响大，导致反演得到的核磁共振 T_2 谱和刻度得到的孔隙度失真。岩心核磁共振仪可以将回波间隔降至 0.1ms 甚至更低，能最大限度地降低分子扩散对核磁共振的影响。

介绍一种考虑弛豫组分区间的页岩核磁共振孔隙度校正方法，通过测量完全含水的致密岩心在不同回波间隔条件下的核磁共振衰减曲线，将它们反演成 T_2 谱，并刻度成孔隙度。对比不同弛豫组分区间段 T_2 谱的幅度与回波间隔的关系，建立不同弛豫组分区间段幅度减小量与回波间隔的关系，将数据校正到最短回波间隔时所测值，实现核磁共振孔隙度的有效校正。对完全含水岩心在回波间隔为 0.2ms 时所测得的 T_2 谱进行二阶差分，将二阶差分值为零的点记为弛豫组分的截止值，分别为 a，b，c。确定不同弛豫组分的 T_2 区间，第一弛豫组分的区间为 0.01ms 至 a ms；第二弛豫组分的区间为 a ms 至 b ms，第三弛豫组分的区间为 b ms 至 10000ms。采用谱面积法将三个弛豫组分区间的信号刻度成孔隙度，建立不同回波间隔、不同弛豫组分的孔隙度校正公式：

$$\phi_{1cT_E} = x_{1T_E} \times \phi_{1T_E} + y_{1T_E} \tag{4.23}$$

$$\phi_{2cT_E} = x_{2T_E} \times \phi_{2T_E} + y_{2T_E} \tag{4.24}$$

$$\phi_{3cT_E} = x_{3T_E} \times \phi_{3T_E} + y_{3T_E} \tag{4.25}$$

式中：ϕ_{1cT_E}、ϕ_{2cT_E}、ϕ_{3cT_E} 分别为回波间隔为 T_E 时第一、第二、第三弛豫组分校正后的核磁共振孔隙度；ϕ_{1T_E}、ϕ_{2T_E}、ϕ_{3T_E} 分别为回波间隔为 T_E 时第一、第二、第三弛豫组分的核磁共振孔隙度；x_{1T_E}、x_{2T_E}、x_{3T_E}、y_{1T_E}、y_{2T_E}、y_{3T_E} 分别为回波间隔为 T_E 时的校正系数。

通过式 (4.23)～式 (4.25) 可以计算得到校正后的致密岩心核磁共振孔隙度：

$$\phi_{cT_E} = \phi_{1cT_E} + \phi_{2cT_E} + \phi_{3cT_E} \tag{4.26}$$

通过不同回波间隔页岩岩心核磁共振实验，建立了基于弛豫组分回波间隔校正的孔隙度计算方法，解决了核磁测井受回波间隔影响导致页岩孔隙度偏低的问题，页岩孔隙度计算精度提高 12%，如图 4.23、图 4.24 所示。

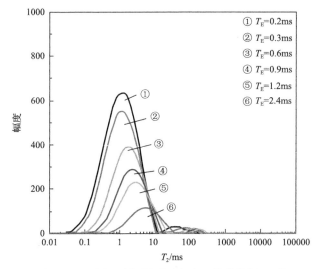

图 4.23　不同回波间隔下页岩岩心核磁共振 T_2 谱

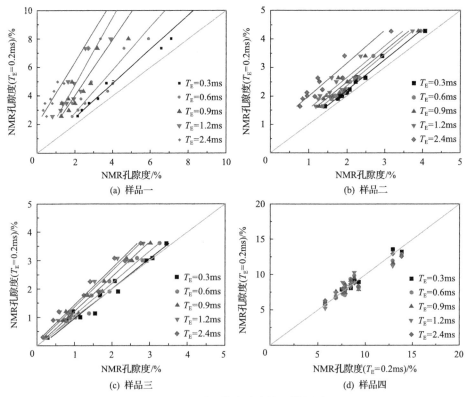

图 4.24　不同组分孔隙度校正效果图

4. 有机质

从有限的页岩气储层有机质地球化学分析指标出发，对照其测井曲线寻找典型特征，并根据此测井特征进行外推，建立页岩气储层有机质测井评价方法，即克服取心样品分布不均的局限，又可快速评价整个井段及全区页岩气储层有机质的分布。通过对页岩气储层有机质纵向对比和横向展布规律的研究，基本摸清优质储层与页岩气储层有机质的配置关系。

由于页岩气储层的岩性及其含有的有机质具有特殊的物理性质(如放射性强、导电性差、密度小、含氢指数高)，作为对地层特征响应的各种测井信号亦有明显的反应。根据研究区取心井的岩心样品，建立了页岩气储层总有机碳含量(TOC，%)与自然伽马(GR，API)、声波时差(AC，μs/m)、深感应电阻率(RILD，Ω·m)及深侧向电阻率(RT，Ω·m)等测井响应的参数模型，如图 4.25 所示。

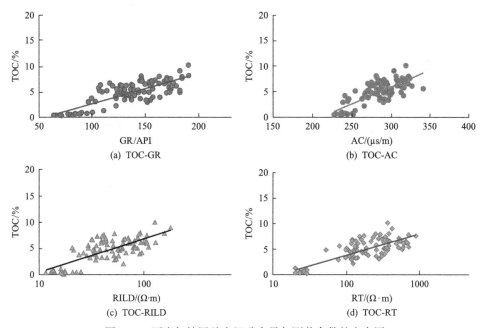

图 4.25 页岩气储层总有机碳含量与测井参数的交会图

可见，仅使用包含一个参数模型的单一测井方法评价计算精度偏低，可能造成误解，不能全面地反映这种响应关系特征。因此，在优选 TOC 定量预测模型时，可以利用上述测井曲线的响应特征，综合各种敏感测井参数，分岩性构建多元回归方程等数学模型。通过融合以上各种测井参数，建立多元回归关系式：

$$\text{TOC} = 0.0319\text{AC} + 0.0265\text{GR} + 0.0117\text{RILD} - 8.915, \quad R^2 = 0.736 \quad (4.27)$$

在页岩气储层段的非低阻段，重叠法有机质模型预测效果与多元回归法模型预测效果差别不大；在页岩气储层段的低阻段多元回归法模型比重叠法有机质模型效果好；在非页岩气储层段，重叠法效果显著。因此，建议在高放射性低阻的页岩气储层段，采用多元回归方法，在其他页岩气储层段，采用重叠法，如图4.26所示。

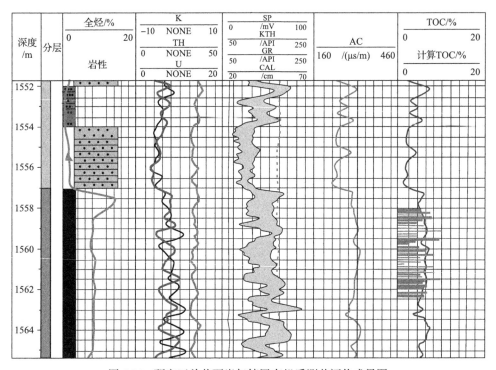

图 4.26　研究区单井页岩气储层有机质测井评价成果图

5. 含气量

从压力、温度、总有机碳含量、孔隙度、黏土矿物含量等参数入手建立多元回归模型，拟合出如下模型：

$$V_{ag} = -0.328 + 0.203 \times \ln p - 0.011 \times T + 0.289 \times TOC + 0.055 \times V_d + 0.362 \times \phi \quad (4.28)$$

式中：p 为压力，MPa；T 为温度，K；TOC 为总有机碳含量，%；ϕ 为孔隙度，%；V_d 为黏土矿物含量，%。

然后从自然伽马、补偿中子参数入手建立 TOC 多元回归模型，拟合出如下模型：

$$TOC = 0.001846GR + 0.015877CN + 0.3248\Delta \lg R - 0.14418 \quad (4.29)$$

$$\Delta \lg R = \lg \left(R / R_{基} \right) + 0.02 \left(AC - AC_{基} \right) \qquad (4.30)$$

式中：GR 为自然伽马，API；CN 为补偿中子，%；$R_{基}$ 和 $AC_{基}$ 主要是指非烃源岩层的测井响应，即电阻率曲线和声波时差曲线重合的泥岩段。

4.4　页岩气储层测井系列优化

4.4.1　页岩气测井系列应用现状

1. 常规测井系列

自然伽马和自然伽马能谱的结合能识别划分含气页岩与普通页岩；自然电位能划分储层的有效性；岩性密度测井能定性区分岩性；补偿中子与声波时差在页岩储层为高值。通常密度随着页岩气含量的增加变小、中子与声波时差测井随着页岩气含量的增加而变大，深浅电阻率在一定程度上能反映页岩的含气性，含气页岩层系在常规测井曲线上响应特征明显，总体表现为"四高两低一扩"。

2. 特殊测井系列

地层元素测井可求取地层元素含量，由元素含量计算出岩石矿物成分，它所提供的丰富信息，能满足评价地层各种性质、获取地层物性参数、计算黏土矿物含量、区别沉积体系、划分沉积相带和沉积环境、推断成岩演化、判断地层渗透性等需要；利用脉冲伽马能谱测井估算含油饱和度和黏土类型；偶极声波测井能提供纵波、横波时差资料，利用相关软件进行各向异性分析处理，判断最大水平主应力的方向，计算地层最大与最小水平主应力，求取包括岩石泊松比、杨氏模量、剪切模量、破裂压力等相关岩石力学参数，满足岩石力学参数计算模型建立要求，用于指导页岩储层压裂改造；声成像、电成像测井具有高分辨率、高井眼覆盖率和可视性特点，在岩性与裂缝识别、构造特征分析方面具有良好的应用效果，可识别页岩储层裂缝类型；微地震监测技术在页岩气层水力压裂期间提供多级压裂优化所必需的次生裂缝监测数据，对指导页岩气储层改造、评价开发效果有着重要的意义。

此外，在页岩气勘探开发的不同阶段，采用的测井技术也不同。

（1）勘探阶段：裸眼井常规测井、光谱测井偶极子声波测井（岩石力学特性分析）、电成像测井（裂缝识别）、地层元素测井等。页岩气评价依赖于光谱数据，并将其作为主要组成部分，用于提供有关地层岩性的详细岩相描述，光谱描述为地层组分提供了精确的评价，包括黏土、碳酸根离子、硬石膏、石英、长石和云母等。

（2）垂直井开发阶段：裸眼井常规测井、方位井眼成像和光谱测井；脉冲中子测井、核磁共振测井、生产测井等。

（3）水平井开发阶段：随钻测井、伽马射线、泥浆录井、脉冲中子测井、微地震监测、生产测井等。

4.4.2　页岩气测井系列优化

页岩气发展不同阶段采用的测井技术和方法与测井技术本身的发展密切相关（Wang and Li，2017；冯俊贵，2015；李宝华，2013；刘琼，2013；谢小国和杨筱，2013；李世臻和曲英杰，2010）。利用常规测井系列能有效地区分页岩储层，但该系列对于页岩储层矿物成分含量的计算、裂缝识别与岩石力学参数等的定量解释方面存在不足，不能满足页岩储层评价的要求，因此需要开展特殊测井系列的应用，包括地层元素测井、偶极子声波测井、声成像及微电阻率成像等，在页岩气定量解释评价方面有着更为广阔的应用前景，尤其是地层元素测井对岩石的矿物解释具有不可替代的作用，目前在国内外页岩气勘探开发中起着非常重要的作用。因此，针对勘探开发不同阶段的测井系列，总结页岩气测井响应特征，并针对拟解决的页岩气储层地质问题，形成页岩储层测井评价配套测井技术系列（表 4.5）。

表 4.5　测井系列地质响应特征分类表

序号	测井系列	解决地质问题	适用阶段
1	常规9条	确定岩性，划分有效储层，较为精确地计算总有机碳含量、页岩含气量等参数	大规模开发阶段
2	核磁共振测井	分析页岩储层孔径分布，确定页岩储层总孔隙度、有效孔隙度、束缚水含量	区域探井和评价井
3	电成像测井	描述裂缝产状及裂缝发育情况，根据裂缝发育情况指导压裂施工设计	
4	多极阵列声波测井	提取纵、横波与密度等测井曲线，确定岩石机械特性参数，为页岩储层的水力压裂施工提供资料	
5	地层元素测井	精确测定地层各主要元素含量，求取岩石矿物组分，评价页岩储层脆性指数	
6	自然伽马能谱测井	分析地层的沉积环境，确定黏土矿物成分及类型，判断烃源岩生烃指标，同时根据铀含量精确计算总有机碳含量	

针对页岩气储层地质特征及测井适应性，常规测井资料中密度测井曲线可以很好地计算 TOC，自然伽马能谱测井曲线中总伽马与无铀伽马的组合可以很好地指示 TOC 富集程度，声波与电阻率曲线重叠可以很好地指示页岩储层含气量，通过优化提出不同井型的测井系列，见表 4.6。

表 4.6　不同井型的测井系列及解决问题

井型	必要测量	选择测量	解决问题
生产井	常规组合+自然伽马能谱	阵列声波	评价页岩储层，岩石机械特性评价
评价井	常规组合+自然伽马能谱+阵列声波	电成像	储层裂缝性评价
探井	常规组合+自然伽马能谱+阵列声波+核磁共振测井	地层元素测井	储层孔隙结构评价，岩石脆性评价

参 考 文 献

陈尚斌, 朱炎铭, 王红岩, 等, 2010. 中国页岩气研究现状与发展趋势. 石油学报, 31(4): 689-694.

陈彦虎, 胡俊, 蒋龙聪, 等, 2017. 利用常规测井曲线定量预测裂缝型孔隙度. 特种油气藏, 24(6): 7-11.

崔景伟, 邹才能, 朱如凯, 等, 2012. 页岩孔隙研究新进展. 地球科学进展, 27(12): 1319-1325.

董大忠, 邹才能, 戴金星, 等, 2016. 中国页岩气发展战略对策建议. 天然气地球科学, 27(3): 397-406.

冯俊贵, 2015. 页岩气储层测井综合评价技术研究. 青岛: 中国石油大学(华东).

龚劲松, 杨鸣宇, 王静, 等, 2014. ECS 元素测井技术在非常规储层评价中的应用. 油气藏评价与开发, 4(2): 76-80.

郝建飞, 周灿灿, 李霞, 等, 2012. 页岩气地球物理测井评价综述. 地球物理学进展, 27(4): 1624-1632.

何羽飞, 万金彬, 于小龙, 等, 2018. 基于测井资料的页岩含气量定量评价. 测井技术, 42(6): 667-671.

蒋裕强, 董大忠, 漆麟, 等, 2010. 页岩气储层的基本特征及其评价. 天然气工业, 30(10): 7-12, 113-114.

金之钧, 胡宗全, 高波, 等, 2016. 川东南地区五峰组-龙马溪组页岩气富集与高产控制因素. 地学前缘, 23(1): 1-10.

李宝华, 2013. 页岩气储层测井评价有关问题的探讨. 中国煤炭地质, 25(4): 68-71.

李俊, 唐书恒, 张松航, 等, 2016. 页岩气储层测井评价方法研究. 煤炭科学技术, 44(3): 141-146.

李世臻, 曲英杰, 2010. 美国煤层气和页岩气勘探开发现状及对我国的启示. 中国矿业, 19(12): 17-21.

李亚男, 2014. 页岩气储层测井评价及其应用. 北京: 中国矿业大学(北京).

刘承民, 2012. 页岩气测井评价方法及应用. 中国煤炭地质, 24(8): 77-79.

刘琼, 2013. 页岩气储层测井评价方法研究. 北京: 中国地质大学(北京).

刘双莲, 陆黄生, 2011. 页岩气测井评价技术特点及评价方法探讨. 测井技术, 35(2): 112-116.

马俯波, 葛洪魁, 王衍, 等, 2015. 常规测井资料在老井页岩气储层识别中的应用. 中国煤炭地质, 27(2): 69-74.

马林, 2013. 页岩储层关键参数测井评价方法研究. 油气藏评价与开发, 3(6): 66-71.

莫修文, 李舟波, 潘保芝, 2011. 页岩气测井地层评价的方法与进展. 地质通报, 30(Z1): 400-405.

聂海宽, 何治亮, 刘光祥, 等, 2020. 中国页岩气勘探开发现状与优选方向. 中国矿业大学学报, 49(1): 13-35.

潘仁芳, 赵明清, 伍媛, 2010. 页岩气测井技术的应用. 中国科技信息(7): 16-18.

齐宝权, 杨小兵, 张树东, 等, 2011. 应用测井资料评价四川盆地南部页岩气储层. 天然气工业, 31(4): 44-47, 126.

孙梦迪, 2017. 中国南方海相页岩孔隙特征及其对气体储集与迁移的制约. 北京: 中国地质大学(北京).

万金彬, 李庆华, 白松涛, 2012. 页岩气储层测井评价及进展. 测井技术, 36(5): 441-447.

王丽忱, 2013. 页岩气藏岩石力学性质的测井评价方法与应用. 北京: 中国地质大学(北京).

王龙, 2013. 页岩储层参数测井评价方法及应用. 北京: 中国地质大学(北京).

王朋飞, 姜振学, 韩波, 等, 2018. 中国南方下寒武统牛蹄塘组页岩气高效勘探开发储层地质参数. 石油学报, 39(2): 152-162.

王濡岳, 丁文龙, 王哲, 等, 2015. 页岩气储层地球物理测井评价研究现状. 地球物理学进展, 30(1): 228-241.

王香增, 2016. 延长石油集团非常规天然气勘探开发进展. 石油学报, 37(1): 137-144.

肖昆, 邹长春, 黄兆辉, 等, 2012. 页岩气储层测井响应特征及识别方法研究. 科技导报, 30(18): 73-79.

肖昆, 邹长春, 邱礼泉, 等, 2013. 漠河冻土区天然气水合物科学钻探 MK-2 孔地层岩性的测井识别. 天然气工业, 33(5): 46-50.

肖贤明, 宋之光, 朱炎铭, 等, 2013. 北美页岩气研究及对我国下古生界页岩气开发的启示. 煤炭学报, 38(5): 721-727.

谢小国, 杨筱, 2013. 页岩气储层特征及测井评价方法. 煤田地质与勘探(6): 27-30.

杨小兵, 杨争发, 谢冰, 等, 2012. 页岩气储层测井解释评价技术. 天然气工业, 32(9): 33-36, 128-129.

杨小兵, 张树东, 张志刚, 等, 2015. 低阻页岩气储层的测井解释评价. 成都理工大学学报(自然科学版), 42(6): 692-699.

于炳松, 2013. 页岩气储层孔隙分类与表征. 地学前缘, 20(4): 211-220.

张培先, 2010. 页岩气测井评价及其应用. 北京: 中国地质大学(北京).

张培先, 2012. 页岩气测井评价研究——以川东南海相地层为例. 特种油气藏, 19(2): 12-15, 135.

张卫东, 郭敏, 姜在兴, 2011. 页岩气评价指标与方法. 天然气地球科学, 22(6): 1093-1099.

Dahaghi A K, 2010. Numerical simulation and modeling of enhanced gas recovery and CO_2 sequestration in shale gas reservoirs: a feasibility study. Society of Petroleum Engineers, SPE 139701: 1-18.

Dang W, Zhang J, Wei X, et al., 2017. Geological controls on methane adsorption capacity of Lower Permian transitional black shales in the Southern North China Basin, Central China: experimental results and geological implications. Journal of Petroleum Science & Engineering, 152: 456-470.

Gao Y Q, Cai X, Zhang P X, et al., 2019. Pore characteristics and evolution of Wufeng–Longmaxi Fms shale gas reservoirs in the basin-margin transition zone of SE Chongqing. Natural Gas Industry B, 6(4): 323-332.

Gao Z Y, Hu Q H, 2018. Pore structure and spontaneous imbibition characteristics of marine and continental shales in China. AAPG Bulletin, 102(10): 1941-1961.

Guo J C, Zhao Z H, He S G, et al., 2015. A new method for shale brittleness evaluation. Environmental Earth Sciences, 73(10): 5855-5865.

Guo T L, 2013. Evaluation of highly thermally mature shale-gas reservoirs in complex structural parts of the Sichuan Basin. Journal of Earth Science, 24: 863-873.

He J H, Ding W L, Zhang J C, et al., 2016. Logging identification and characteristic analysis of marine-continental transitional organic-rich shale in the Carboniferous-Permian strata, Bohai Bay Basin. Marine and Petroleum Geology, 70: 273-293.

Huang T J, Xie B, Ran Q, et al., 2015. Geophysical evaluation technology for shale gas reservoir: a case study in Silurian of Changning Area in Sichuan Basin. Energy Exploration & Exploitation, 33(3): 419-438.

Jiang Y Q, Fu Y H, Xie J, et al., 2020. Development trend of marine shale gas reservoir evaluation and a suitable comprehensive evaluation system. Natural Gas Industry B, 7(3): 205-214.

Li J, Guo B Y, Ling K G, 2012. Case studies suggest heterogeneity is a favorable characteristic of shale gas reservoirs. Society of Petroleum Engineers, 162702: 1-9.

Li S T, Yang S G, Jerzykiewicz T, 1995. Upper Triassic-Jurassic foreland sequences of the Ordos Basin in China//Dorobek S L, Ross G M. Stratigraphic evolution of foreland basins. SEPM Special Publication: 233-241.

Li Y J, Liu H, Zhang L H, et al., 2013. Lower limits of evaluation parameters for the lower Paleozoic Longmaxi shale gas in southern Sichuan Province. Ence China(Earth ences), 56(5): 710-717.

Liu Z, Sun S Z, 2014. New evaluation methods using conventional logging data for gas shale in southern China. Leading Edge, 33 (11): 1244-1254.

Ma X H, Wang H Y, Zhou S W, et al., 2020. Insights into NMR response characteristics of shales and its application in shale gas reservoir evaluation. Journal of Natural Gas Science and Engineering, 84: 103674.

Tang X, Zhang J C, Wang X Z, et al., 2014. Shale characteristics in the southeastern Ordos Basin, China: implications for hydrocarbon accumulation conditions and the potential of continental shales. International Journal of Coal Geology, 128-129: 32-46.

Wang Q, Li R R, 2017. Research status of shale gas: a review. Renewable and Sustainable Energy Reviews, 74: 715-720.

Wei C J, Qin G, Guo W, et al., 2013. Characterization and analysis on petrophysical parameters of a marine shale gas reservoir. Society of Petroleum Engineers, SPE 165380: 1-13.

Wei D, Zhang J C, Wei X L, et al., 2017. Geological controls on methane adsorption capacity of Lower Permian transitional black shales in the Southern North China Basin, Central China: experimental results and geological implications. Journal of Petroleum ence and Engineering, 152: 456-470.

Yu H Y, Wang Z L, Wen F G, et al., 2020, Reservoir and lithofacies shale classification based on NMR logging. Petroleum Research, 5 (3): 202-209.

Zhang C, Shan W, Wang X, 2018. Quantitative evaluation of organic porosity and inorganic porosity in shale gas reservoirs using logging data. Energy Sources Part A Recovery Utilization and Environmental Effects, 41: 1-18.

第5章 富含氮气的页岩气评价

5.1 天然气中氮气的来源

以往油气成藏机理研究表明天然气与氮气同生或伴生的现象普遍存在,引起了有机地球化学和石油天然气地质学领域学者的高度关注。氮气是天然气中常见的非烃气体组分,其物理化学性质比二氧化碳、硫化氢等其他非烃气体更接近烃类气体。油气勘探过程中氮气或含氮化合物的研究对于成岩演化、油气运移和油气示踪都具有重要价值。许多学者研究了盆地沉积物中有机物、无机矿物的氮同位素在成岩变质过程中以及油气运移过程中的地球化学特征(Williams et al., 1995);还有一些学者利用氮气的同位素资料,结合氮气体积分数、天然气组分碳同位素、稀有气体资料以及热模拟实验综合研究了高含氮天然气中氮气的来源(Zhu et al., 2000;Krooss et al., 1995;Jenden et al., 1988)。通过探讨天然气中氮的来源,对于研究盆地范围内有机质的成烃演化、油气来源、运移和聚集,以及预测地下天然气组分和降低勘探风险都具有极其重要的价值。

天然气中氮气的来源及赋存机理复杂,目前研究认为天然气中氮气的成因主要包括大气来源、有机质成岩过程产生、地壳含氮岩石高温变质作用产生、地幔物质脱气产生等(焦伟伟等,2017;李谨等,2013;Krooss et al., 2008;刘全有等,2006;陈安定,2005;朱岳年,2003;曾治平,2002;陈传平和梅博文,2001;朱岳年,1999;朱岳年和史卜庆,1998;Littke et al., 1995;陈践发和张子枢,1988;Mamyrin and Tolstikhin, 1984;Hoering and Moore, 1958)。依据氮气成因机理分为无机来源、有机来源两大类,再根据不同类型天然气中氮气来源条件的差异性,进行系统的归纳。

5.1.1 无机成因氮气

1. 大气来源

大气来源的氮气是通过地球内部的水循环,以水体为载体,通过降雨、径流、下渗的方式进入地表以下,并在适宜的条件下从水体中以游离态的形式逸出,从而储存下来的氮气(朱岳年,1999)。由于氮气在水体搬运以及进入储层保存过程中的特殊性,大气中化学性质较活泼的气体,会在搬运过程中被氧化、消耗,化学性质不活泼的气体最终保留下来,并伴随氮气进入储层内,如氩气、氦气等(曾治平，2002；Williams et al.，1995）。

大气中的氮气是以小气泡的形式借助水体的循环进入地下，氮气在水中的溶解度极低，同时会有一些大气中的不活泼气体（Marty et al.，1988）。大气压力与地下压力的差异性，导致大气中的氮气进入高压储层中形成富氮天然气（氮含量大于15%）是很困难的，所以大气中的氮气多可能以近地表低压气藏的形式储存下来（朱岳年，1999）。

2. 地幔来源及岩浆来源

地幔中的热液流体是参与地球内部物质和能量循环的关键介质，对地球圈层之间的物质交换有重要的贡献，其脱气成分包含氮气。经实验证实，高温下热液流体中氮元素的赋存形式为氮气及氨气，且二者可以相互转换（陈琪，2018）。岩浆从上地幔或地壳深部通过裂缝向地表运动，在运移过程中受到温度压力的变化导致脱气，氮气是其常见挥发气体之一。

3. 岩石内部无机"固定氮"来源

岩石矿物中存在一部分"固定氮"以铵根离子的形式固定在矿物晶格中，当岩石受热，矿物晶格中的铵根离子可以向氮气转化并富集（Sucha et al.，1994）。沉积岩中的主要含氮矿物是黑云母，其次是白云母、钾长石和斜长石（Honma and Itihara，1981）。在适宜的条件下铵根离子可以取代长石、云母及黏土矿物之中的钾离子（Williams et al.，1995），最后以氮气的形式释放（Baxby et al.，1994）。沉积岩向变质岩转化后，变质岩中依旧含有一定数量的氮元素，在区域变质作用过程中，赋存在变质岩中的铵根离子浓度随着温度的上升而降低，向外部释放氮气（Boyd and Philippot，1998；Hall et al.，1996；Bebout and Fogel，1992；Haendel et al.，1986）。以绿片岩向角闪岩变化为例，其岩石内部的氮元素含量随着变质程度的升高而降低，向外部释放氮气，同时氮的同位素组成发生变化（杜建国，1992）。Mingram 和 Bräuer（2001）指出角闪石云母片岩在550℃的温度下可以释放出氮气。Bos 等（1988）提出了变质岩中含"固定氮"的黑云母分解形成氯酸盐或逆转化为白云母时，有氮气释放。在岩浆作用中，岩浆所挟带的铵根离子由于温度压力的差异，直接固定在岩浆岩内硅酸盐矿物晶格中，并具有在后期构造活动中释放氮气的能力（张成君等，2002；Krooss et al.，1995）。

4. 沉积岩中硝石类矿物来源

Littke 认为硝石类矿物可能是天然气中氮气的一种来源（Littke et al.，1995）；朱岳年（1999）认为富硝酸盐岩的形成条件较为复杂，且沉积岩中硝石类矿物产生的氮气只能聚集在蒸发盐岩附近。目前国内外已经发现了多处硝酸盐岩矿床，包括钠硝石矿床、甲硝石矿床等(刘亚然，2013)，富硝酸盐岩中的硝石类矿物有可能提供有效氮来源。

5. 辐射来源

在地壳中富集放射性物质的情况下，硼和碳被放射性物质衰变产生的 α 离子轰击后形成氮(朱岳年，1999)，同时可以影响烃源岩的热演化产物，在未成熟阶段促进丙烷、丁烷气体的产生，释放出氮气及氢气，并在烃源岩成熟阶段后，促进烷烃类气体裂解为甲烷气体(王文青，2019；毛光周，2009)。Krooss 等(1995)认为通过放射性元素辐射所产生的氮气远小于地壳中岩石所含的氮气。

5.1.2　有机成因氮气

1. 生物来源

生物来源氮气的形成过程包括微生物的反硝化作用和氨化作用。反硝化作用是以假单胞菌属、产碱杆菌属、硝化细菌科、红螺菌科、芽孢杆菌科、螺菌科为代表的厌氧细菌，在缺氧条件下把地下水中富集的硝酸盐、亚硝酸盐转化为一氧化二氮(苑宏英等，2020；Van Groenigen et al.，2005)，一氧化二氮可以进一步被还原性物质如烷烃类气体、氢气，还原成为氮气并富集(张玉铭等，2011；Boyd et al.，1993)。页岩有机质在未成熟阶段，大量蛋白质发生水解形成氨基酸，氨基酸在微生物的作用下发生氨化作用生成氨气(Baxby et al.，1994)，部分氨气以 NH_4^+ 形式进入孔隙流体中被黏土矿物吸附固定进而转化为固定铵(如铵伊利石和铵伊利石/蒙皂石间层矿物)(Cooper and Evans，1983)，其他部分氨气经氧化作用形成氮气。

2. 有机质热演化来源

当岩石进入成熟—高成熟阶段，随着温度逐渐升高，部分有机氮吸收的热量达到了 N—C 键断裂所需的活化能门限值，在热催化作用下，以氨气的形式释放出来，大部分经氧化形成氮气，另有部分氨气仍会被黏土矿物吸附固定；在过成熟阶段，有机质所受热量达到了裂解脱氮的活化能门限值，因此有机氮裂解直接以氮气的形式释放出来(何家雄等，2012；曾治平，2002)。热氨化作用的氮气是沉积有机质在成熟阶段(R_o=0.6%～2.0%)形成的，其产生的量一般不大。进入过成熟阶段(R_o>2.0%，特别是 R_o>3.0%或温度高于 300℃时)，沉积有机质所受热量全面达到了裂解脱氮的活化能(50～70kcal/mol)，含氮有机质热裂解直接产氮气。

5.2　富含氮气的页岩储层响应特征

5.2.1　测井响应特征

相对于普通页岩，页岩气储层的有机质丰度较高，吸附气含量大，具有一定孔隙和游离气。通常情况下，富气层段的测井曲线响应具有"四高三低"特征，即相对高自然伽马、高声波时差、高电阻率、高铀含量及相对低密度、低中子、低无铀伽马。

贵州岑巩页岩气储层测井响应特征：①牛蹄塘组地层自然伽马曲线数值在200API 以上，明显高于普通泥岩。页岩气储层中含丰富的有机质，由于页岩吸附作用，铀含量与有机质含量有一定的正相关关系，铀含量比普通泥岩高。②由于泥岩层的导电性较好，在地层剖面上该类地层一般表现为低电阻率，但富含有机质的页岩段存在导电性很差的干酪根或油气，其电阻率往往为高值。另外，因地层中含黄铁矿、页岩碳化，导致部分层段的地层电阻率曲线呈指状降低形态。③由于有机质密度较小（接近于 $1g/cm^3$），而普通黏土矿物的骨架密度大约 $2.7g/cm^3$，因此，当地层中富含有机质时，就会使岩性密度减小。④一般情况下泥岩、页岩的声波时差随埋藏深度的增加而减小，但当地层富含有机质或油气时，由于干酪根或油气的声波时差远大于岩石骨架的声波时差，因此，优质页岩气地层声波时差增加。⑤由于优质储层具有较好的游离气含量，具有明显的"天然气挖掘效应"，优质页岩气储层声波增大、补偿中子曲线数值减小。

氮气与甲烷相比，其分子量较大，密度较高，黏度相当，压缩系数较小，溶解性高，因此，利用测井曲线中的电阻率、密度等敏感曲线能够将其与甲烷气层区分。测井、地球化学分析及录井含气性表明贵州岑巩页岩区块中岑地 1 井、天马 1 井主要为富氮气层，岑页 1 井、天星 1 井主要为甲烷气层。测井通过甲烷气层和氮气层时声波、密度、中子及电阻率响应特征具体如下：①高补偿密度，其数值范围为 $2.46\sim2.58g/cm^3$，由于密度测井测定地层密度时，干酪根的比重较低，介于 $0.95\sim1.05g/cm^3$，干酪根以及吸附气和游离气的存在导致地层体积密度降低，所以页岩气层通常具有较低的密度值，在相同体积条件下，氮气分子比甲烷分子比重大，因此表现为高补偿密度；②高补偿中子，补偿中子测井反映地层的含氢指数，其对地层中的含氢情况指示明显，裂缝层段的中子孔隙度较大，密度与中子孔隙度差异大，氮气层的数值范围为 $10.2\%\sim17.9\%$，表现为中等—高数值；③低声波时差，其数值范围为 $192\sim230\mu s/ft$，当有机质丰度高时，声波时差大，遇裂缝发生周波跳跃，氮气的气体压缩性比甲烷的气体压缩性强，压缩系数小（甲烷为 0.98；氮气为 0.29），且氮气溶解性强（甲烷为 3.5；氮气为 9.08），因此表现为氮气声波数值为中等，小于甲烷气层声波数值；④存在两种类型电阻率储层，在低电阻率情况下,其数值范围为 21～56Ω·m,主要是烃源岩演化程度较高,沥青石墨化导致;在高电阻率情况下,由于有机质干酪根电阻率极大,页岩层段测量值局部表现为高值,整体为较高的电阻率值(图 5.1)。

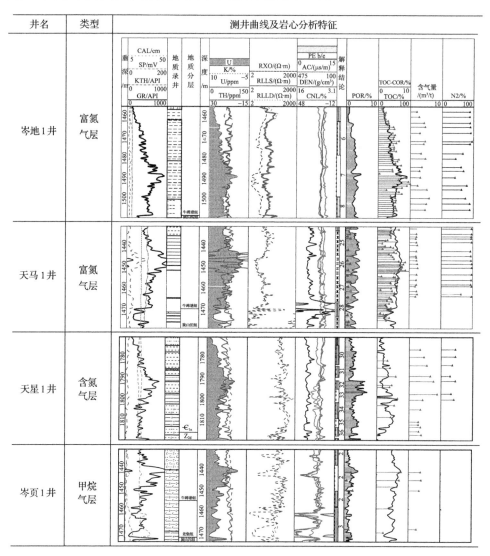

图 5.1　氮气层和甲烷气层测井响应特征

5.2.2　气层成分定性识别

测井资料是地层含气性的综合反映,利用测井曲线形态和测井曲线相对大小可以快速而直观地定性识别含气岩层段,并对不同类型的气体进行识别。四川盆地及其周缘地区富含有机质的烃源岩，其成岩演化阶段及岩石内部结构的不同是电测井响应特征差异的主要原因，页岩内部结构、有机质成熟度、黏土矿物等因素共同导致页岩气层普遍表现为较大差异的电阻率，利用电测井信息分析含气成分必然会导致偏差（图 5.2）。结合氮气层测井响应特征分析，利用密度、中子敏感曲线形成组合图版能够将其与甲烷气层区分。通过分析可知氮气区和甲烷区具有较为明显的分界线，如图 5.3 所示，可较明显地区分氮气层、含氮气层及甲烷层。

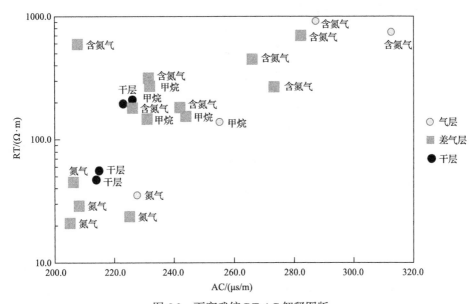

图 5.2 下寒武统 RT-AC 解释图版

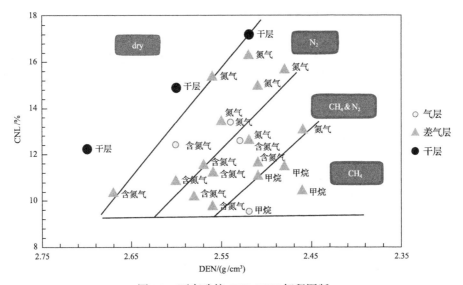

图 5.3 下寒武统 CNL-DEN 解释图版

5.3　富含氮气的页岩储层气体评价

5.3.1　含气量评价

1. 含气量实测

使用基于毛细管力原理的解析仪器实测页岩含气量，将地表—地层温度和加高温阶段收集得到的实测气量分别代入公式：

$$V_s = \frac{273.15 P_m V_m}{101.325 \times (273.15 + T_m)} \tag{5.1}$$

式中：V_s 为标准状态的气体积，L；P_m 为现场大气压力，kPa；V_m 为实测气体体积，L；T_m 为地表大气温度，℃。

校正成标准状态下的体积，然后除以样品质量即为岩样的解吸气量(V_d)和残余气量(V_r)。损失气量的恢复通常使用回归法，岩样中的天然气通过孔隙和裂缝释放，根据扩散理论方程，在解吸过程的初期，解吸气量与时间的平方根呈线性关系，即：

$$V_l = a + b\sqrt{T_0 + T_1} \tag{5.2}$$

式中：a、b 为常数；T_0 为暴露散失时间；T_1 为解吸累计时间。以 V_l 为纵坐标，以 $\sqrt{T_0 + T_1}$ 为横坐标，将早期呈线性关系的各点回归拟合，即可求出损失气量。

下寒武统牛蹄塘组页岩部分钻井具有高全烃值、高气测异常频率的特点。TX1井牛蹄塘组富有机质页岩共钻遇4次气测异常，累积厚度达50.5m，特别是1776～1782m层段，全烃达最大值6.95%(图5.4)。下寒武统牛蹄塘组页岩含气性变化复杂，上部层段岩性主要是粉砂质页岩，TOC较低，含气量较低；中间层段岩性主要是黑色页岩、碳质页岩，出现粉砂质页岩互层现象，且TOC变化范围较大，这是该段含气量呈波状变化的原因，含气量在此段达到最大值；下部层段岩性主要是页岩和硅质页岩，含气量有减小趋势。

氮气较甲烷易于解吸，初期甲烷含量较低约60%，氮气含量较高约40%，随着解吸时间加长，甲烷含量逐渐增至80%，氮气含量降至20%；二氧化碳、乙烷、丙烷较难解吸，含量随时间逐渐增加，根据气体解吸规律，吸附力较强的二氧化碳的含量会持续增加(图5.5)。

2. 含气量计算

理论上，页岩含气量主要是吸附态和游离态天然气的总和。实际测试过程中，页岩总含气量可被分解为解吸气、残余气及损失气三者之和。本次研究基于岩心

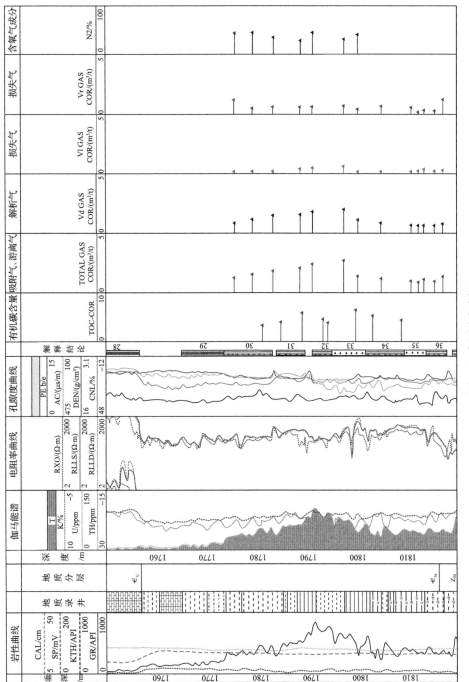

图 5.4 实测含气剖面

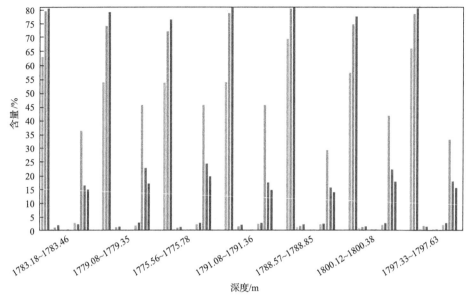

图 5.5　下寒武统页岩不同阶段的解吸含气变化

实测数据标定，采用敏感测井曲线回归的方法评价下寒武统页岩吸附气、游离气含量和解吸气、残余气、损失气含量。电阻率测井是一类通过测量地层电阻率来研究地层含油气性的测井方法，但通过对页岩气储层电阻率测井响应特征的研究发现，研究区电阻率呈现两种类型的电阻率特征，具体表现为富氮的低阻气层，其电阻率为 $20\sim50\Omega\cdot m$，以及含氮及甲烷气层的高阻气层，电阻率为 $100\sim1000\Omega\cdot m$，由此导致常规的饱和度模型如双水模型、W-S 模型等的计算结果与实际结果存在较大的误差，给该地区页岩储层含气量的测井评价带来了难题。因此，含气量计算过程中，在岩心刻度孔隙度、TOC 等参数模型的基础上，为避免电法计算含气饱和度带来的误差，采用非电法计算含气量及含气组分。

1) 吸附气、游离气含量计算

吸附气含量的计算是利用等温吸附及现场解析结果进行刻度。对于游离气含量的判定，通过测、录井资料中的孔隙度和含气饱和度计算，游离气含量大小主要受有效孔隙度及含气饱和度影响，页岩地层复杂的矿物组分、孔隙结构和地层导电机制导致采用常规的电法测井资料的含水饱和度计算模型难以满足储层评价需要，因此，本次研究首先计算吸附气和总含气量，进而计算游离气含量。

页岩地层总有机碳含量与自然伽马及密度等具有较好的相关关系，随着总有机碳含量的增加，其自然伽马增大、补偿密度减小以及地层高铀特征明显，利用自然伽马与孔隙度曲线的多元回归法可以比较准确地计算该地区页岩的总有机碳含量：

$$TOC = -1.235 \times DEN + 0.006 \times GR + 4.1764 \tag{5.3}$$

式中：TOC 为总有机碳含量，%；DEN 为地层补偿密度测井值，g/cm^3；GR 为地层自然伽马测井值，API。

吸附气量与页岩地层中的有机质存在着密切的关系，作为吸附气的主要载体，有机质丰度高，则吸附气量高，页岩的吸附气量往往与总有机碳含量（TOC）呈现较好的正相关关系（图 5.6），所以，本次研究计算吸附气量的方程为

$$A_{gas} = 0.3534 \times TOC + 1.4881 \tag{5.4}$$

式中：A_{gas} 为吸附气量，m^3/t；TOC 为总有机碳含量，%。借鉴吸附气含量模型，总含气量采用敏感测井曲线进行回归得到，计算方程为

$$T_{GAS} = 4.9022 + 0.001 \times AC - 0.05 \times CNL - 1.4186 \times DEN + 0.00143 \times GR \tag{5.5}$$

式中：T_{GAS} 为总含气量，m^3/t；GR 为自然伽马测井值，API；DEN 为补偿密度测井值，g/cm^3，AC 为声波时差，$\mu s/ft$；CNL 为补偿中子，%。

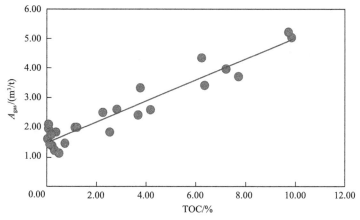

图 5.6　下寒武统 TOC-A_{gas} 关系

2）解吸气、残余气、损失气含量计算

页岩储层是由天然裂缝或人工诱导裂缝和基质构成的典型双重介质系统，裂缝是主要的流通通道，基质是页岩气的主要储集空间。页岩气有其特殊的赋存运移机理，与常规气藏最主要的区别在于页岩气流入生产井筒需要经历 3 个过程：在钻井、完井降压作用下，裂缝系统中的页岩气流向生产井筒并且基质系统中的页岩气开始解吸；在浓度差的作用下，页岩气由基质系统向裂缝系统进行扩散；在流动势的作用下，页岩气通过裂缝系统流向生产井筒。实际页岩气产能与地层非均质性、裂缝渗流特性、启动压力、气体相态等多个因素相关，现场解析测定的页岩气含量数据与页岩气的产能相关关系更直接，因此，在多元回归计算总含

气量的基础上(图 5.7、图 5.8),进一步利用总含气量与解吸气量、残余气量相关关系,得到解吸气、损失气、残余气的含量,计算方程为

$$V_{\mathrm{d}} = 0.7864 \times T_{\mathrm{GAS}} - 0.1129 \tag{5.6}$$

$$V_{\mathrm{r}} = -0.0083 \times T_{\mathrm{GAS}}^2 + 0.0643 \times T_{\mathrm{GAS}} + 0.0224 \tag{5.7}$$

$$V_{\mathrm{l}} = T_{\mathrm{GAS}} - V_{\mathrm{d}} - V_{\mathrm{r}} \tag{5.8}$$

式中:V_{d} 为解吸气量,$\mathrm{m^3/t}$;V_{l} 为损失气量,$\mathrm{m^3/t}$;V_{r} 为残余气量,$\mathrm{m^3/t}$;T_{GAS} 为总含气量,$\mathrm{m^3/t}$。

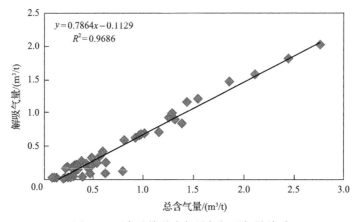

图 5.7　下寒武统总含气量与解吸气量关系

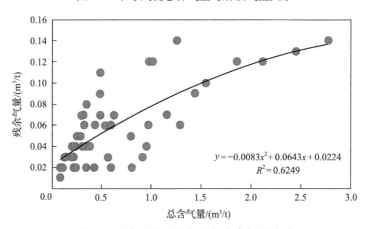

图 5.8　下寒武统总含气量与残余气量关系

5.3.2　含气成分评价

南方复杂构造地区下寒武统富含有机质的页岩,不同的成岩演化阶段及岩石内部结构造成了差异的测井响应特征。与甲烷的物理特征相比,氮气的分子量较

大，密度较高，压缩系数较小，溶解性较高，因此，利用测井曲线中的中子、密度等敏感曲线将其与甲烷气层区分具有理论基础。富含氮气的页岩气藏的自身独特性决定了产能影响因素的复杂多样性，气体的纯度决定其开采的经济性，因此对含气成分的评价也是尤为重要。通过气体成分测井响应分析，在相同含气饱和度条件下，中子越大、密度越大，氮气含量越高，反之，甲烷含量越高，因此，结合现场试气结果，通过斜率确定视纯氮气线、视纯甲烷线(图 5.9)，利用等分线形式对含气成分及比例进行刻度，具体公式为

$$S_{N_2} = [50 \times (CNL + 0.022 \times DEN - 11.15) / 3 + 100] / 3 \qquad (5.9)$$

$$S_c = 1 - S_{N_2} \qquad (5.10)$$

式中：S_{N_2} 为含氮气饱和度，%；S_c 为含甲烷饱和度，%。

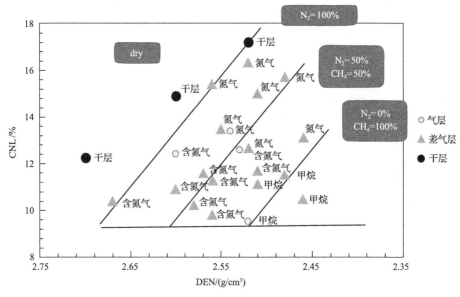

图 5.9　下寒武统含气成分定量评价图版

研究区断裂具有类型多、分布广、多期次及相互叠加干扰等特征，复杂的断裂系统使下寒武统牛蹄塘组页岩保存条件遭到不同程度的破坏。页岩最大古埋藏深度超过 8km，高成熟度($R_o>2\%$)控制着页岩的生气和含气有效性，页岩含气成分变化范围大，甲烷含量为 1.2%～82.4%，氮气含量为 0.03%～97.4%。由于氮气与甲烷的运移分异作用，页岩热演化过程产生的氮气在天然气运聚成藏过程中的相对比例会有所提高，尤其对于过成熟页岩分布区，热成因氮气是影响页岩气成分含量的关键因素。

对 TX1 井下寒武统 1760～1810m 的测井资料进行综合分析和处理(图 5.10)，

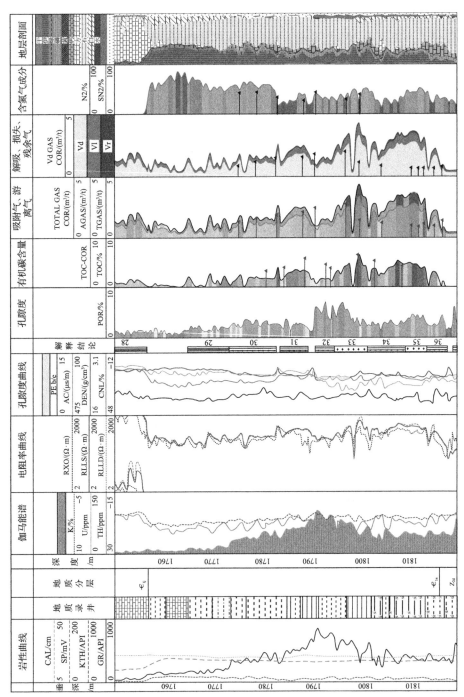

图5.10 含氮气页岩气储层测井综合评价

该段页岩自然伽马数值高，铀出现明显高异常，表明总有机碳含量高，钍（小于2%）和钾（在 1%左右）含量低，表明黏土含量低，密度-中子关系呈现绞合状，表明页岩储层层理发育，密度值中等（2.52g/cm³ 左右），中子大于 11%。总有机碳含量、含气量计算测井图表明，该段页岩总有机碳含量高、含气量较大，显示出较为明显的含氮气特征。结合元素录井、测井岩性剖面分析，认为该地层富含有机质，且硅质、钙质含量高，脆性较强，地层总有机碳含量集中在 2%～5%，孔隙度在 3%～6%。

气体成分实验识别及含量测试显示，氮气含量最高为 2.77m³/t 左右，利用本研究方法计算总含气量为 3.1m³/t 左右，吸附气量为 2.6m³/t 左右，解吸气量为2.1m³/t 左右。在含氮气成分剖面中，1760～1780m 地层的氮气饱和度高，约占总含气量的 62%，1785～1795m 地层氮气饱和度低，约占总含气量的 36%，1795～1805m、1810～1815m 地层氮气饱和度中等，占总含气量的 50%，计算含气性参数与岩心实验分析吻合程度较高。利用该页岩含气性参数计算方法，在页岩气勘探中进行了广泛应用，先后完成多口页岩气勘探井的综合评价，为南方复杂构造区含氮气页岩气资源评价提供了参考依据。

5.4　富含氮气的页岩气分布及成因

5.4.1　分布特点

近年来，我国开始重视并加大力度推进页岩气的研究、勘探和开发，并获得了巨大成功，南方是开展页岩气勘探最早、取得页岩气成果最多的地区（金之钧等，2016；郭旭升，2014；肖贤明等，2013；邹才能等，2010；张金川等，2003）。以下寒武统牛蹄塘组为代表的广海陆棚相页岩，外源碎屑物质较少，硅质含量高，常见各类结核，岩石硬度大，岩相发育稳定，分布面积大，在川北—川东北、川南—黔北—黔中、湘鄂西—渝东等地均有大规模发育，连续页岩厚度逾 200m，面积约达 45×10⁴km²（琚宜文等，2016；胡明毅等，2014；周文等，2013；赵靖舟，2012；徐国盛等，2011；朱炎铭等，2010）。

在传统的烃源岩中勘探规模性富集天然气，关键是寻找生甲烷潜力较大的页岩气储层或甜点（刘树根等，2016；姜振学等，2016；卢双舫等，2012；蒋裕强等，2010；Jarvie et al.，2007；Montgomery et al.，2005；Curtis，2002；Hill and Nelson，2000）。富有机质页岩在机理上具有复杂的生气特点（田辉等，2007；王云鹏等，2004；熊永强等，2001），有机来源的热成因氮气与页岩甲烷含气量紧密相关，高过成熟页岩经历了复杂的地质变动，生气机理和生气特点多变，页岩含气量、含气组成差异性大（潘仁芳等，2016；张烈辉等，2014；王凤琴等，2013；李延钧等，2013；钟宁宁等，2010）。

对于南方下古生界海相页岩气勘探，在构造相对简单的四川盆地内部下志留统龙马溪组页岩地层中取得了实质性进展(解习农等，2017；董大忠等，2016；赵文智等，2016；郭彤楼和张汉荣，2014)，如涪陵、威远、长宁等区块均已获得工业化页岩气产能。通常页岩气的甲烷含量在 97%以上，氮气、二氧化碳等非烃气体含量很低，如 Barnett 页岩气中氮气含量为 0.25%～1.08%，Utica 页岩气中氮气含量为 0.66%(Bowker，2007)，四川盆地内部下志留统龙马溪组页岩气中氮气含量主要为 0.01%～0.81%，最高为 2.95%(Dai et al.，2014)。然而，在四川盆地以外的渝东南—黔北地区下寒武统牛蹄塘组页岩的含气量普遍较低，大多数测试井均未获得工业产能，页岩中含有大量的氮气，大部分样品的氮气含量超过 60%，范围在 61.0%～98.6%，甲烷含量不足 15%(焦伟伟等，2017；Liu et al.，2016)，但该地区下志留统龙马溪组页岩却未发现明显的高含量氮气。

收集并统计分析了下寒武统牛蹄塘组岩心含气量，黔北地区与四川盆地、中扬子地区、下扬子地区下寒武统牛蹄塘组页岩含气量分布特征差异明显(图 5.11)。四川盆地含气量分布在 0.2～6.02m³/t，大于 0.5m³/t 的含气量数据高达 82%，分布曲线峰值明显，峰型前倾，分布曲线范围宽广，说明含气量分布范围较大，甚至局部位置含气量高达 6.02m³/t。黔北及周缘含气量较低，主体分布在 0～0.5m³/t，频率为 79%，大于 0.5%的含气量数据频率仅为 21%，峰值明显，峰型明显前倾。中扬子地区含气量较低，总体分布在 0～0.5m³/t，频率高达 82%，分布特征和黔北及周缘含气量分布特征相似。下扬子地区含气量分布在 0～0.5m³/t，含气量更低。

总体上，下寒武统牛蹄塘组页岩含气量较低，在四川盆地外，小于 0.5m³/t 的含气量占到总数的 75%以上，含气量分析数据几乎涵盖了下寒武统牛蹄塘组页岩的纵向分布，下寒武统牛蹄塘组页岩厚度大，沉积微相和岩性有所变化，导致含气量在下寒武统牛蹄塘组页岩纵向上的分布变化较大，因此，纵向上优选含气量高值段是研究下寒武统牛蹄塘组页岩含气量的关键。当页岩埋深较大时，页岩含气量较好，如岑巩区块的 TX1 井，其牛蹄塘组页岩含气量最高为 3m³/t 左右。而 CD1 井埋深较浅(800～900m)，其含气量较低，小于 0.5m³/t。平面上，盆地内含气量明显高于盆外含气量，在大于 2.0m³/t 的含气量数据中，四川盆地内的数据占到近乎 90%。

黔北地区下寒武统牛蹄塘组页岩含气性变化复杂，存在区域差异(图 5.12)。上段岩性主要是粉砂质页岩，TOC 较低，含气量较低；中段岩性主要是黑色页岩、碳质页岩，出现粉砂质页岩互层现象，且 TOC 变化范围较大，这是该段含气量呈波状变化的原因，含气量在此段达到最大值。下段上部岩性主要是页岩，底部岩性为硅质页岩，含气量有减小趋势。TX1 井，其牛蹄塘组富有机质页岩含气量达到 2m³/t，并且甲烷含量高达 72.11%，而 RY2 井、MY1 井，其牛蹄塘组页岩含气量均不到 0.5m³/t 且甲烷含量不到 10%。

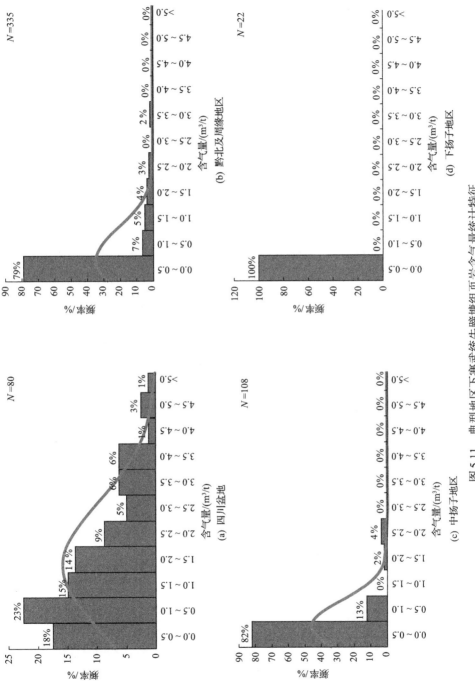

图 5.11　典型地区下寒武统牛蹄塘组页岩含气量统计特征

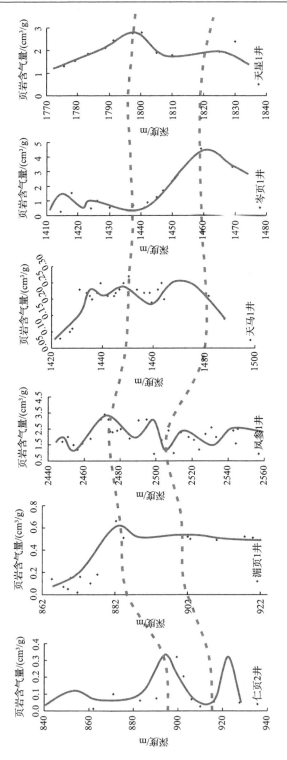

图 5.12　页岩含气量连井对比

对黔北及周缘地区 16 口钻井气体组分进行了统计分析，其中 11 口钻井牛蹄塘组页岩气中氮气含量高，且超过 60%，分布在 61.37%～97.4%，9 口钻井甲烷含量不足 10%；5 口钻井甲烷含量较高，分布在 65%～82.36%（表 5.1、图 5.13）。黔北地区下寒武统牛蹄塘组页岩静态指标良好，但含气变化复杂。TX1 井和 SY1井气体组分以甲烷为主，FC1 井、TM1 井等含氮气成分高。

5.4.2　成因类型

1. 有机质热解

全球大约 20%的氮赋存在岩石中，不同种类岩石中氮含量不同，氮含量由低到高依次为变质岩、岩浆岩、沉积岩，尤其是富含有机质的沉积地层（页岩）中赋存大量的氮，主要以有机氮、无机含氮黏土矿物和氮气形式存在，不同形式的氮通过生物固定、沉积、成岩及变质作用可实现转化过程（Holloway and Dahlgren，

表 5.1　南方地区下寒武统部分钻井气体组分统计表

地区	井名	氮气含量/%	甲烷含量/%	备注
重庆西阳	酉页 1	97.40	1.20	氮气高
	酉参 1	84.10	15.81	氮气高
重庆秀山	秀页 6	85.60	3.86	氮气高
贵州凤岗	凤参 1	84.00	6.40	氮气高
贵州黄平	黄页 1	0.03	82.36	甲烷高
贵州绥阳	绥页 1	85.36	13.04	氮气高
贵州仁怀	仁页 1	90.30	3.87	氮气高
贵州湄潭	湄页 1	94.50	4.63	氮气高
贵州岑巩	天星 1	30.00	70.00	甲烷高
贵州正安	正页 1	61.37	6.68	氮气高
湖南慈利	慈页 1	20.00	80.00	甲烷高
湖南常德	常页 1	90.00	8.70	氮气高
贵州松桃	松页 1	12.23	82.20	甲烷高
贵州大方	方深 1	35.00	65.00	甲烷高
贵州镇雄	镇 101	95.00	5.00	氮气高
湖南保靖	保页 2	91.45	8.55	氮气高

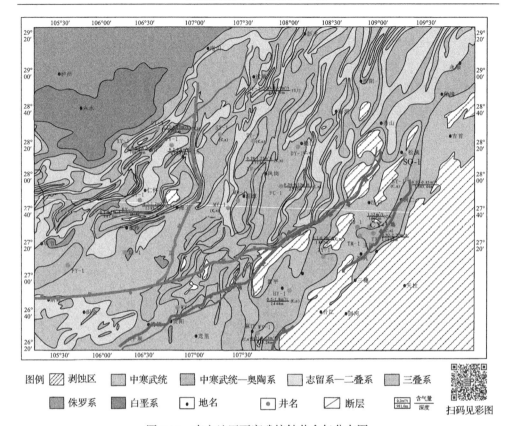

图 5.13　南方地区下寒武统钻井含气分布图

2002；朱岳年，1999）。在组成有机质的主要元素碳、氢、氧、氮和硫中，氮是研究相对薄弱的。虽然沉积有机质在未成熟阶段经微生物氨化作用耗损了部分有机氮，但进入成熟阶段的沉积物中仍有以有机化合物形式（如氨基酸、蛋白质、吡啉类、吡啶类和吡咯类等化合物）存在的有机氮（Baxby et al.，1994）。

页岩有机质的氮主要以含氮杂环的形式存在，如吡啶氮、吡咯氮、季氮等，吡啶氮和吡咯氮受到氧化可生成氮氧化物（Krooss et al.，2005）。目前，基于不同有机氮官能团的结合能，通过 X 射线光电子能谱（XPS）和 X 射线边缘结构能谱（XPNES）可以分析其赋存形态及相对含量。有机质中不同赋存形态氮的热稳定性存在差异，影响着热演化过程中的相互转化机制（Heim et al.，2012；Jurisch et al.，2012）。页岩有机质的热演化过程实际上是一个富碳去氮、氢、氧、硫等杂原子的过程，有机质的氮含量主要受控于热演化程度和沉积环境，另外还与古气候、母质来源等密切相关。有机质的氮含量大致随热演化程度增高而逐渐降低，但这种变化趋势在不同热演化阶段差异较大。一般深水还原条件下湖相或海相形成的有机质富氮，而在近岸氧化环境中形成的有机质则贫氮（Herczeg et al.，2001；Muller and Voss，1999）。

有机质热演化过程中，有机氮会以小分子形式释放出来，$^{14}N—^{12}C$ 键断裂所需的能量明显较 $^{15}N—^{12}C$ 键低，致使有机氮在热演化过程中逐渐富 ^{15}N，氮同位素组成逐渐变重（Williams et al.，1995）。原油的氮同位素组成较干酪根偏轻，同时原油的运移会导致其中的有机氮逐渐变重（Stahl，1977），天然气的运移也会使氮的含量和同位素指标增加。不同形态的有机氮同位素组成也不尽相同，热稳定性较差的有机氮在热演化过程中逐渐变重，而热稳定性较高的有机氮在热演化过程中同位素组成变化不大（Stiehl and Lehmann，1980）。

由于氮气与甲烷的运移分异作用，页岩有机来源的氮气，特别是热演化过程产生的氮气在天然气运聚成藏过程中的相对比例会有所提高，尤其对于过成熟烃源岩分布区，有机来源的热成因氮气是影响天然气成分含量的关键因素（陈安定，2005；Schoell，1980；Bernard et al.，1978）。

有机质在未成熟阶段经微生物氨化作用形成的氮气，因经过了氨基酸和氨气两个中间物，其同位素中普遍都缺失 ^{15}N，一般 $\delta^{15}N<-10‰$（Whiticar，1994），该类氮气在国内外生物成因气藏中广泛分布，如柴达木盆地第四系生物气藏中的氮气；成熟—高成熟阶段有机来源氮气绝大多数在形成过程中没有经过氨基酸产物，只经过氨气阶段，因而其 $\delta^{15}N$ 值较生物氨化成因的氮气要重些，一般在-10‰～-1‰，这种成因氮气在我国莺歌海盆地上莺歌海组气藏中有发现（郝芳等，2002）；有机质在过成熟阶段裂解产生的氮气被认为是富氮天然气中氮气的主要来源，如德国北部富氮天然气产区石炭系烃源岩的 $R_o>3.0\%$，最大为 5.5%，天然气中氮气含量高于 15%，多数大于 50%，最高可达 100%，有机质裂解产氮气的高峰期是在生甲烷的高峰期之后，$\delta^{15}N$ 介于 5‰～20‰，伴生甲烷的 $\delta^{13}C$ 为-30‰～-20‰（Littke et al.，1995；Krooss et al.，1995）。

下寒武统牛蹄塘组页岩地层时代老、埋藏深、构造演化复杂，经历了多期次热史变化，下寒武统牛蹄塘组页岩 R_o 主要在 2%～4%，处于过成熟演化阶段，部分地区 R_o 处于>4%的变质期。通过选取与黔北地区下寒武统牛蹄塘组页岩有机质类型、有机质丰度相似的典型低成熟页岩开展生气模拟实验，建立完整的氮气生成热演化模型。

低成熟页岩样品热模拟实验结果表明，在成熟度 3.0%之后，页岩样品的氮气产率开始明显增加（图 5.14），结合页岩的成熟度、转化率差异等因素，初步分析下寒武统牛蹄塘组页岩热成因氮气产量为 0.5～1.5m³/t，部分甚至可达 2.0m³/t。

FC1 井下寒武统牛蹄塘组页岩成熟度高，页岩气中甲烷含量很低，平均值为 5%，氮气含量普遍高于 80%，最大超过 90%。

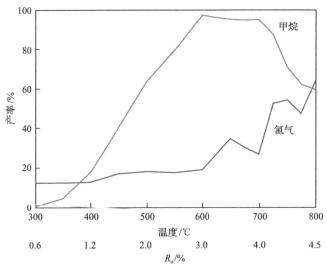

图 5.14　海相页岩氮气热演化生成过程

2. 大气成因

黔北地区下寒武统牛蹄塘组地层经历了多期复杂的构造运动,断裂具有类型多、分布广、多期次及相互叠加干扰等特征,复杂的断裂系统使页岩气保存条件遭到不同程度的破坏,褶皱、断裂非常发育,以北东向和北北东向为主,断层倾角较大,挤压走滑变形特征明显。

不同构造样式地层的褶皱变形、破裂程度、剥蚀程度、横向渗流和扩散作用存在差异,研究区构造样式主要为宽缓背斜及背斜间夹持的宽缓鞍状构造,低幅宽缓背斜核部发育深层滑脱断层及走滑断层。

TX1 井位于构造稳定部位,距断裂较远,钻井施工顺利,牛蹄塘组现场解析含气量为 $1.1 \sim 2.88 m^3/t$,含气性与保存条件较好。CY1 井位于断裂附近,浅层 500m 碳酸盐岩钻进过程中共出现 4 次漏失,该井牛蹄塘组 TOC、储层物性与 TX1 井基本一致,含气量为 $0.3 \sim 1.8 m^3/t$,压裂后虽试气点火成功,但由于断裂沟通了下部含水层,产气量有限。TM1 井位于走滑断裂带,高角度断层、裂缝非常发育,钻至浅层即出现气测异常显示,现场解析含气量仅为 $0.1 \sim 0.4 m^3/t$,断层与裂缝的发育沟通了牛蹄塘组与下部含水层,下伏老堡组出现大量溶蚀孔洞,造成钻井液大量漏失,并使牛蹄塘组下部与老堡组地层较 TX1 井与 CY1 井出现明显的电阻率低异常,TX1 井中部电阻率低异常则与牛蹄塘组岩心石墨化有关。

TM1 井下寒武统牛蹄塘组页岩含气量介于 $0.08 \sim 0.27 m^3/t$,平均含气量仅为 $0.16 m^3/t$,且氮气含量较大。大气来源氮气的富集机理主要是大型断裂使得页岩地层与外界沟通，地表水的下渗带入氮气，与此同时甲烷的散失和残留氮气的聚集。

下寒武统牛蹄塘组地层经历多期构造运动常发育滑脱分离构造。在强烈构造背景下，如果目的层上覆盖层和底层是由致密的岩石组成，那将会具备很好的封闭能力。

当大型断层连通目的层时，气体就会逸散。由于断层和褶皱，页岩层上倾的一端会暴露于地表，地表水会随着高倾角浸入处于圈闭中页岩下倾角的一端，从而对页岩气的保存起到负面影响。

大多接近垂直的断层切穿下寒武统牛蹄塘组地层，下寒武统牛蹄塘组地层中的页岩气有机会顺着断层向上或向下运移，牛蹄塘组页岩的含气性也许就是因为断层的影响遭到破坏(图 5.15)。

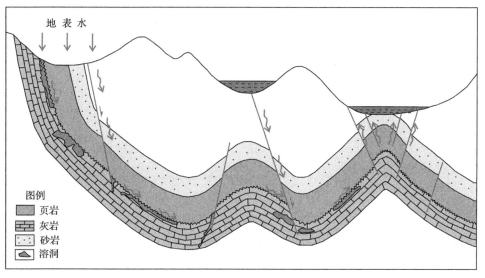

图 5.15　下寒武统牛蹄塘组氮气形成模式

3. 其他

氮气可能来源于富氨的黏土矿物分解，如伊利石的分解。YK1 井纵向上由浅到深的黏土矿物含量趋于增大，石英含量趋于减小，碳酸盐矿物中普遍含有方解石和白云石，且自上而下呈现逐渐降低的趋势。黏土矿物以伊利石、绿泥石及伊蒙混层为主，几乎不含高岭石，绿泥石由浅到深趋于增加，这可能是由于富铁、镁的黏土矿物随着成岩作用的加深向绿泥石转化，伊利石有较小幅度的减少，伊蒙混层含量呈降低趋势(图 5.16、图 5.17)。

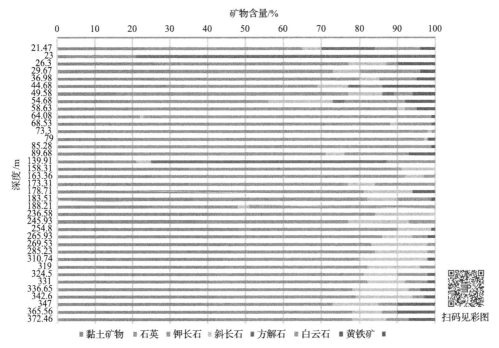

图 5.16　YK1 井下寒武统牛蹄塘组页岩矿物组成

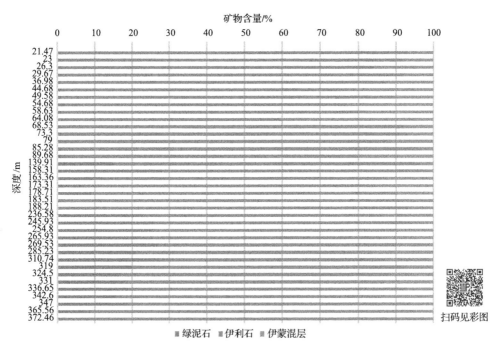

图 5.17　YK1 井下寒武统牛蹄塘组页岩黏土矿物组成

参 考 文 献

陈安定, 2005. 氮气对海相地层油气保存的指示作用. 石油实验地质 (1): 85-89.

陈传平, 梅博文, 2001. 中国不同沉积环境的氮同位素特征. 石油与天然气地质 (3): 207-209.

陈践发, 朱岳年, 2003. 天然气中氮的来源及塔里木盆地东部天然气中氮地球化学特征. 天然气地球化学 (3): 172-176.

陈琪, 2018. 氯和氮在地球内部热液流体中的赋存形式. 合肥: 中国科学技术大学.

董大忠, 王玉满, 李新景, 等, 2016. 中国页岩气勘探开发新突破及发展前景思考. 天然气工业, 36(1): 19-32.

杜建国, 1992. 天然气中氮的研究现状. 天然气地球科学, 3(2): 17-23.

郭彤楼, 张汉荣, 2014. 四川盆地焦石坝页岩气田形成与富集高产模式. 石油勘探与开发, 41(1): 28-36.

郭旭升, 2014. 南方海相页岩气 "二元富集" 规律-四川盆地及周缘龙马溪组页岩气勘探实践认识. 地质学报, 88(7): 1209-1218.

郝芳, 邹华耀, 黄保家, 2002. 莺歌海盆地天然气生成模式及其成藏流体响应. 中国科学 (D 辑: 地球科学) (11): 889-895.

何家雄, 颜文, 崔洁, 等, 2012. 南海北部边缘盆地氮气气源追踪与判识. 海相油气地质, 17(3): 67-71.

胡明毅, 邓庆杰, 胡忠贵, 2014. 上扬子地区下寒武统牛蹄塘组页岩气成藏条件. 石油与天然气地质, 35(2): 272-279.

姜振学, 唐相路, 李卓, 等, 2016. 川东南地区龙马溪组页岩孔隙结构全孔径表征及其对含气性的控制. 地学前缘 (2): 126-134.

蒋裕强, 董大忠, 漆麟, 2010. 页岩气储层的基本特征及其评价. 天然气工业, 30(10): 7-12.

焦伟伟, 汪生秀, 程礼军, 等, 2017. 渝东南地区下寒武统页岩气高氮低烃成因. 天然气地球科学, 28(12): 1882-1890.

金之钧, 胡宗全, 高波, 等, 2016. 川东南地区五峰组-龙马溪组页岩气富集与高产控制因素. 地学前缘, 23(1): 1-10.

琚宜文, 戚宇, 房立志, 等, 2016. 中国页岩气的储层类型及其制约因素. 地球科学进展, 31(8): 782-799.

李谨, 李志生, 王东良, 等, 2013. 塔里木盆地含氮天然气地球化学特征及氮气来源. 石油学报, 34(S1): 102-111.

李延钧, 刘欢, 张烈辉, 等, 2013. 四川盆地南部下古生界龙马溪组页岩气评价指标下限. 中国科学: 地球科学, 43: 1088-1095.

刘全有, 刘文汇, Krooss B M, 等, 2006. 天然气中氮的地球化学研究进展. 天然气地球科学 (1): 119-124.

刘树根, 邓宾, 钟勇, 等, 2016. 四川盆地及周缘下古生界页岩气深埋藏-强改造独特地质作用. 地学前缘, 23(1): 11-28.

刘亚然, 2013. 新疆吐哈盆地硝酸盐矿床稳定同位素地球化学特征及其地质意义. 北京: 中国地质大学 (北京).

卢双舫, 黄文彪, 陈方文, 等, 2012. 页岩油气资源分级评价标准探讨. 石油勘探与开发, 39(2): 249-256.

毛光周, 2009. 铀对烃源岩生烃演化的影响. 西安: 西北大学.

潘仁芳, 龚琴, 鄢杰, 等, 2016. 页岩气藏 "甜点" 构成要素及富气特征分析——以四川盆地长宁地区龙马溪组为例. 天然气工业, 36(3): 7-13.

田辉, 肖贤明, 李贤庆, 等, 2007. 海相干酪根与原油裂解气甲烷生成及碳同位素分馏的差异研究. 地球化学 (1): 71-77.

王凤琴, 王香增, 张丽霞, 等, 2013. 页岩气资源量计算: 以鄂尔多斯盆地中生界三叠系延长组长 7 为例. 地学前缘, 20(3): 240-246.

王文青, 2019. 烃源岩系辐射生氢模拟实验及其油气地质意义. 西安: 西北大学.

王云鹏, 耿安松, 刘德汉, 等, 2004. 页岩、煤、沥青和原油的生气实验研究. 沉积学报(S1): 106-109.

肖贤明, 宋之光, 朱炎铭, 等, 2013. 北美页岩气研究及对我国下古生界页岩气开发的启示. 煤炭学报, 38(5): 721-727.

解习农, 郝芳, 陆永潮, 等, 2017. 南方复杂地区页岩气差异富集机理及其关键技术. 地球科学, 42(7): 1045-1056.

熊永强, 耿安松, 王云鹏, 等, 2001. 干酪根二次生烃动力学模拟实验研究. 中国科学(D 辑: 地球科学)(4): 315-320.

徐国盛, 徐志星, 段亮, 等, 2011. 页岩气研究现状及发展趋势. 成都理工大学学报(自然科学版), 38(6): 603-609.

苑宏英, 王雪, 李原玲, 等, 2020. 碳氮比对低温投加介体生物反硝化脱氮的影响. 环境工程学报, 14(1): 60-67.

曾治平, 2002. 中国沉积盆地非烃气 N_2 成因类型分析. 天然气地球科学(Z1): 29-33.

张成君, 陈发虎, 文启彬, 2002. 中国东北地区中新生代岩浆岩中氮及其同位素组成. 地质论评(1): 24-28.

张金川, 薛会, 张德明, 等, 2003. 页岩气及其成藏机理. 现代地质, 17(4): 466.

张烈辉, 唐洪明, 陈果, 等, 2014. 川南下志留统龙马溪组页岩吸附特征及控制因素. 天然气工业, 34(12): 63-69.

张玉铭, 胡春胜, 张佳宝, 等, 2011. 农田土壤主要温室气体(CO_2、CH_4、N_2O)的源/汇强度及其温室效应研究进展. 中国生态农业学报, 19(4): 966-975.

张子枢, 1998. 气藏中氮的地质地球化学. 地质地球化学(2): 51-56.

赵靖舟, 2012. 非常规油气有关概念、分类及资源潜力. 天然气地球科学, 23(3): 393-406.

赵文智, 李建忠, 杨涛, 等, 2016. 中国南方海相页岩气成藏差异性比较与意义. 石油勘探与开发, 43(4): 499-510.

钟宁宁, 赵喆, 李艳霞, 等, 2010. 论南方海相层系有效供烃能力的主要控制因素. 地质学报, 84(2): 149-158.

周文, 王浩, 谢润成, 等, 2013. 中上扬子地区下古生界海相页岩气储层特征及勘探潜力. 成都理工大学学报(自然科学版), 40(5): 569-576.

朱炎铭, 陈尚斌, 方俊华, 等, 2010. 四川地区志留系页岩气成藏的地质背景. 煤炭学报, 35(7): 1160-1164.

朱岳年, 1999. 天然气中 N_2 的成因与富集. 天然气工业, 19: 23-27.

朱岳年, 史卜庆, 1998. 天然气中 N_2 来源及其地球化学特征分析. 地质地球化学(4): 50-57.

邹才能, 董大忠, 王社教, 等, 2010. 中国页岩气形成机理、地质特征及资源潜力. 石油勘探与开发, 37(6): 641-653.

Baxby M, Patience R L, Battle K D, 1994. The origin and diagenesis of sedimentary organic nitrogen. Journal of Petroleum Geology, 17(2): 211-230.

Bebout G E, Fogel M L, 1992. Nitrogen-isotope compositions of metasedimentary rocks in the Catalina Schist, California: implications for metamorphic devolatilization history. Geochimica et Cosmochimica Acta, 56: 2839-2849.

Bernard B B, Brooks J M, Sackett W M, 1978. Light hydrocarbons in recent Texas continental shelf and slope sediments. Journal of Geophysical Research, 83: 4053-4061.

Bos A, Duit W, Van der Erden A M J, et al., 1988. Nitrogen storage in biotite: an experimental study of the ammonium and potassium partitioning between 1M-phlogopite and vapour at 2kb. Geochimica et Cosmochimica Acta, 52: 1275-1283.

Bowker K A, 2007. Barnett shale gas production, Fort Worth basin: Issues and discussion. AAPG Bulletin, 91: 523-533.

Boyd S R, Hall A, Pillinger C T, 1993. The measurement of $\delta^{15}N$ in crustal rocks by static vacuum mass spectrometry: application to the origin of the ammonium in the Cornubian batholith, Southwest England. Geochimica et Cosmochimica Acta, 57: 1339-1347.

Boyd S R, Philippot P, 1998. Precambrian ammonium biogeochemistry: a study of the Moine metasediments. Scotland. Chemical Geology, 144: 257-268.

Cooper J E, Evans W S, 1983. Ammonium-nitrogen in Green River formation oil shale. Science, 219: 492-493.

Curtis J B, 2002. Fractured shale gas systems. AAPG Bulletin, 86: 1921-1938.

Dai J X, Zou C N, Liao S M, 2014. Geochemistry of the extremely high thermal maturity Longmaxi shale gas, southern Sichuan Basin. Organic Geochemistry, 74: 3-12.

Haendel D, Mohle K, Nitzsche H M, et al., 1986. Isotopic variation in the fixed nitrogen in metamorphic rocks. Geochimica et Cosmochimica Acta, 50: 749-758.

Hall A, Pereira M D, Bea F, 1996. The abundance of ammonium in granites of central Spain, and the behaviour of the ammoniumion during anatexis and fractional crystallization. Mineralogy and Petrology, 56: 105-123.

Heim S, Jurisch S A, Krooss B M, et al., 2012. Systematics of pyrolytic N_2 and CH_4 release from peat and coals of different thermal maturity. International Journal of Coal Geology, 89: 84-94.

Herczeg A L, Smith A K, Dighton J C, 2001. A 120 year record of changes in nitrogen and carbon cycling in Lake Alexandrina, South Australia: C:N, $\delta^{15}N$ and $\delta^{13}C$ in sediments. Applied Geochemistry, 16(1): 73-84.

Hill D G, Nelson C R, 2000. Reservoir properties of the Upper Cretaceous Lewis Shale, a new natural gas play in the San Juan Basin. AAPG Bulletin, 84(8): 1240.

Hoering T C, Moore H E, 1958. The isotopic composition of the nitrogen in natural gases and associated crude oils. Geochimica et Cosmochimica Acta, 13(4): 225-232.

Holloway J M, Dahlgren R A, 2002. Nitrogen in rock: Occurrences and biogeochemical implications. Global Biogeochemical Cycles, 16(4): 1118-1135.

Honma H, Itihara Y, 1981. Distribution of ammonium in minerals of metamorphic and granitic rocks. Geochimica et Cosmochimica Acta, 45(6): 983-988.

Jarvie D M, Hill R J, Ruble T E, 2007. Unconventional shale-gas systems: The Mississippian Barnett Shale of north-central Texas as one model for thermogenic shale-gas assessment. AAPG Bulletin, 91: 475-499.

Jenden P D, Kaplan I R, Poreda R J, 1988. Origin of nitrogen-rich natural gases in the California Great Valley: evidence from helium, carbon and nitrogen isotope ratios. Geochimica et Cosmochimica Acta, 52(4): 815-861.

Jurisch S A, Heim S, Krooss B M, et al., 2012. Systematics of pyrolytic gas(N_2, CH_4) liberation from sedimentary rocks: contribution of organic and inorganic rock constituents. International Journal of Coal Geology, 89: 95-107.

Krooss B M, Friberg L, Gensterblum Y, 2005. Investigation of the pyrolytic liberation of molecular nitrogen from Paleozoic sedimentary rocks. International Journal of Earth Sciences, 94: 1023-1038.

Krooss B M, Littke R, Müller B, et al., 1995. Generation of nitrogen and methane from sedimentary organic matter: implications on the dynamics of natural gas accumulations. Chemical Geology, 126: 291-318.

Krooss B, Plessen B, Machel H, et al., 2008. Origin and distribution of non-hydrocarbon gases//Littke R, Bayer U, Gajewski D, et al. Dynamics of Complex Intracontinental Basins-The Central European Basin System. Berlin: Springer-Verlay: 433-457.

Littke R, Krooss B, Idiz E, et al., 1995. Molecular nitrogen in natural gas accumulations: Generation from sedimentary organic matter at high temperatures. AAPG Bulletin, 79(3): 410-430.

Liu Y, Zhang J C, Ren J, et al., 2016. Stable isotope geochemistry of the nitrogen-rich gas from lower Cambrian shale in the Yangtze Gorges area, South China. Marine and Petroleum Geology, 77: 693-702.

Mamyrin B A, Tolstikhin I N, 1984. Helium Isotope in Nature. Amsterdam: Elsevier.

Marty B, Criaud A, Fouillac C, 1988. Low Enthalpy Geothermal Fluids From the Paris Sedimentary Basin-1. Characteristics and Origin of Gases, 17: 419 -453.

Mingram B, Bräuer K, 2001. Ammonium concentration and nitrogen isotope composition in metasedimentary rocks from different tectonometamorphic units of the European Variscan Belt. Geochimica et Cosmochimica Acta, 65(2): 273-287.

Montgomery S L, Jarvie D M, Bowker K A, et al, 2005. Mississippian Barnett Shale, Fort Worth basin, north-central Texas: gas-shale play with multi-trillion cubic foot potential. AAPG Bulletin, 89: 155-175.

Muller A, Voss M, 1999. The paleoenvironment of coastal lagoons in the southern Baltic Sea, Ⅱ δ^{13}C and δ^{15}N ratios of organic matter-sources and sediments. Palaeogeography Palaeoclimatology Palaeoecology, 145: 17-32.

Schoell M, 1980. The hydrogen and carbon isotopic composition of methane from natural gases of various origins. Geochimica et Cosmochimica Acta, 44: 649-661.

Stahl W J, 1977. Carbon and nitrogen isotopes in hydrocarbon research and exploration. Chemical Geology, 20: 121-149.

Stiehl G, Lehmann M, 1980. Isotopenvariationen des Stickstoffs humoser und bituminoser naturlicher organischer substanze. Geochimica et Cosmochimica Acta, 44: 1737-1746.

Sucha V, Kraus I, Madejova J, 1994. Ammonium illite from anchimetamorphic shales associated with anthracite in the Zemplinicum of the Western Carparthians. Clay Mineral, 29: 269-377.

Van Groenigen J W, Zwart K B, Harris D, et al., 2005. Vertical gradients of δ^{15}N and δ^{18}O in soil atmospheric N$_2$O-temporal dynamics in a sandy soil. Rapid Communications in Mass Spectrometry, 19(10): 1289-1295.

Whiticar M J, 1994. Correlation of natural gases with their soruces. AAPG Memoir, 60: 261-283.

Williams L B, Ferrell R E, Hutcheon I, et al., 1995. Nitrogen isotope geochemistry of organic matter and minerals during diagenesis and hydrocarbon migration. Geochimica et Cosmochimica Acta, 59(4): 765-779.

Zhu Y, Shi B, Fang C H, 2000. The isotopic composition of molecular nitrogen: implications on their origins in natural gas accumulations. Chemical Geology, 164: 321-330.

第6章 页岩气资源评价

页岩气资源评价工作主要包括地质评价和资源量计算。地质评价主要围绕区域地质概况、页岩气富集机理、成藏地质条件及有利区优选展开工作，这是一个"循序渐进"的过程，随着勘探程度不断提高，勘探目标不断缩小，地质评价对象由大到小，最终圈定具有商业开采价值的区块，然后在前期勘探工作所圈定的区块内展开资源量计算，后者是页岩气勘探开发前必须要做且十分重要的一项工作。自我国提出"十二五"页岩气工作规划与开展以来，众多学者、专家及机构为了摸清家底均在不同资料数据、不同评价原则及不同计算方法的基础上，针对不同资源类型、不同资源级别给出了页岩气地质及可采资源量(表6.1)。

表 6.1 我国页岩气地质及可采资源量参考值(董大忠等，2016)

机构	评价时间	资源类型	海相	海陆过渡相	陆相	合计
美国能源信息署	2011 年	地质资源量	144.50	—	—	144.50
		可采资源量	36.10	—	—	36.10
	2013 年	地质资源量	93.60	21.64	19.16	133.40
		可采资源量	23.12	6.54	1.91	31.57
国土资源部	2012 年	地质资源量	59.08	40.08	35.26	134.42
		可采资源量	8.19	8.97	7.92	25.08
中国工程院	2012 年	可采资源量	8.80	2.20	0.50	11.50
中国石油勘探开发研究院	2014 年	地质资源量	44.10	19.79	16.56	80.45
		可采资源量	8.82	3.48	0.55	12.85
中国石化石油勘探开发研究院	2015 年	可采资源量		18.60		18.60

6.1 评价原则

页岩气资源评价过程应遵循系统原则。在方法选取上要秉承就新不就老、就简不就繁等原则。油气成藏过程所受的控制因素很多，不同地区的最弱因素是不一样的，而最弱因素往往控制了气藏存在与否及发育程度。另外由于地质变量的不确定性和气成藏条件的不均一性，使得资源评价中的测不准特点将始终存在。系统原则在整体上强调系统内各要素在关键时刻的决定作用，因此在对评价对象的石油地质条件分析中，不但需要通盘考虑与油气藏形成有关的所有地质因素和条件，而且还要仔细分析彼此间的匹配组合关系；在方法应用上不但需要对具体的运算过程进行研究分析，而且还要运用各种可能的方法进行评价运算并进行系统性比较；在结果分析时不但需要考虑各计算参数的选取，而且还要在宏观上将盆地的综合评价结论与数值结果进行横向比较。该评价原则保障了页岩气资源的质量，并具有一定程度的经济评价含义。

6.2　评价流程

页岩气资源评价的流程可以简单概括为：通过基础地质资料确定页岩分布区域与层位，掌握页岩发育地质条件，结合已有资料确定资源评价方法进而进行资源量的计算及可信度分析。具体流程如下(图6.1)。

(1)富有机质页岩发育地质特征、页岩气形成与富集条件和主控因素研究。

(2)页岩气藏/层关键参数实验分析与测试、统计与模拟。

(3)富有机质页岩厚度、埋深、有机质丰度、有机质成熟度等关键要素图件编制。

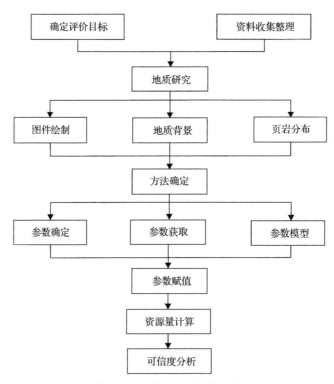

图 6.1　页岩气资源评价流程

(4)依据页岩气有利区划分标准,综合确定页岩气成藏与富集的有利区和有利层段。

(5)根据页岩气地质背景、资源级别和资料掌握程度,优选资源评价方法并探讨关键参数。

(6)按有利区、有利层段逐一估算页岩气地质资源量与技术可采资源量。

(7)对评价结果进行误差及可信度分析。

6.3　起　算　条　件

具有生烃能力的泥页岩层系具有普遍含气性,只有资源丰度较高的区域才具有页岩气勘探开发意义。统计北美成功开发的页岩基本地质参数,结合相关研究机构和企业提出的标准,针对我国页岩气地质条件,对页岩气资源量计算时所要求的基本条件进行讨论(林腊梅,2013)。不具有下述基础条件的层段,原则上不参与资源量估算。

6.3.1　含气量

虽然富有机质泥页岩层系中可能广泛含气,但只有地层中的含气量达到一定水平(如美国的含气量最低限值为 $0.5\sim1.0m^3/t$)并形成相对富集时,才具有工业开发价值。如果泥页岩地层中的含气量太低,达不到一定水平,那么在目前的经济技术条件下可能就不具备工业开发的条件,对这部分页岩气开展资源评价就无实际意义。

6.3.2　有机质丰度及有机质成熟度

形成页岩气时,有机质成熟度(R_o)一般介于 $0.5\%\sim3.5\%$,特殊情况下,R_o 可降低至 0.3% 或升高至 4.0%。但当干酪根为偏生油的 I 型时,R_o 介于 $0.5\%\sim1.2\%$,对应于泥页岩生油并可能形成页岩油;当干酪根为偏生气的 III 型时,泥页岩生气及页岩气的形成条件为 $R_o>0.5\%$。一般情况下,泥页岩中的总有机碳含量越高,生气量越大,以有机质为吸附主体的天然气吸附量越大,以有机质微孔及微缝为储集空间的游离态天然气含量越大,泥页岩地层中的总含气量就越高,总含气量与总有机碳含量成正比。因此,为了使泥页岩含气量足够高,总有机碳含量必须达到一定标准。统计美国页岩气参数表明,具有产气能力的泥页岩总有机碳含量一般大于 2.0%。

6.3.3　埋深及厚度

根据含气量与深度的关系以及对美国页岩气资料的统计,虽然少数页岩气的埋藏深度可以更大或更小，但具有经济价值的产气页岩埋藏深度一般介于 500～4000m。此外，由埋深、断裂带、岩浆活动及其他因素所引起的保存条件变化也是页岩气资源评价时需要考虑的重要因素。

较厚的泥页岩层段可以保证目标层段不被断层贯穿，同时提高驱替压力使顶底具有较强的封闭能力，另外还可以通过降低排烃效率以保证层内较高的剩余含气量。一般我国南方海相页岩单层连续厚度下限为 10m；海陆过渡相单层厚度大于 10m，或累计厚度大于 30m；陆相累计厚度大于 30m，单层泥页岩厚度大于 6m。理论上均要求非泥页岩夹层小于 2m，以保证待评价对象的纵向连续性。

综上所述，可以初步确定页岩气资源起算条件。

6.4 评 价 方 法

不同学者及研究机构计算的资源量不同，主要是因为其在所属页岩气区块的勘探开发程度不同，导致所掌握的数据类型及丰度差异较大（主要是生产数据），使用的资源评价方法及对类似可采系数、估算的最终采收量（EUR）等关键参数的敏感性评价不同。据此，系统梳理页岩气资源评价方法，明确不同方法的计算原理、使用条件与适用范围，并建立适用于我国特殊地质条件的页岩气资源评价方法体系迫在眉睫。在沿袭了常规油气资源评价方法并结合页岩气"原地成藏、自生自储"等特点的基础上，张金川等人建立了针对不同类型、不同资源级别的评价方法，常规分类主要包括成因法、类比法、统计法和综合法四大类共计 19 种页岩气资源评价方法，并给出了不同地质情况下页岩气资源评价方法优选的建议（姜生玲等，2017；赵情茹，2017；张金川等，2012）。但也有一些学者认为根据所用数据类型划分为动态和静态资源评价方法更合理。

6.4.1 类比法

类比法在页岩气勘探初期应用比较广泛，不同学者采用此方法对资料程度比较低的地区进行页岩气资源评价。该方法是根据待评价区与类比标准区油气成藏条件的相似性，由已知（类比标准）区的油气资源丰度估算未知（待评价）区的资源丰度和资源量的资源评价方法。该方法使用过程中遵循黑箱原则和相似性原则。它不关心油气的生成特点与具体成藏过程，而是将油气藏的地质形成过程看作一个黑箱，试图在可测定的地质变量与油气储量之间寻找对应关系，并建立定量的数学关系式，即用已知预测未知。相似性原则是通过对评价对象各地质条件与工程条件相似性的分析，可以在油气资源评价中确定被评价对象资源量计算参数的数值分布，预测油气储量的分布规律，分析计算结果的可信度水平。

在确定评价区和刻度区的油气成藏参数后，可以通过评价区和刻度区页岩气富集条件的研究得到类比参数，将这些参数按一定的标准分级，每个级别赋予不同的分值，建立类比参数的评分标准。以此评分标准为依据，根据评价区与刻度区的类比参数，得到评价区和刻度区的地质类比总分，并求出类比系数。类比评分标准既可以采用绝对标准(统一标准)，也可以采用相对标准。具体评价标准在评价研究中确定。该方法中优选的类比参数是页岩气富集地质条件的具体体现，故在对比过程中主要选取总有机碳含量、干酪根类型、镜质组反射率、页岩单层厚度、页岩分布面积、埋深和含气量等参数。根据对比区块勘探程度与数据掌握程度的不同，选择不同的操作方法和类比内容，又可将类比法分为面积丰度类比法、体积丰度类比法、沉积体积速率法和含气量类比法等。

1. 面积丰度类比法

面积丰度类比法是在已知标准区面积资源丰度的基础上进行类比计算，公式为

$$Q = S \times a \times P_S \tag{6.1}$$

式中：Q 为评价区页岩气资源量，$10^8\mathrm{m}^3$；P_S 为标准区页岩气资源面积丰度，$10^8\mathrm{m}^3/\mathrm{km}^2$；$S$ 为评价区的有效面积，km^2；a 为类比系数。

2. 体积丰度类比法

体积丰度类比法是在已知标准区体积资源丰度的基础上进行类比计算，公式为

$$Q = V \times a \times P_V \tag{6.2}$$

式中：Q 为评价区页岩气资源量，$10^8\mathrm{m}^3$；P_V 为标准区页岩气资源体积丰度，$10^8\mathrm{m}^3/\mathrm{km}^3$；$V$ 为评价区的体积，km^3；a 为类比系数。

3. 沉积体积速率法

沉积体积速率是岩体沉积的平均速率，一般情况下，沉积速率越大，所堆积的沉积岩体积及有机质含量就越大，易形成稳定的还原环境，有利于有机质向油气的转化及已生成油气的聚集与保存，进而油气资源丰度就越大(宋宁等, 2007)。本方法是通过已知资源量的标准区的资源量与体积速率的关系来类比得出评价区的关系，进而计算评价区页岩气资源量，具体步骤如下。

(1)求取标准区页岩沉积体积速率：

$$v = \frac{S \times h}{\text{沉积岩年龄}} \tag{6.3}$$

式中：v 为标准区沉积体积速率，$\mathrm{km}^3/\mathrm{Ma}$；$S$ 为标准区页岩有效面积，km^2；h 为

标准区平均厚度，km。

(2)将多个标准区的页岩气资源量与沉积体积速率代入下式(6.4)，确定 m、n 值：

$$\lg Q = m \times \lg v + n \tag{6.4}$$

(3)类比计算评价区的资源量。

4. 含气量类比法

含气量类比法是已知标准区含气量的基础上进行类比计算，公式为

$$Q = S \times h \times \rho \times q \times a \tag{6.5}$$

式中：Q 为评价区页岩气资源量，$10^8 m^3$；S 为标准区页岩有效面积，km^2；h 为评价区页岩厚度，m；ρ 为评价区页岩密度，g/cm^3；q 为标准区含气量，m^3/t；a 为类比系数。

6.4.2 成因法

该方法遵循成因原则，它是油气资源评价过程中最基本的原则，其核心是物质平衡法则，在弄清油气生成过程基础上，计算生烃量并分别求得各过程中的油气耗散量，最终计算资源量。页岩气是页岩在生排气过程中残留在烃源岩中的天然气，为生气量与排气量之差，一般可通过总有机碳含量计算得到，即：

$$Q = Q_{生} - Q_{排} \tag{6.6}$$

$$Q_{生} = \rho AhCK_c \tag{6.7}$$

$$Q_{排} = Q_{生} k \tag{6.8}$$

$$Q = \rho AhCK_c(1-k) \tag{6.9}$$

式中：Q 为页岩气资源量，$10^8 m^3$；A 为页岩面积，km^2；ρ 为页岩密度，g/cm^3；h 为页岩厚度，m；C 为总有机碳含量，%；K_c 为单位有机碳生气量，m^3/t TOC；k 为排气系数，无量纲。

6.4.3 统计法

在已经取得一定的含气量数据或拥有开发生产资料时，利用统计学原理建立相应的预测模型进而进行资源量的估算。统计法又可根据勘探程度和已掌握数据程度不同细分为体积法、概率体积法、评价单元划分法、Forspan 法、物质平衡法、递减曲线分析法及规模序列法等。

1. 体积法

体积法是我国目前应用最为广泛的方法，精度最高的方法。此方法直接涉及的参数主要有面积、厚度、密度及含气量，即单位质量页岩的页岩气量与评价区页岩总重的乘积：

$$Q = 0.01 \times S \times h \times \rho \times q \tag{6.10}$$

式中：Q 为页岩气资源量，$10^8 \mathrm{m}^3$；S 为含气页岩分布面积，km^2；h 为有效页岩厚度，m；ρ 为页岩密度，$\mathrm{g/cm}^3$；q 为总含气量，m^3/t。

体积法计算资源量的关键在于含气量的获取，目前我国主要通过等温吸附拟合、测井数据及现场解析等手段。但对几十甚至上百平方公里的评价区来说，一般所掌握的含气量数据是难以支撑其计算精度的，故中国地质大学(北京)张金川教授于 2012 年提出了借用蒙特卡罗原理的概率体积法，该方法在全国范围内的适用性及普遍性均较高。

2. 概率体积法

应用概率体积法预测页岩气资源量时，首先需要分析页岩气资源量计算所依赖的直接地质参数，根据参数的数学分布特征建立统计学概率模型(保证计算结果与参与计算的变量具有相同的概率密度模型)；其次对模型中的各个地质参数变量进行 n 次随机抽样，然后把 n 组抽样值代入资源量计算数学模型，求出资源量的 n 个估计值；最后用统计法求出页岩气资源量的分布曲线，由此获得概率为 p 时所对应的资源量数值解。概率体积法描述了页岩气边界条件不确定性的机理特征，可用于各个阶段的页岩气资源评价。

概率体积法计算资源量的公式与体积法相同，只是各参数取相应的概率值：

$$Q_p = 0.01 \times S_p \times h_p \times \rho_p \times q_p \tag{6.11}$$

P 为各参数的赋值概率，不同概率赋值所代表的地质含义不同(表 6.2)。

表 6.2　概率取值所代表的地质含义(张金川等，2012)

条件概率	参数条件及页岩气聚集可能性	把握程度	赋值参考	
P_5	非常不利，机会较小	基本没把握	勉强	乐观倾向
P_{25}	不利，但有一定可能	把握程度低	宽松	
P_{50}	一般，页岩气聚集或不聚集	有把握		
P_{75}	有利，但仍有较大的不确定性	把握程度高	严格	保守倾向
P_{95}	非常有利，当然不排除小概率事件	非常有把握	苛刻	

3. 评价单元划分法

评价单元划分、Forspan 法及 Access 法(建立电子表格并概率赋值)的计算原理相似,主要基于有限元原理,将评价单元分为若干个评价子区域进行页岩气资源评价。子单元可以以构造元素(断裂、褶皱、埋深及厚度突变等)或单井控制面积为边界进行划分,但由于我国南方特殊地质背景引起的地质参数复杂化及含气页岩较强的非均质性,以构造元素划分子单元具有较大的操作难度,所以该方法侧重以单井控制面积作为划分最小子单元的依据,主要步骤如下(赵情茹,2017;林腊梅,2013;董大忠等,2009)。

(1)确定沉积单元含气边界。主要依据页岩构造形态、沉积微相、流体(页岩油、页岩气)等储层特征将待评价单元划分为 m 个,并确定各单元的面积(km^2)。如利用烃源岩成熟度研究成果,圈定出处于生气窗范围内的烃源岩,即可认为是最大的含气面积;或利用页岩厚度资料,用最小净产层厚度法圈定评价边界;或利用其他资料综合确定评价区边界。无论资料多寡,都需综合利用各种信息,以保证所确定的评价区边界有效。

(2)确定最小计算单元(井控面积)。单井控制面积一般为目标井到邻井距离 1/2 范围内的面积,其随井距变化,呈正相关关系。取三口井连成三角形,对该三角形每一条边取中线并于顶点相连,三条中线在三角形内部交于一点,并将该三角形面积划为三个部分,即分别为三口井的井控面积(图 6.2)。或是通过综合生产数据、储层性质和致密地层标准曲线模型(如 METEOR 模型),建立经过严格分析的单井排泄范围,有学者以美国主要气田的生产数据为基础,利用不同类型的递减曲线拟合得到页岩气井控制半径在 580m 左右(姚猛等,2014)。也有学者认

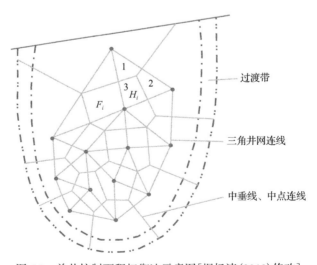

图 6.2　单井控制面积权衡法示意图[据杨涛(2010)修改]

为页岩油气田有效开发所需要的井数一般为常规油气藏的 10 倍，井距大多在 400～800m，某些甚至可以达到 245～283m，相当于每平方公里 16 口井；若以井距均值为 600m 粗略计算，则单井有效控制面积为 0.53km²（秦佳等，2014）；而根据大多数油气田经济研究得出的单井泄气面积为 0.324km²（EIA，2011）。

(3)计算井控单元资源丰度。依据实测含气量等基础数据，采用体积法原理或使用 EUR 数据，计算各井控制单元资源量和资源丰度。

(4)依据单井控制面积计算井资料丰富地区的总资源量(体积法计算地质资源量；EUR 计算地质储量)。而在缺乏资料井点的区域，则依据页岩储层参数变化特征确定类比单元个数(n)、面积和边界：

$$Q = \sum_{i=1}^{n} Q_i \tag{6.12}$$

$$Q_i = A_i \cdot F_i \tag{6.13}$$

$$F_i = H_i \cdot q_i \cdot \rho \tag{6.14}$$

式中：Q 为页岩气资源量，$10^8 m^3$；Q_i 为最小子单元页岩气资源量，$10^8 m^3$；A_i 为最小子单元面积，km^2；F_i 为单位面积资源丰度，$10^8 m^3/km^2$；H_i 为最小子单元内页岩有效厚度，m；ρ 为页岩密度，g/cm^3；q_i 为页岩含气量，m^3/t。

4. Forspan 法

Forspan 法是美国地质调查局于 1999 年提出的一种评价连续型油气藏潜在资源潜力的方法(Schmoker，1999)，其以生产井的动态生产数据为基础，利用已开发资源量预测未开发但具有增储潜力区块内的潜在资源量。该方法依据不同评价单元的地质特点及含气性，将评价对象分为三种类型，分别是：已被钻井证实的单元、未被证实的单元以及未证实但有潜在可增储量的单元(图 6.3)。各评价单元的划分均主要依据地质、地球化学、成熟度、勘探及开发历史等数据，资源量计算方法均是以概率统计的方式进行，该方法的主要步骤如下。

(1)将待评价的连续型页岩气藏根据生产资料掌握程度划分为上述三类，其中未被钻井证实(未打井)但有潜在油气资源的单元是该方法重点关注的对象。

(2)对每个评价单元的最终油气采收率(EUR)取一个下限值，低于下限值的那部分油气在预测年限内不进行资源量计算。并且保证至少存在一个页岩气的最终可采储量大于 EUR 下限值的评价单元。

(3)证实未来 30 年内至少在评价区域某个单元区块中可进行页岩气开采。

(4)计算未来 30 年内有潜在资源发现的未打井数量及 EUR 的概率分布。

(5)预测最终可采储量并评价油水与气的比值。

(6)评价单元中的潜在未发现页岩气资源量。

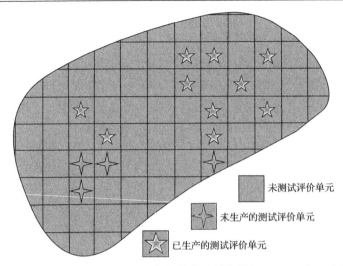

图 6.3　Forspan 模型评价连续型油气评价单元划分〔据 Schmoker(1999)修改〕

5. 物质平衡法

该方法最早由 Schilthuis 于 1936 年提出,遵循"在一定条件下的某一开发时间内,流体的累积采出量与剩余在地下的流体储存量之和等于流体的原始储量"这一物质守恒定律,利用油气藏开发动态资料来计算油气储量并预测油气藏动态。该方法强调"体积平衡"。将油气藏看成是"定容容器"。对于任何油气藏在开发过程中的任意时刻,其体积变化代数和均为 0。即以物质平衡为基础对平均地层压力和产气量之间的隐含关系进行分析,建立适合于页岩气的物质平衡方程,计算获得页岩气资源量。物质平衡法计算页岩气资源量的关键参数包括累计天然气产量及水的产量、平均地层压力以及 PVT 物性参数(气体临界压力、临界温度、偏差因子、压缩系数、体积系数、天然气黏度)等。

King 于 1993 年首次针对泥盆系页岩气藏提出在有水浸条件下的储量计算方法;而后 Clarkson 于 2011 年建立了忽略水及地层压缩系数条件下的页岩气物质平衡方程;2009 年 Sandoval 等提出了裂缝型储层的物质平衡方程;2011 年我国学者刘铁成等建立了可分别计算页岩储层基质及裂缝中气体储量的公式;而后有学者在此基础上进一步考虑了吸附态页岩气解吸后占据孔隙体积的空间、吸附气体积受地层压力的变化、吸附气密度变化及其对动态储量估算的影响(杨浩珑等,2013;刘波涛等,2013;张烈辉等,2013),并给出了针对性及适用性均较强的平衡方程式,公式表明页岩气产出量主要包括以下四个部分:①孔缝中常规游离气含量;②压力降低引起的基质及束缚水膨胀导致的孔缝体积减小从而损失的游离气量;③脱附引起的基质体积收缩从而损失的吸附气量;④吸附气量(熊钰等,2015)。

$$G_{p}B_{g} = G_{m}\left\{\left(B_{g}-B_{gi}\right)+B_{gi}C_{cm}\Delta p+\frac{RTV_{L}B_{gi}}{EV_{0}\left(1-S_{mwi}\right)}\left[\ln\left(1+bp\right)-\ln\left(1+bp_{d}\right)\right]\right.$$

$$\left.+\frac{B_{gi}\left(1-\varphi_{m}\right)V_{L}\Delta p'}{\left(1-S_{mwi}\right)\left(\varphi_{m}-\varphi_{a}\right)}\right\}+G_{f}\left[\left(B_{g}-B_{gi}\right)+B_{gi}C_{cf}\Delta p\right] \quad (6.15)$$

$$C_{cm}=\frac{C_{m}+C_{w}S_{mwi}}{1-S_{mwi}} \quad (6.16)$$

$$C_{cf}=\frac{C_{f}+C_{w}S_{fwi}}{1-S_{fwi}} \quad (6.17)$$

$$\Delta p = p_{i}-p \quad (6.18)$$

$$\Delta p'=\frac{bp_{d}}{1+bp_{d}}-\frac{bp}{1+bp} \quad (6.19)$$

$$\varphi_{a}=aM\frac{\rho_{b}}{\rho_{s}}\left(V_{L}\frac{bp}{1+bp}\right) \quad (6.20)$$

式中：G_{p} 为累计产气量，$10^{4}m^{3}$；G_{m} 为基质系统天然气储量，$10^{4}m^{3}$；G_{f} 为裂缝系统天然气储量，$10^{4}m^{3}$；p_{i} 为原始储层压力；p 为现今储层压力，MPa；p_{d} 为临界解吸压力，MPa；V_{L} 为 Langmuir 体积常量；V_{0} 为气体摩尔体积，$10^{-3}m^{3}/mol$；b 为 Langmuir 压力常量，MPa^{-1}；a 为单位换算常数，取值 1.318×10^{-6}；M 为表观天然气相对分子质量，g/mol；ρ_{b} 为页岩密度，g/cm^{3}；ρ_{s} 为吸附相密度，g/cm^{3}；φ_{m} 为基质系统孔隙度，%；φ_{a} 为吸附相视孔隙度，%；B_{g} 为天然气体积系数；B_{gi} 为原始地层条件下天然气体积系数；C_{cm} 为基质孔隙系统有效压缩系数，MPa^{-1}；C_{cf} 为裂缝系统有效压缩系数，MPa^{-1}；C_{f} 为裂缝压缩系数，MPa^{-1}；C_{w} 为裂缝中束缚水饱和度，%；C_{m} 为基质孔隙压缩系数，MPa^{-1}；S_{mwi} 为基质孔隙中束缚水饱和度，%；S_{fwi} 为裂缝中束缚水饱和度，%。

6. 递减曲线分析法

产量递减模型最早由 Arps 于 1945 年提出（Arps，1945），而后 Rushing 及 Lee 通过数值模拟分析了 Arps 曲线在致密或页岩气藏压裂井中的适用性，研究结果表明该递减曲线在非稳态即顺流或拟稳流初期误差较大，均可观察到递减指数 $b>1$ 的现象，这会导致预测结果极大的不合理性（Valko and Lee，2010）。2008 年以后，众多学者基于页岩气井生产数据特征（长时间线性流）并综合考虑了其产量递减与时间关系的特殊性（图 6.4），对 Arps 曲线提出了改进，建立了 PLE、Duong、LGM、

SEPD 及翁氏(生命周期)模型，并在全球范围内的页岩气田证实了上述方法的使用条件、适用范围、局限性和有效性(Ali et al., 2014；Yu et al., 2013；Vanorsdale, 2013；Freeborn and Russel, 2012；李武广等, 2012；Clark et al., 2011；Kabir et al., 2011；Baihly et al., 2010；Doung, 2010；Mattar and Moghadam, 2009；McNeil et al., 2009；Valko, 2009)。

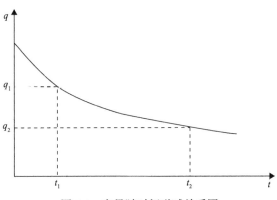

图 6.4　产量随时间递减关系图

1) Arps 模型

传统 Arps 递减曲线基于产量与递减率满足式(6.21)~式(6.24)关系：

$$D = Kq^n \tag{6.21}$$

$$D = \frac{q_1 - q_2}{q_1(t_2 - t_1)} = -\frac{\mathrm{d}q}{q\mathrm{d}t} \tag{6.22}$$

$$V_\mathrm{d} = \frac{q_1 - q_2}{t_2 - t_1} \tag{6.23}$$

$$D = \frac{V_\mathrm{d}}{q} \tag{6.24}$$

结合式(6.21)和式(6.22)，可以得到产量随生产时间的关系：

$$q = \frac{q_i}{\sqrt[n]{1 + nD_i(t - t_i)}} \tag{6.25}$$

式中：D 为递减率，常用单位为 d^{-1}、mon^{-1}、a^{-1}；q_1 为 t_1 时刻的产量，$10^4\mathrm{m}^3/\mathrm{d}$；$q_2$ 为 t_2 时刻的产量，$10^4\mathrm{m}^3/\mathrm{d}$；$K$ 为递减常数；V_d 为递减速度；t 为时间，d；n 为递减指数，n 值大小是决定曲线类型的重要指标。当 n 取值为 0 时，为指数递减；

当 $n=1$ 时为调和递减；当 $0<n<1$ 时，为双曲线递减。产量表达公式分别为式(6.26)、式(6.27)和式(6.28)。

$$G_p = -\frac{q_t}{D_i} + \frac{q_i}{D_i} \tag{6.26}$$

$$G_p = \left(\frac{q_i^b}{D_i(n-1)}\right)\left(q_t^{1-n} - q_i^{1-n}\right) \tag{6.27}$$

$$G_p = \frac{q_i}{D_i}\ln(1+D_i t) \tag{6.28}$$

式中：q_i、D_i、t_i 分别为起始点的产量、递减率和对应的时间；G_p 为累计产量，$10^4 m^3$；q_t 为 t 时瞬时产量，$10^4 m^3/d$。

整个递减过程中的递减率在指数递减模型中保持不变，而在调和、双曲递减中是不断变化的，且变化速率与 n 取值相关。n 越接近 1，递减速率下降越快；n 越接近 0，递减率下降越慢。三种递减模式中，调和递减的递减率始终小于双曲递减的递减率，即在相同条件下，调和递减的递减率减小速度最快，产量递减最慢；指数递减的递减率减小速度最慢，但产量递减最快；双曲递减则介于指数递减和调和递减之间（图 6.5）。

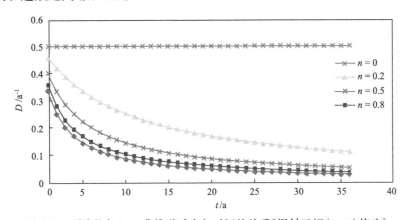

图 6.5　不同形式 Arps 曲线递减率与时间的关系［据付云辉（2017）修改］

2）Duong 模型

该模型基于整个页岩气生产过程长时间处于裂缝线性流阶段，此时产量满足式(6.29)。同时该模型可得出页岩气藏产量与累计产量的比值在生产时间双对数坐标系中存在线性关系。

$$q = q_i t^{-n} \tag{6.29}$$

$$G_p = \frac{q_i t^{1-n}}{1-n} \tag{6.30}$$

$$\frac{q}{G_p} = \frac{1-n}{t} = at^{-m} \tag{6.31}$$

$$q = q_i t^{-m} e^{\frac{a(t^{1-m}-1)}{1-m}} \tag{6.32}$$

$$G_p = \frac{q_i e^{\frac{a(t^{1-m}-1)}{1-m}}}{a} \tag{6.33}$$

$$D = \frac{m}{t} - \frac{a}{t^m} \tag{6.34}$$

式中：q_i 为初始产量，$10^4 m^3/d$；n 为递减参数，双线性流取 1/4，单线性流取 1/2；G_p 为累计产量，$10^4 m^3/d$；a 为大于零的参数；m 为大于 1 的参数（若 $m<1$ 则会出现在生产过程中常量增加的反常现象）。

Duong 模型中 a、m 并无参考定值，需将产量与累计产量拟合得出。在符合常规开采规律的前提下，$a>0$，$m>1$。当 a 值一定，m 值越大，D 值减小速度越快，同时生产井在初期产量递减的越快。当参数 a、m 值一定时，时间趋于无穷大时，递减率趋于 0，也就是说 Duong 模型认为在生产时间无穷大时，生产井会以定产量进行生产（付云辉，2017）。

3）PLE 模型

该模型基于时间对产量递减率的影响分为两段式，即随着生产时间，递减率将至某个定值，此时其数学式与 Arps 模型相似，具体如式（图 6.6）：

$$D = D_\infty + D_i t^{n-1} \tag{6.35}$$

式中：D_∞ 为时间无穷大时的递减率，a^{-1}；D_i 为初始递减率，a^{-1}。

4）SEPD 模型

与 PLE 模型相似，该模型算式同样建立在递减率随时间逐渐变小的基础上，产量满足式（6.36），当时间 t 趋于无穷，则累计产量可近似看作 EUR。

$$q = q_i \exp\left[-\left(\frac{t}{\tau}\right)^n\right] \tag{6.36}$$

$$D = \frac{n}{t}\left(\frac{t}{\tau}\right)^n = \frac{n}{\tau^n} t^{n-1} \tag{6.37}$$

式中：t 与 τ 均为需要实际生产数据拟合求解的数值；n 为小于 1 的参数。

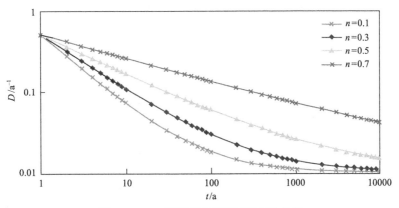

图 6.6　PLE 模型递减率随时间变化关系

7. 规模序列法

规模序列法是基于 Pareto 定律，用评价区内已发现油气藏的规模和序列来预测未发现的油气藏规模的一种方法。该方法是将已发现的油气田按由大到小进行排列，得到油气田规模序列后，根据离散型随机变量的分布规律预测尚未发现的油气资源量(Ivanhoe，1984；Hubbert，1962)。规模序列分布可以用概率分布模型来描述，如对数正态模型、Pareto 模型等，其中 Pareto 模型应用较为普遍。

$$\frac{Q_m}{Q_n} = \left(\frac{n}{m}\right)^k \tag{6.38}$$

$$\frac{\lg Q_m - \lg Q_n}{\lg m - \lg n} = -k \tag{6.39}$$

$$Q_j = \frac{Q_{\max}}{j^k} \tag{6.40}$$

$$Q = \sum_{j=1}^{i} Q_j \tag{6.41}$$

式中：m、n 为生产井的序列号 $(m \neq n)$；Q_m、Q_n 为序号为 m、n 的生产井的储量，$10^8 \mathrm{m}^3$；k 为生产井储量的变化率；Q_j 为评价区内序号 j 的生产井储量，$10^8 \mathrm{m}^3$；$Q_{\max}$ 为评价区内最大的生产井储量，$10^8 \mathrm{m}^3$；i 为评价区内储量超过最小值的个数。

8. 发现过程法

发现过程法是以已发现油气藏为基础，通过概率统计预测评价单元内油气资源量。该方法基于两个假设：①从总体发现一个油藏的可能性与其大小的 β 次幂成正比；②已抽取的气藏不放回，那么发现某一序列油藏的概率为

$$L(\theta) = \prod_{j=1}^{n} \frac{y_j^{\beta}}{b_j + y_{n+1}^{\beta} + \cdots + y_N^{\beta}} \tag{6.42}$$

式中：θ 为油藏总体的分布参数；$y_j(j=1,2,\cdots,n)$ 为已发现油藏个体储量大小(按发现顺序)；β 为勘探效率系数；N 为区带油藏总数；n 为已发现油藏数；$b_j = y_j^{\beta} + \cdots + y_n^{\beta}$；$y_{n+1}, \cdots, y_N$ 为区带中尚未发现的油藏个体储量。

6.4.4　综合法

综合评价方法是在地质解剖学原理的基础上遵循综合分析法则。随着页岩气勘探开发工作的不断推进，人们对地质资料的认识和生产数据的掌握也在不断丰富和深化，面对日趋复杂的研究对象，如果仅依据单一指标对事物进行评价往往不尽合理，必须全面地从整体的角度考虑问题，因此多指标综合评价方法应运而生。所谓多指标综合评价方法，就是把描述评价对象不同方面的多个指标的信息综合起来，得到一个综合指标，由此对评价对象做一个整体上的评判，并进行横向或纵向比较。目前应用较为广泛的主要有德尔菲法和数值模拟两种方法。

德尔菲法的主要原理是将不同地质专家对研究区页岩气的认识进行综合，是完成资源汇总与分析的重要手段(图 6.7)。在美国、加拿大等国家，德尔菲法被认为是最重要的资源评价方法之一。设不同评价者给出的资源量分别为 $Q_1, Q_2, \cdots, Q_n$，不同评价专家所赋予的权重系数为 $K_1, K_2, \cdots, K_n$，则资源量估算结果平均值 Q 表示为

$$Q = \sum_{i=1}^{n} Q_i \cdot K_i \left(\sum_{i=1}^{n} K_i = 1 \right) \tag{6.43}$$

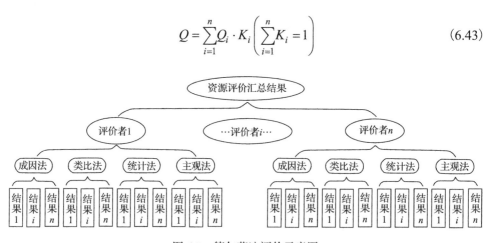

图 6.7　德尔菲法评价示意图

6.4.5　资源评价方法对比及优选

1. 资源评价方法特点分析

　　一般将页岩气资源评价方法按照不同评价原理、计算公式等分为类比法、成因法、统计法及综合法；其中每种大类又可根据所选用具体参数不同划分为 4～7 个小类不等。但也有学者根据方法是否使用生产井资料及数据，是否随时间变化取值不同，而将其分为静态及动态两种方法（姜生玲等，2017；周庆凡，2016；姜宝益等，2014；刘晓华等，2013；Mongalvy，2012；董大忠等，2009），其中动态法主要指统计法中除容积法外的其他方法，包含 Forspan 法、物质平衡法、递减曲线分析法、规模序列法及发现过程法等。

　　资源评价方法提出的年代、背景及勘探目的不同，导致不同方法的使用条件及适用范围不同，另外方法的不同机理也使其在页岩气资源量计算工作中的继承性、合理性及有效性差异较大。

1）类比法

　　类比法是一种简单快捷的评价方法，其主要以类推分析为依据，可以类比的资料类型多样化，包括面积丰度、体积丰度、体积速率及 EUR 等。该类评价方法的准确性及可靠性主要依赖于类比标准区及类比系数的选取，要求评价区与标准区在进行类比的过程中，不论是页岩气形成富集背景还是勘探开发程度都需要具有较高的相似性，而且所类比的资料类型级别越高（如生产井数据等）就越需要评价区与标准区的一致性。基于我国现阶段不同地区、不同层系及不同类型页岩气的发展程度和成藏地质条件差异性，在全国范围内，甚至与北美克拉通盆地相比较，均较难找出代表性和普遍性较强的类比刻度区。另外，类比系数的选取目前除了权重赋值法，也并没有更好的解决办法，这就导致了类比系数赋值具有极大的主观性。综上，类比法虽然便于理解和操作，同时可根据被类比对象级别使其可分别运用于低中高勘探程度的区块内，但对于刻度区和类比系数的定夺和选区仍存在较大争议，很容易造成评价结果的合理性和准确度较差；除非在所掌握资料较为匮乏的勘探早期，否则不推荐该方法的使用。

2）成因法

　　成因法也称地球化学物质平衡法，即目标页岩层内有机质生成的烃类总量等于排出及残余烃量之和，其可进一步细分为盆地模拟法、氯仿沥青法、氢指数法等。成因法的准确性及可靠性主要依赖于对地球化学参数的正确选取和对油气运聚等地质问题的深刻理解。计算需要用到的部分关键地球化学参数如总烃产率、TOC 恢复系数及排烃系数等，大多获取于实验室热模拟过程，部分出于大量数据建立的模板中（甘辉，2015），这些理论值在我国南方复杂且特殊的构造背景下适用性及准确性均较差；而南方页岩层位埋深较大导致有机质热演化程度达到高—过成熟阶段，所取样品经实验测试得到的数值也较难反映真实的生烃能力；另外多期多性质的叠合及残留盆地也加大了盆地模拟法的操作难度。整体上，成因法主要针对待评价对象计算原地地质资源量，同时地球化学参数较难获取且失真程度较大，适用于勘探程度、热演化程度及构造复杂性均较低的页岩气区块。

3）统计法

统计法中除体积/容积法外，均是利用历史勘探资料成果/经验（发现率、油气产率、日/月/年生产数据、油田规模分布等）的趋势推断方法，通过统计分析将现有资料按照趋势合理地拟合为资源量的增长曲线（郭秋麟等，2016），将过去的勘探与发现状况有效地外推至未来或穷尽状态，据此对资源总量进行计算，主要包括物质平衡法、Forspan 法、发现过程法、规模序列法及递减曲线分析法。该方法的准确性和可靠性主要取决于所掌握的生产资料丰度及精度，其中体积/容积法及评价单元划分法的关键参数是含气量及评价子单元的划分，主要适用于资料相对丰富但缺少动态生产数据的中高勘探阶段，但我国页岩气成藏构造背景在横纵向上的多变性及复杂性导致了利用沉积相、构造形态划分子单元仍然具有较低的可信度；而类似 Access 的表格划分方法则具有数据分布广度及精度不支持的弊端，在很多表格内存在数据空白的现象，若采用类比方法则又存在前述问题。

物质平衡法将储层看作定容体积并以开发过程中 PVT 守恒为原则，其方程直线外推的横坐标截距对应目标气藏的地质储量。但非常规油气藏在使用该方法时，较难获取 P/Z 与 G_p 的关系，且页岩气在实际开采过程中的吸附-脱附现象对于以压力变化为基础的物质平衡法增加了操作难度。

递减曲线分析法及产量预测研究是页岩气藏开发过程中的重要内容之一，对实际生产具有重要的指导意义。常规气井递减曲线分析法，如 Arps 模型、Fetkovich 及 Blasingame 方法等均要求气井生产达到拟稳态后才适用，而低孔低渗的页岩储层由于多级水力压裂使得井生产长期处于线性流阶段，拟稳态流出现时间会非常晚，因此，在实际页岩气井的整个生产过程中，几乎很难观察到真实拟稳态流特征（庞进等，2018）。因此，这类方法均不能用于页岩气井的产量递减预测。如正常情况下，Arps 曲线的递减指数介于 0～1，但对于低孔低渗的页岩气藏来说，受气体解吸作用、裂缝相互干扰、地层封闭等作用的影响，实际流态更为复杂，生产井短时间内难以进入拟稳定生产阶段（Bello and Wattenbarger, 2008；Scheper and Meyers, 1988），此时 Arps 递减指数会大于 1 进而导致预测结果偏大（Mishra et al., 2014；Kupchenko et al., 2008）。Duong 模型虽然是基于页岩气藏长时间处于线性流阶段提出（Duong, 2010），但其计算式中的常数取值不明确，与 PLE 模型同样易出现多解现象（Mattar and Moghadam, 2009）从而造成预测误差；另外若在开采周期前 10 年时间内，如流动阶段发生变化，上述两种模型的预测结果均会偏大（Vanorsdale，2013）。而 SPED 模型中参数需要不断循环试探求解，过程较为麻烦，可能会直接影响到模型预测结果。付云辉于 2017 年以四川某页岩气生产区块为靶区，对比以 4 年为生产周期各模型的准确性发现，当拟合时长较小时，Duong 模型预测误差最小，SPED 模型次之，PLE 模型误差最大；但随时间推移，PLE 与 Duong 模型的预测准确度逐渐接近。越来越多的学者发现单一曲线递减模型容易存在多解性，对储量预测造成较大的影响，故提出将多种模型优化组合使用（雷丹凤等，2014）。

规模序列法及发现过程法则忽略了页岩气自生自储、无明显气水边界的连续成藏特征。具有不同地质背景的评价区块，规模序列法较难确定合适的气藏分布模型（对数正态模型或者 Pareto 模型），而发现过程法能在多大程度上反映何种勘探级别的气田开发程度，均是悬而未决的问题。

综上，统计法中递减曲线分析法在掌握大量的生产井数据时能够较为准确地计算出地质储量，但基于我国目前的页岩气发展进程，除涪陵、长宁—威远、昭通及延长页岩气田进入商业化开采阶段外，其他地区均为见气不产气的状态，故递减曲线分析法推广难度较大。而概率体积法则是目前全球范围内适用性较强的一种评价方法，其在全国页岩气资源评价（2012 年）和全国页岩气动态资源评价（2015 年）中发挥了重要作用。我国页岩气地质条件复杂且类型多样，勘探资料程度参差不齐，地质参数非均质性较强，使用简单的体积法难以取得客观效果。蒙特卡罗方法能够有效地描述页岩气资源评价中各地质参数的不确定性，增强评价结果的可靠性（McGlade et al.，2013），可以应用于不同地质条件和勘探程度的地区，易于获得推广，具有广泛的应用意义。一般来说，参数数据量越大，数据的空间分布越均匀，资源量评价的结果就越可靠。

4）综合法

综合法是在无最优选择时，综合优化不同学者及机构对评价区块所选用的评价方法及计算结果，其适用于低中高各类勘探程度的页岩气区块。但由于综合法的原理及性质，在其使用过程中始终存在较强的主观性。

2. 方法选择的主要影响因素

页岩气资源评价方法大部分直接取自常规油气藏评价方法，少部分基于已有方法结合页岩气成藏及生产特殊性等做出改进，不同方法具有不同的评价原理、评价过程、计算方法、使用条件、适用范围、准确性及有效性。影响方法选取的因素取决于待评价资源级别（地质资源量或是地质储量）、页岩气成藏特征（生烃量、热演化程度、区块构造复杂性等），最主要的则是数据获取难易及掌握程度（是否具有生产资料及丰富程度）。

1) 资源级别

参考国际资源量和储量的分级方案，我国提出了符合中国地质实际情况的资源量、储量分级方案，即将地质资源量根据发现程度划分为已发现地质资源量(地质储量)和未发现地质资源量两大类，地质储量又分为控制地质储量、探明地质储量和预测地质储量三小类，未发现地质资源量又分为潜在地质资源量和预测地质资源量。待评价的页岩气资源级别不同，可选取的方法类型及数量也不同，如地质储量计算必须具备大量的生产井资料。

2) 页岩气成藏地质条件

页岩气成藏特征可在一定程度上影响方法的选取及操作过程的细化。如我国南方大部分海相页岩层位年代老、埋深大，导致页岩内有机质热演化程度过高，基于生排烃量计算的成因法受到较强的约束作用。而不同于北美克拉通盆地的构造地质背景，类比法很难在全国范围内找到类比刻度区，同时类比系数较难客观定义。另外，多期、多性质构造运动的叠加要求在展开资源评价工作时，必须细化基于构造界限划分评价单元。

3) 页岩气资源评价方法优选流程及优选建议

页岩气资源评价方法优选流程主要包括三个步骤：①确定评价对象的勘探开发程度，根据掌握资料性质(地质参数或生产井数据)选取分别适用于低中高勘探阶段的方法，从而展开地质资源量和地质储量计算；②根据页岩气成藏地质条件(包括沉积相、构造运动史)的复杂程度进一步细分评价单元，最大限度地降低页岩储层的非均质性对资源量计算结果带来的不确定性；③在中低勘探程度页岩气区块内，根据富有机质页岩发育地质背景，如生烃潜力、有机质热演化程度等选用合适的方法；在高勘探程度页岩气区块内，针对生产井数量及日/月/年生产质量选取合适的递减曲线模型。

据上述不同资源评价方法的优缺点及适用性，结合方法优选流程，以我国南方海相页岩气为例，给出资源评价方法优选建议(表6.3)。

表 6.3　页岩气资源评价方法综合匹配表

沉积相	构造类型	勘探开发程度			
		低	中	较高	高
海相	原形盆地	成因法 类比法 德尔菲法	体积法 数值模拟法	递减曲线分析法 规模序列法 概率体积法	递减曲线分析法、Forspan 法
	改造盆地	类比法 德尔菲法	概率体积法 数值模拟法	递减曲线分析法 概率体积法	递减曲线分析法、Forspan 法
	残留盆地	类比法 德尔菲法	概率体积法 评价单元划分法	递减曲线分析法 概率体积法	Forspan 法

6.4.6　资源评价结果可信度分析

对页岩气规模和数量的准确评价是一个很大的挑战，在地质认识的基础上开展资源量计算，形成定量表征的计算结果，为资源评价的目的所在。在资源量计算过程中，尽管只有少量参数(计算参数)参与了运算，但实际上需要各方面数据(隐含参数)的大量支撑，故资源评价是一个对页岩气各方面地质条件进行系统认知的过程。页岩气富集过程中所受的影响因素较多，不同地区的主控因素各不一样。由于地质变量的不确定性和页岩气成藏条件的不均一性，页岩气资源评价中的测不准特点将始终存在，据此，应当建立评价结果不确定性分析流程及方法。页岩气资源评价是地质研究和认识程度的数值反映，评价结果的可信度取决于地质分析的逻辑性和评价结果的合理性，可信度评价内容主要包括以下三个方面。

1. 方法选择的合理性

页岩气资源评价方法的选择主要取决于勘探开发程度，依赖于可用资料的类型及多寡。基于不同的原理及算式，每种资源量计算方法均有其自身的使用条件和适用范围。在勘探认识程度较低时，可选用类比法、(概率)体积法、成因法等；而考虑到页岩气成藏地质背景及特点时，可在上述方法中进一步优选，若有机质热演化程度过高时，成因法中的参数获取难度较大同时代表性较差，导致使用该方法计算的结果可信度较差；又如当页岩发育的地质背景复杂时，使用体积法及类比法即会忽略页岩非均质性带来的预测误差，降低结果准确度，而基于蒙特卡罗数学原理的概率体积法，评价结果精度较高。在勘探程度较高、生产井资料较多的情况下，就必须择优选择动态资源评价方法，如 Forspan 法和递减曲线分析法，即可以计算地质储量时不能降低资源级别去选择计算原地资源量的评价方法。

2. 参数体系的有效性

针对不同勘探程度、类型和特点的页岩气资源的评价方法，对应的参数体系具有较大的差异性。不同的评价方法会根据评价原则和计算需求提出相应的参数需求，不过其核心内容基本为单位质量页岩的含气量或生烃量，故不同方法参数体系中基本均包括页岩有效厚度、分布面积、TOC、R_o、含气量及含气饱和度等参数。该参数体系是能够有力体现页岩含气量或资源量的典型参数集合，可信度较高。

3. 参数获取的准确性

资源量计算的核心是算式和参数，当选定一种资源评价方法，此时计算结果的合理性及科学性则在很大程度上取决于数据量及参数精度。参数精度主要通过参数获取手段和分布模型进行评价，一般获取方法越先进且多样化，参数精度越高；而对于地质参数来说，在选取有效参数后应对数据进行相应整理优化工作以进一步提高参数的准确性，包括参数的预处理及相关性分析，其统计学分布模型越接近正态分布，数据离散程度越低、分布越稳定说明代表性越好。另外还需通过单因素方差分析来确定数据量的下限阈值，用以评判参与直接计算的数据是否达到了统计学中的有效性。

页岩层系厚度可通过露头调查、钻探、地震及测井等手段获得，结合气测异常、油气苗、近地表样品解析见气和实验分析等手段得到页岩的有效厚度；通过页岩层系连井剖面、地震解释等资料掌握有效厚度在剖面和平面上的变化规律，结合泥页岩层系各项相关参数平面变化等值线图，可对含气面积进行分析；含气量可通过直接法(岩心现场解析法)和间接法(模拟实验法、统计法、类比法、计算法、测井资料解释法及生产数据反演法等)等获得。实验分析如现场解析，其钻井取心过程耗时应尽量短些，岩心提出井眼之后迅速放入密封罐内密封，密封罐放置于预先加热的水浴箱内。解吸过程中需要记录解吸气量、时间、温度和大气压力，之后通过多项式拟合回归方法计算出损失气量。实测解吸气量时模拟地层条件，尤其是地温条件，这样既能反映页岩中气体在地层原始条件下的解吸速率，又能使损失气量的估算更加准确。

在获取参数值后应对参数进行相关分析，主要包括参数预处理、参数相关性分析和参数综合分析三个步骤。主要目的是分析数据时效性；分析其分布规律如数据集中程度、数据离散程度和分布形态，对数据进行类型划分；最后对参数所描述的含气页岩整体特征做出判断；而相关性及综合分析主要研究变量之间的关系、因变量与自变量的关系及结果合理性等。常用软件如 Minitab、SPSS、SAS、Statistica 和 Excel 等。

1)参数预处理

预处理过程包括选取种类及数量繁多的参数，根据相似度进行参数类型划分，对数据标准化处理，这为后期参数计算等提供了便利条件，大大提高了评价效率。①参数选取：常用系统选取、分层选取及随机选取三种方法，目的是准确、全面且系统地选取包含富有机质页岩形成、页岩气富集、页岩气开采等方面的所有相关参数。②参数分类：是简化数据的一种方式，常用识别归类、聚类分析等方法，对不同种类、不同级别、不同量纲甚至是具有不同地质内涵的参数，根据相似度将其分成不同的簇，尽可能扩大相同簇内数据相似性，同时扩大不同簇间数据的差异性。传统的统计聚类分析方法包括系统聚类法、分解法、加入法、动态聚类法、有序样品聚类法、有重叠聚类法和模糊聚类法等。③参数标准化处理：包括类型一致化、无量纲化处理、模糊指标量化处理、定性指标量化处理等。

　　此处，以离散程度为例展开对数据预处理的讨论。表征数据离散程度的变量主要包括极差、离均差平方和、方差/标准差及离散系数。极差是一组数据中最大值与最小值之差，对于含气量等变化范围较大的数据，即便是宏观地质条件相近，也可能造成极差相差较大，较难通过横向对比两组或多组数据的极差来判断其背后的地质信息；离均差平方和则只能反映样本量相同的数据组间离散程度差异；方差及标准差则无法对比不同样本的离散程度；而离散系数/变异系数则可消除不同样本量、不同均值及不同计量单位对数据离散程度的影响，适用性较强。以涪陵焦页 1、2、4 井不同层段的 TOC 为例(图 6.8)，通过求取离散系数可知，沿涪陵箱状背斜长轴方向，数据离散程度由北东向西南出现先减小后增大的变化趋势(表 6.4)，这与靠近背斜边部，页岩层位受断层影响导致数据变化幅度较大的地质认识吻合。

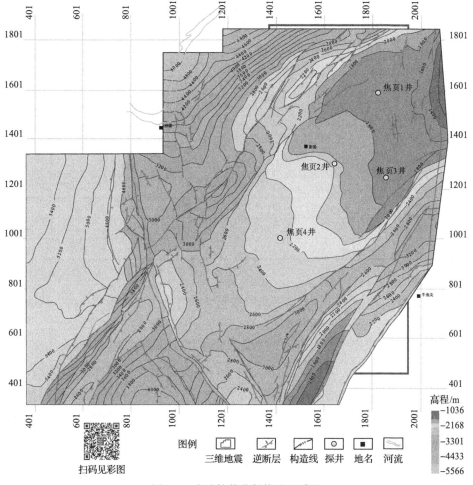

图 6.8　涪陵箱装背斜构造地质图

表 6.4 焦页 1 井、焦页 2 井及焦页 4 井 TOC 离散程度对比

井名 （层段 A）	焦页 1 井	焦页 2 井	焦页 4 井	井名 （层段 B）	焦页 1 井	焦页 2 井	焦页 4 井
	1.34	0.60	1.30		0.37	0.55	1.34
	2.10	0.73	2.20		0.39	0.66	2.30
	2.10	0.88	3.40		0.59	0.57	5.17
	2.98	1.01	1.30		2.81	0.96	1.34
	4.08	1.30	0.91		2.66	0.94	0.82
	6.43	1.32	1.24		2.35	1.41	1.51
	0.53	1.37	1.53		0.91	2.17	1.76
	0.69	1.72	1.72		0.75	1.69	1.46
	1.10	2.08	1.79		0.75	1.19	1.80
	1.39	1.98	2.24		0.68	1.57	1.96
TOC/%	1.57	2.05	2.82	TOC/%	0.82	1.64	2.49
	1.59	1.94	2.75		0.84	1.71	2.71
	1.46	1.96	2.61		1.10	1.92	2.97
	1.46	2.04	2.80		7.07	1.92	2.94
	1.56	1.96	3.66			2.12	2.40
	1.65		3.20				3.13
	1.70		3.25				3.22
	1.98		3.84				2.97
	2.10		3.89				3.79
	2.18						
	2.22						
总均值		2.05		总均值		1.98	
总离散系数		0.50		总离散系数		0.68	
各井均值	2.01	1.53	2.44	各井均值	1.58	1.40	2.42
各井离散系数	0.61	0.33	0.38	各井离散系数	1.08	0.38	0.41

2）参数相关性分析

常用方法有描述统计、聚类分析、灰色关联分析、线性相关分析、列联表分析、偏相关分析和距离分析等方法。重点研究不同参数之间的关联强度，分析 A 参数对 B 参数的依赖程度，简化并处理多参数对结果或决策的影响。

3）参数综合分析

我国页岩气形成地质条件复杂，不同类型页岩气地质评价关键参数变化范围及其在评价体系中所占权重相差较大，如海相页岩气地质评价中，由于沉积环境和物质基础大体相当，导致 TOC 权重系数较小而热演化程度占比较大；相反，陆相页岩由于沉积相变化复杂使得 TOC 权重系数较大，而由于大多数页岩埋深较浅使得热演化程度权重占比较小。据此，为了提高参数横向比较的真实性，常利用有限元法在进行参数对比或标准确定前将含气页岩及其参数进行单元划分。将连续的求解域离散为一组单元的组合体，用在每个单元内假设的近似函数来分片地表示求解域上待求的未知场函数，近似函数通常由未知场函数及其导数在单元各节点的数值插值函数来表达，从而使一个连续的无限自由度问题变成离散的有限自由度问题。该方法能够保证含气页岩地质评价关键参数处在同一评价体系内或变化范围内，可提高评价结果精度与准确性，避免无效工作。

最后为了克服页岩气评价参数的不确定性，保证评价结果的科学合理性，常按照参数的概率分布规律和相应的取值原则，对非均一分布的参数进行概率赋值。所有的参数均可表示为给定条件下事件发生的可能性或条件性概率，表现为不同概率条件下地质过程及计算参数发生的概率可能性。通过对取得的各项参数进行合理性分析，结合评价单元地质条件和背景特征，确定参数变化规律及分布范围，经统计分析后分别赋予不同的特征概率值，研究其服从的分布类型、概率密度函数特征以及概率分布规律，求得均值、偏差及不同概率条件下的参数值，对不同概率条件下的计算参数进行合理赋值。

4) 数据量下限阈值

资源量计算所需要的数据量下限值，是限定资源评价起算条件的重要参数。除了离散程度(通过离散系数表征)，还应该对已掌握数据进行随机抽样、分组，对比不同组之间的差异程度，以此确定不同构造背景或沉积环境下计算资源量所需要的数据量下限值。基于对 SPPS 中聚类分析的思考，积极寻找和提炼数据可信度分析方法，最终选定基于 F 分布、t 分布及 R^2 的三种单因素方差分析方法。所谓的控制单因素为"组数"，针对同一样本数据只有组数和组间数量发生变化，所以方法适用性较高。

对于基于 F 分布的单因素方差分析，假设得到的数据为总体，等数量分组，每组为抽样样本，具体步骤如下。

(1) 设所得到的某一页岩气地质评价参数的数据量 n 为总体，控制每组数据量一样，即样本数据量为 m，组数为 $k(m \cdot k = n)$，对数据总体进行随机分组 $(n_1, n_2, \cdots, n_i, \cdots)$。

(2) 计算各抽样组(样本)平均值，记为 $\bar{x}_1, \bar{x}_2, \cdots, \bar{x}_i$，则有 $\bar{x}_i = \dfrac{\sum\limits_{j=1}^{m} x_{ij}}{m}$。

(3) 计算总体均值，记为 $\bar{\bar{X}}$，则有 $\bar{\bar{X}} = \dfrac{\sum\limits_{i=1}^{k} \bar{x}_i}{k}$。

(4) 求取各组的组内误差平方和(残差平方和)，记作 SSE，则有 SSE =

$$\sum_{i=1}^{k}\sum_{j=1}^{m}(x_{ij} - \bar{x}_i)^2 \text{。}$$

(5)求取各样本间的误差平方和（因素平方和），记作 SSA，则有 SSA $=$

$$k\sum_{i=1}^{k}(\bar{x}_i - \bar{\bar{X}})^2 \text{。}$$

(6)所谓自由度为已知总体均值时，总体内可自由取值的数据量，比如一共有 n 个数据，且已知均值，则我们只需要对 $n–1$ 个数据进行约束，剩下一个在均值的帮助下求取。SSE 的自由度是 $n–k$，即有 k 个均值可确定；SSA 的自由度是 $k–1$。

(7)求取组内均方，则有 $\text{MSE} = \dfrac{\text{SSE}}{n-k}$。

(8)求取组间均方，则有 $\text{MSA} = \dfrac{\text{SSA}}{k-1}$。

(9)将组内及组间均方对比，得到需要检验的统计量 F，$F = \dfrac{\text{MSE}}{\text{MSA}} - F(k-1, n-k)$。

(10)根据给定的显著性水平 α（一般 F 分布中假定可信度为 90%），以 $k–1$ 为横轴，$n–k$ 为纵轴，在 F 分布中找到相应的临界值 F_α。

(11)检验是否存在组间差异，若 $F > F_\alpha$，则证明分组方式不合理，组间存在较明显差异，样本不可代表总体。

当样本总体数量较小时，可以选用基于 t 分布的单因素方差分析法，即最小显著差异法。当得知不同样本之间存在差异时，利用最小显著差异法进一步判断两两样本数据的差异。将要对比的两组样本均值求差 $|(x\_i)^- - (x\_j)^-|$，与 LSD 相比，若 $|(x\_i)^- - (x\_j)^-| > \text{LSD}$，证明被比较对象之间存在差异。考虑到我们求取样本数量下限值的目的，要求每个样本内数据量一致，故 n_i、n_j 均取值 m，则有变形公式如下：

$$\text{LSD} = t_{\frac{a}{2}}\sqrt{\text{MSE}\left(\frac{1}{n_i} + \frac{1}{n_j}\right)} \tag{6.44}$$

$$\text{LSD} = t_{\frac{a}{2}}\sqrt{\text{MSE}\left(\frac{1}{m} + \frac{1}{m}\right)} \tag{6.45}$$

只要组间因素平方和不为零，样本与总体之间就一定存在某种关系，即样本对总体的影响，只是影响显著与否的问题。此时用关系强度 R^2 表征样本与总体之间的关系，在统计学上，一般认为达到 30%，即样本 R^2 对总体产生显著影响。

$$R^2 = \frac{\text{SSA}}{\text{SST}} \tag{6.46}$$

式中：SST 为样本总平方和，它是全部观测值 χ_{ij} 与总均值 $\bar{\bar{\chi}}$ 的误差平方和，其计算公式为

$$SST = \sum_{i=1}^{k} \sum_{j=1}^{ni} (\chi_{ij} - \bar{\bar{\chi}})^2 \tag{6.47}$$

上述三种方法均基于"将随机抽取的样本划分为数量相等的几个数据组，用不同的方法计算组别之间的差异性大小，差异性越小，就说明各组数据对样本总体的代表性越高"的原理，由此可知，F 及 R^2 越小，数据组间差异越小，选取任何一组数据对样本总体的影响越小，数据组越具有代表性，即可求得能够代表样本的数据量下限值。以涪陵地区为例，将获取数据分为 6 组且每组 10 个数据（表 6.5）和 3 组且每组 20 个数据（表 6.6），依据上述计算步骤得到表中 F 值，以

表 6.5　每组 10 个数据共 6 组划分模式的参数单因素方差分析

组别	1	2	3	4	5	6
1	1.34	1.56511	2.2186	1.977	1.3	2.8206
2	2.1	1.59	0.601	2.046	2.2	2.7518
3	2.1	1.461	0.73	1.94	3.4	2.614
4	2.98	1.461	0.877	1.96	1.3	2.8
5	4.08	1.56	1.01	2.04	0.911	3.6633
6	6.43	1.6511	1.3	1.96	1.238	3.199
7	0.533	1.702	1.32	1.4	1.5307	3.250614
8	0.687	1.9778	1.37	1.8	1.7199	3.8353
9	1.1	2.098	1.719	2.4	1.788697	3.8869
10	1.39312	2.1842	2.081	3.5	2.235	1.3
个体平均值	2.27	1.73	1.32	2.10	1.76	3.01
总样本量	60					
总均值	2.03					
个体平方和	29.67	0.63	2.71	2.72	4.58	5.20
后续计算		总平方和	组间平方和	组内平方和		
		SST	SSA	SSE		
	值	62.44	16.94	45.50		
	自由度	59	5	54		
均方计算	MSA	MSE				
F	R^2	R				
4.02	0.27	0.52				

表 6.6 每组 20 个数据共 3 组划分模式的参数单因素方差分析

组别	1	2	3
1	1.977	1.3	2.8206
2	2.046	2.2	2.7518
3	1.94	3.4	2.614
4	1.96	1.3	2.8
5	2.04	0.911	3.6633
6	1.96	1.238	3.199
7	1.4	1.5307	3.2506142
8	1.8	1.7199	3.8353
9	2.4	1.788697	3.8869
10	3.5	2.235	1.3
11	1.34	1.56511	2.2186
12	2.1	1.59	0.601
13	2.1	1.461	0.73
14	2.98	1.461	0.877
15	4.08	1.56	1.01
16	6.43	1.6511	1.3
17	0.533	1.702	1.32
18	0.687	1.9778	1.37
19	1.1	2.098	1.719
20	1.39312	2.1842	2.081
个体平均值	2.19	1.74	2.17
总样本量	60		
总均值	2.03		
个体平方和	32.53	5.22	22.18
后续计算		总平方和	组间平方和
		SST	SSA
	值	62.44	2.52
	自由度	59	2
均方计算	MSA	MSE	
	1.26	1.05	
F	R^2	R	
1.20	0.04	0.20	

置信度 95%为标准。划分为 6 组的 F_a=2.387，F＞F_a，组间差异较大；而划分为 3 组的 F_a=3.169，F＜F_a，可视为组间无差异，即针对涪陵箱状背斜的构造地质背景，想要得到准确性较高的资源量计算值，数据量下限值为 20 个。

参 考 文 献

陈尚斌, 朱炎铭, 王红岩, 等, 2012. 川南龙马溪组页岩气储层纳米孔隙结构特征及其成藏意义. 煤炭学报(3): 438-444.

董大忠, 程克明, 王世谦, 等, 2009. 页岩气资源评价方法及其在四川盆地的应用. 天然气工业, 29(5): 33-39, 136.

董大忠, 王玉满, 李新景, 等, 2016. 中国页岩气勘探开发新突破及发展前景思考. 天然气工业, 36(1): 19-32.

付云辉, 2017. 页岩气藏产量递减分析及预测方法研究. 成都: 西南石油大学.

甘辉, 2015. 长宁地区龙马溪组页岩气资源潜力分析. 成都: 西南石油大学.

郭秋麟, 谢红兵, 黄旭楠, 等, 2016. 油气资源评价方法体系与应用. 北京: 石油工业出版社.

姜宝益, 李治平, 第五鹏祥, 等, 2014. 页岩气产能评价方法及模型研究. 科学技术与工程, 14(25): 58-62.

姜生玲, 张金川, 李博, 等, 2017. 中国现阶段页岩气资源评价方法分析. 断块油气田, 24(5): 642-646.

雷丹凤, 王莉, 张晓伟, 等, 2014. 页岩气井扩展指数递减模型研究. 断块油气田, 21(1): 66-68, 82.

李武广, 鲍方, 曲成, 等, 2012. 翁氏模型在页岩气井产能预测中的应用. 大庆石油地质与开发, 31(2): 98-101.

林腊梅, 2013. 页岩气资源评价方法研究及应用. 北京: 中国地质大学(北京).

刘波涛, 尹虎, 王新海, 等, 2013. 修正岩石压缩系数的页岩气藏物质平衡方程及储量计算. 石油与天然气地质, 34(4): 471-474.

刘铁成, 唐海, 刘鹏超, 等, 2011. 裂缝性封闭页岩气藏物质平衡方程及储量计算方法. 天然气勘探与开发, 34(2): 28-30, 80.

刘晓华, 邹春梅, 姜艳东, 等, 2013. 页岩气水平井动态评价方法. 石油钻采工艺, 35(3): 55-58.

庞进, 李尚, 刘洪, 等, 2018. 基于流态划分的页岩气井产量预测可靠性分析. 特种油气藏, 25(2): 64-68.

秦佳, 张威, 刘晶, 等, 2014. 美国页岩气开发状况分析. 大庆石油地质与开发, 33(4): 171-174.

宋宁, 孟闲龙, 王铁冠, 2007. 油气资源评价中体积速度法的应用. 天然气工业, (10): 56-59, 136.

熊钰, 熊万里, 刘启国, 等, 2015. 考虑吸附相体积的页岩气储量计算方法. 地质科技情报, 34(4): 139-143.

杨浩珑, 戚志林, 李龙, 等, 2013. 页岩气储量计算的新物质平衡方程. 油气田地面工程, 32(8): 1-3.

杨涛, 2010. 井控面积法计算地质储量在剩余油研究中应用. 大庆石油地质与开发, 29(2): 87-91.

姚猛, 胡嘉, 李勇, 等, 2014. 页岩气藏生产井产量递减规律研究. 天然气与石油, 32(1): 63-66, 11.

张金川, 林腊梅, 李玉喜, 等, 2012. 页岩气资源评价方法与技术: 概率体积法. 地学前缘, 19(2): 184-191.

张烈辉, 陈果, 赵玉龙, 等, 2013. 改进的页岩气藏物质平衡方程及储量计算方法. 天然气工业, 33(12): 66-69.

赵倩茹, 2017. 页岩气资源评价方法优选. 北京: 中国地质大学(北京).

周庆凡, 2016. USGS 的四川盆地古生界页岩气资源评价. 石油与天然气地质, 37(1): 2.

Ahmed T H, Centilmen A, Roux B P, 2011. A generalized material balance equation for coalbed methane reservoirs. SSPE Annual Technical Conference and Exhibition. San Antonio, Texas: Society of Petroleum Engineering.

Ali T, Sheng J, Soliman M, 2014. New production-decline models for fractured tight and shale reservoirs//SPE paper 169537 presented at SPE Western North American and Rocky Mountain Joint Meeting.

Ambrose R J, Hartman R C, Yucel Akkutlu I, et al., 2011. New pore-scale considerations for shale gas in place caculations. SPE Production and Operations symposium. New York: Society of Petroleum Engineering.

Arps J J, 1945. Analysis of Decline Curves. Transactions of the AIME, 160: 228-247.

Baihly J D, Altman R M, Malpani R, et al., 2010. Shale gas production decline trend comparion over time and basins//SPE paper 135555 presented at SPE Annual Technical Conference and Exhibition, Florence, Italy.

Bello R O, Wattenbarger R A, 2008. Rate transient analysis in naturally fractured shale gas reservoirs. Society of Petroleum Engineers. SPE Gas Technology Symposium, 114591.

Clark A J, Lake L W, Patzek T W, 2011. Production forecasting with logistic growth models//SPE paper 144790 presented at SPE Annual Technical Conference and Exhibition.

Duong A N, 2010. An unconventional rate decline approach for tight and fracture-dominated gas wells//SPE paper 137748 presented at Canadian Unconventional Resources and International Petroleum Conference.

EIA, 2011. World shale gas resources: an initial assessment of 14 regions outside the United States. Washington, D.C.: U.S. Energy Information Administration.

Freeborn R, Russel B, 2012. How to apply stretched exponential equations to reserve evaluation//SPE paper 162361 presented at SPE Hydrocarbon Economics and Evaluation Symposium.

Hubbert M K, 1962. Energy resources report to the Committee on Natural Resources of the National Academy of Sciences and National Re-search Council. Washington, D.C.: National Academy of Sciences-National Research Council.

Ivanhoe L F, 1984. Oil discovery indexes of Africa and Far East, 1945-1981. Oil and Gas Journal, 83 (3): 115-116.

Kabir S, Rasdi F, Igboalisi B, 2011. Analyzing production data from tight oil wells. Journal of Canadian Petroleum Technology, 50 (5): 48-58.

King G R, 1990. Material-Balance Techniques for Coal-Seam and Devonian Shale Gas Reservoirs With Limited Water Influx. Spe Reservoir Engineering, 8 (1): 67-72.

Kupchenko C I, Gault B W, Mattar L, 2008. Tight gas production performance using decline curves//SPE paper 11499 presented at CIP/SPE Gas Technology Symposium 2008 Joint Conference.

Lee W J, Sidel R, 2010. Gas-Reserves Estimation in Resource Plays. SPE Economics&Management, 2 (2): 86-91.

Mattar L, Moghadam S, 2009. Modified Power Law Exponential Decline for Tight Gas//SPE paper 198 presented at Canadian International Petroleum Conference, Calgary, Alberta.

McGlade C, Speirs J, Sorrell S, 2013. Methods of estimating shale gas resources-Comparison, evaluation and implications. Energy, 59 (sep.15): 116-125.

McNeil R, Jeje O, Renaud A, 2009. Application of the Power Law Loss-Ratio Method of Decline Analysis//SPE paper 159 presented at Canadian International Petroleum Conference, Calgary, Alberta.

Merchan P S, Carrillo Z C, Ordonez A, 2009. The New, Generalized Material Balance Equation for Naturally Fractured Reservoirs//Latin American and Caribbean Petroleum Engineering Conference. Cartagena de Indias: Society of Petroleum Engineerings.

Mishra S, Kelley M, Makwana K, 2014. Dynamics of production decline from shale gas reservoirs: mechanistic or empirical models//SPE paper 171012 presented at SPE Eastern Reginal Meeting.

Mongalvy V, 2012. 页岩油气藏动态评价的一套新数值方法. 朱起煌, 译. 石油地质科技动态 (2): 45-61.

Scheper R J, Meyers S D, 1988. Study of Devonian Shale Gas Geology and Production in West Virginia, Kentucky, and Ohio. Journal of Petroleum Technology, 40 (6): 749-752.

Schilthuis R J, 1936. Active oil and reservoir energy. Transactions of the Aime, 118 (1): 33-52.

Schmoker J W, 1999. U.S. Geological Survey assessment model for continuous (unconventional) oil and gas accumulations-The "FORSPAN" model. U.S. Geological Survey Bulletin, 2168: 12.

Valko P P, 2009. Assigning value to stimulation in the Barnett Shale: a simultaneous analysis of 7000 plus production hystories and well completion records//SPE PAPER 119369 Presented at SPE Hydraulic Fracturing Technology Conference.

Valko P P, Lee W J, 2010. A better way to forecast production from unconventional gas wells//SPE paper 134231 presented at SPE Annual Technical Conference and Exhibition.

Vanorsdale C R, 2013. Production decline analysis lessons from classic shale gas wells//SPE paper 166205 presented at SPE Annual Technical Conference and Exhibition.

Yu S Y, Miocevic D J, 2013. An improved method to obtain reliable production and EUR prediction for wells with short production history in Tight/Shale reservoirs//SPE paper presented at SPE Unconventional Resources Technology Conference.

Yu S, Lee W J, Miocevic D J, et al., 2013. Estimating proved reserves in tight/shale wells using the modified SEPD method//SPE paper 166198 presented at SPE Annual Technical Conference and Exhibition.